房屋构造

主　编　赵　莹　陈善胜
副主编　吝代代　左通卓
参　编　石欢荣　郝　帆　吴晓庆
　　　　曹　鑫　郭沫衡　程雪琪
　　　　陈家雪　李曾悦　常迪文
　　　　罗　博　吴宝林　张　庆

北京理工大学出版社
BEIJING INSTITUTE OF TECHNOLOGY PRESS

内 容 提 要

本书共12个模块，主要内容包括：建筑构造认知、地基与基础、墙体、楼地层、楼梯和电梯、窗和门、阳台与雨篷、屋顶、工业建筑认知、单层厂房的主要结构构件、单层厂房的围护构件、轻钢结构厂房。本书巧妙地融入素养元素，使素养教育在教学环节中自然渗透，达到了润物细无声的效果。在每个模块的末尾，精心设计了复习思考题，旨在帮助读者深化对所学知识的理解，并激发读者深入思考和探索的欲望。

本书可作为高等教育土建类专业教学用书，也可作为土建技术人员的学习与参考用书。

版权专有　侵权必究

图书在版编目（CIP）数据

房屋构造 / 赵莹，陈善胜主编 . -- 北京：北京理工大学出版社，2025.1.
ISBN 978-7-5763-5048-7

Ⅰ. TU22

中国国家版本馆 CIP 数据核字第 2025C7Q395 号

责任编辑：江　立	文案编辑：江　立
责任校对：周瑞红	责任印制：王美丽

出版发行 / 北京理工大学出版社有限责任公司
社　　址 / 北京市丰台区四合庄路 6 号
邮　　编 / 100070
电　　话 / （010）68914026（教材售后服务热线）
　　　　　（010）63726648（课件资源服务热线）
网　　址 / http://www.bitpress.com.cn
版 印 次 / 2025 年 1 月第 1 版第 1 次印刷
印　　刷 / 河北世纪兴旺印刷有限公司
开　　本 / 787 mm × 1092 mm　1/16
印　　张 / 15.5
字　　数 / 333 千字
定　　价 / 85.00 元

图书出现印装质量问题，请拨打售后服务热线，负责调换

前言 PREFACE

在党的二十大精神指引下,我们深知加快构建新发展格局,着力推动高质量发展的重要性。其中,推进以人为核心的新型城镇化,加快农业转移人口市民化,构建大中小城市协调发展格局,特别是推进以县城为重要载体的城镇化建设,都离不开建筑行业的坚实支撑。"房屋构造"作为土木工程和建筑领域的重要基础课程,对于培养具备现代建筑知识和技能的专业人才,保障居住者的安全与舒适,具有举足轻重的地位。

本书旨在为读者提供全面、系统的房屋构造领域基础知识和实践技能,帮助读者深入了解房屋构造的原理、方法和技巧。通过本书的学习,读者能够掌握房屋构造的基本知识,提高房屋设计的合理性和施工的科学性,为保障房屋的安全性和舒适性提供有力支持。

本书内容涵盖了房屋构造的各个方面,包括建筑基础、墙体、楼地层、门窗及屋面的构造细节,同时简要介绍了工业建筑的基本构造。在编写过程中,编者注重理论与实践相结合,每个模块都结合了大量的实例和案例分析,使理论知识更加生动、具体和易于理解。同时,书中还穿插了大量的练习题和思考题,旨在帮助读者巩固所学知识,提高解决问题的能力。

特别值得一提的是,本书在内容上积极响应了《中共中央办公厅 国务院办公厅印发〈关于推动城乡建设绿色发展的意见〉》中关于绿色建筑、装配式建筑和智能建造的要求。我们强调持续开展绿色建筑创建行动的重要性,对具备节能改造价值和条件的居住建筑进行节能改造的要点进行了详细阐述。同时,我们也积极推动建造方式的转型,大力发展装配式建筑,以适应现代建筑工业化的需要。此外,本书还介绍了智能建造与建筑工业化协同发展的相关知识,通过深化自主创新建筑信息模型(BIM)技术应用,促进数字设计、智能生产、智能施工和智慧运维的发展,培育全产业链融合一体的智能建造产业体系。

本书由陕西财经职业技术学院赵莹、陈善胜担任主编,陕西财经职业技术学院吝代代、左通卓担任副主编,陕西财经职业技术学院石欢荣、郝帆、吴晓庆、曹鑫、郭沫衡、程雪琪、陈家雪、李曾悦、常迪文、中铁一局集团新运工程有限公司罗博、陕西工程勘察研究院有限公司吴宝林、西安市政设计研究院有限公司张庆参与编写。具体编写分工为:模块一由吝代代编写,模块二由陈善胜编写,模块三由赵莹编写,模块四、模块五由左通卓、郝帆共同编写,模块六、模块七由石欢荣、郭沫衡共同编写,模块八~模块十二由吴晓庆、曹鑫、程雪琪、陈家雪、李曾悦、常迪文、罗博、吴宝林、张庆共同编写,全书由赵莹、陈善胜统稿。

在本书编写过程中,参阅了国内同行多部著作,部分高等院校老师提出了很多宝贵的意见,在此表示衷心的感谢!

尽管我们力求使本书内容准确、全面,但由于编者的实践经验和专业水平有限,书中难免存在疏漏和不妥之处。欢迎广大读者提出批评和建议,以帮助我们不断完善和提高本书的质量。

编　者

目 录 CONTENTS

模块1 建筑构造认知 ……………… 1
1.1 建筑的构成要素和我国的建筑方针 …… 1
1.1.1 建筑的基本构成要素 …………… 2
1.1.2 建筑方针 ………………………… 2
1.2 建筑物的分类 …………………………… 3
1.2.1 按建筑物的使用功能分类 ……… 3
1.2.2 按主要结构所用的材料分类 …… 4
1.2.3 按建筑物的层数或总高度分类 … 4
1.2.4 按建筑物的规模和数量分类 …… 4
1.2.5 按耐久性等级分类 ……………… 5
1.3 建筑物的耐火等级 ……………………… 5
1.3.1 燃烧性能 ………………………… 5
1.3.2 耐火极限 ………………………… 6
1.4 建筑标准化和统一模数制 ……………… 7
1.4.1 建筑标准化 ……………………… 7
1.4.2 统一模数制 ……………………… 7
1.4.3 几种尺寸 ………………………… 9
1.4.4 定位线 …………………………… 10
1.5 民用建筑的构造组成和常用专用名词 …… 12
1.5.1 民用建筑的构造组成 …………… 12
1.5.2 常见专业名词 …………………… 14
1.6 建筑节能 ………………………………… 14
1.6.1 建筑节能的概念 ………………… 14
1.6.2 建筑节能的途径 ………………… 15
1.6.3 建筑节能的措施 ………………… 15

模块2 地基与基础 …………………… 20
2.1 概述 ……………………………………… 20
2.1.1 有关概念 ………………………… 20
2.1.2 地基的分类 ……………………… 21
2.1.3 对地基的要求 …………………… 21
2.1.4 人工地基的常见做法 …………… 21
2.1.5 对基础的要求 …………………… 22
2.2 基础的埋置深度 ………………………… 22
2.2.1 基础埋置深度的定义 …………… 22
2.2.2 影响基础埋深的因素 …………… 22
2.3 基础的分类和构造 ……………………… 24
2.3.1 基础的类型 ……………………… 24
2.3.2 常用基础的构造 ………………… 28
2.4 基础中特殊问题的处理 ………………… 29
2.4.1 基础沉降缝的做法 ……………… 29
2.4.2 基础管沟 ………………………… 30
2.5 地下室的构造 …………………………… 31
2.5.1 地下室的分类 …………………… 31
2.5.2 地下室的构造 …………………… 32
2.5.3 地下室的防潮与防水 …………… 33
2.5.4 人防地下室简介 ………………… 38

模块3 墙体 …………………………… 43
3.1 墙体的类型和作用 ……………………… 43
3.1.1 墙体的类型 ……………………… 43
3.1.2 墙体的作用 ……………………… 44

· 1 ·

3.2 砖墙 ································ 45
3.2.1 砖墙材料 ······················ 45
3.2.2 墙体的组砌方式 ············· 46
3.2.3 砖墙细部构造 ················ 48
3.3 砌块墙 ··························· 55
3.3.1 砌块的材料及其类型 ······· 55
3.3.2 砌块的组合与砌体构造 ···· 56
3.4 隔墙 ······························ 58
3.4.1 块材隔墙 ······················ 58
3.4.2 立筋隔墙 ······················ 60
3.4.3 板块隔墙 ······················ 61
3.5 幕墙 ······························ 62
3.5.1 玻璃幕墙 ······················ 62
3.5.2 金属幕墙 ······················ 67
3.5.3 石材幕墙 ······················ 67

模块 4 楼地层 ······················· 71
4.1 楼地层的类型及组成 ·········· 71
4.1.1 地坪层的类型及组成 ······· 71
4.1.2 楼板层的类型及组成 ······· 72
4.1.3 楼地层的设计要求 ·········· 73
4.2 钢筋混凝土楼板 ················ 74
4.2.1 现浇整体式钢筋混凝土楼板 ··· 74
4.2.2 预制装配式钢筋混凝土楼板 ··· 76
4.2.3 装配整体式钢筋混凝土楼板 ··· 78
4.3 顶棚构造 ························· 79
4.3.1 直接式顶棚 ···················· 79
4.3.2 吊式顶棚 ······················ 79
4.4 地坪构造 ························· 82
4.4.1 整体类地面 ···················· 83
4.4.2 块材地面 ······················ 84
4.4.3 卷材地面 ······················ 84
4.4.4 涂料地面 ······················ 85
4.4.5 踢脚线 ·························· 85
4.5 楼地面防水构造 ················ 86
4.5.1 楼地面排水做法 ·············· 86

4.5.2 楼地面防水构造 ·············· 86
4.5.3 立管穿楼板处防水构造 ···· 87

模块 5 楼梯和电梯 ················· 89
5.1 楼梯的组成和类型 ·············· 90
5.1.1 楼梯的组成 ···················· 90
5.1.2 楼梯的类型 ···················· 91
5.2 楼梯的尺度与设计 ·············· 91
5.2.1 楼梯的尺度 ···················· 91
5.2.2 楼梯的设计 ···················· 95
5.3 钢筋混凝土楼梯 ················ 96
5.3.1 现浇整体式钢筋混凝土楼梯 ··· 96
5.3.2 预制装配式钢筋混凝土楼梯 ··· 98
5.4 楼梯的细部构造 ················ 100
5.4.1 踏步面层及防滑构造 ······· 100
5.4.2 栏杆、栏板和扶手 ·········· 101
5.5 室外台阶与坡道 ················ 103
5.5.1 室外台阶 ······················ 103
5.5.2 坡道 ····························· 104
5.6 有高差处无障碍设计构造 ···· 105
5.6.1 无障碍设计坡道的坡度和宽度 ··· 105
5.6.2 无障碍设计楼梯形式、坡度 ··· 106
5.6.3 无障碍设计楼梯、坡道细部构造 ··· 107
5.6.4 地面提示块的设置 ·········· 108
5.7 电梯与自动扶梯 ················ 109
5.7.1 电梯 ····························· 109
5.7.2 自动扶梯 ······················ 112

模块 6 窗和门 ······················· 116
6.1 窗的作用与分类 ················ 116
6.1.1 窗的作用 ······················ 116
6.1.2 窗的分类 ······················ 116
6.2 窗的构造 ························· 118
6.2.1 窗的尺度 ······················ 118
6.2.2 平开木窗的组成与构造 ···· 118
6.3 门的作用与分类 ················ 120

  6.3.1 门的作用 ……………………… 120
  6.3.2 门的分类 ……………………… 121
 6.4 门的构造 …………………………… 122
  6.4.1 门的尺度 ……………………… 122
  6.4.2 平开木门的组成与构造 ……… 122
 6.5 遮阳与门窗的节能 ………………… 124
  6.5.1 遮阳 …………………………… 124
  6.5.2 门窗的节能 …………………… 126

模块 7 阳台与雨篷 ……………………… 130
 7.1 阳台 ………………………………… 130
  7.1.1 阳台的类型 …………………… 130
  7.1.2 栏杆和栏板 …………………… 131
 7.2 雨篷 ………………………………… 137
  7.2.1 雨篷的承重构件 ……………… 137
  7.2.2 雨篷的防水 …………………… 137

模块 8 屋顶 ……………………………… 142
 8.1 屋顶认知 …………………………… 142
 8.2 平屋顶 ……………………………… 145
  8.2.1 平屋顶的构造组成 …………… 145
  8.2.2 平屋顶的排水组织 …………… 145
  8.2.3 屋面的排水方式 ……………… 145
  8.2.4 平屋顶排水设计 ……………… 147
  8.2.5 平屋顶防水层类型 …………… 147
 8.3 坡屋顶 ……………………………… 148
  8.3.1 坡屋顶的形式 ………………… 148
  8.3.2 坡屋顶的组成及各部分的作用 …… 148
  8.3.3 坡屋顶的结构体系 …………… 149
  8.3.4 坡屋面构造 …………………… 151
  8.3.5 坡屋顶的保温与隔热 ………… 159

模块 9 工业建筑认知 …………………… 164
 9.1 工业建筑的特点与分类 …………… 164
  9.1.1 工业建筑的特点及设计要求 …… 164
  9.1.2 工业建筑的分类 ……………… 165

 9.2 单层工业厂房的结构组成和类型 …… 167
  9.2.1 单层厂房的结构组成 ………… 167
  9.2.2 单层厂房的结构体系 ………… 168
  9.2.3 单层厂房的结构类型 ………… 169
 9.3 厂房内部的起重运输设备 ………… 169
 9.4 单层厂房的定位轴线 ……………… 171
  9.4.1 柱网 …………………………… 171
  9.4.2 定位轴线的确定 ……………… 172

模块 10 单层厂房的主要结构构件 …… 179
 10.1 基础与基础梁 …………………… 179
  10.1.1 基础 ………………………… 179
  10.1.2 基础梁 ……………………… 181
 10.2 柱 ………………………………… 182
  10.2.1 排架柱 ……………………… 182
  10.2.2 抗风柱 ……………………… 185
 10.3 屋盖 ……………………………… 186
  10.3.1 屋盖结构体系 ……………… 186
  10.3.2 屋盖的承重构件 …………… 187
  10.3.3 屋盖的覆盖构件 …………… 189
  10.3.4 屋盖构件间的连接 ………… 190
 10.4 吊车梁、连系梁与圈梁 ………… 192
  10.4.1 吊车梁 ……………………… 192
  10.4.2 连系梁 ……………………… 194
  10.4.3 圈梁 ………………………… 195
 10.5 支撑系统 ………………………… 195

模块 11 单层厂房的围护构件 ………… 198
 11.1 外墙 ……………………………… 198
  11.1.1 砖及砌块墙 ………………… 199
  11.1.2 板材墙 ……………………… 200
  11.1.3 轻质板材墙 ………………… 203
  11.1.4 开敞式外墙 ………………… 204
 11.2 大门及侧窗 ……………………… 205
  11.2.1 大门 ………………………… 205
  11.2.2 侧窗及其构造 ……………… 208

11.3 屋面 ································· 210
    11.3.1 屋面的类型及组成 ············ 210
    11.3.2 屋面排水 ······················ 211
    11.3.3 屋面的防水 ···················· 212
    11.3.4 屋面的保温与隔热 ············ 213
11.4 天窗 ································· 213
11.5 地面及其他构造
    11.5.1 地面 ······························ 218
    11.5.2 其他构造 ························ 220

模块 12 轻钢结构厂房 ············ 224
    12.1 轻钢结构厂房认知 ············ 224
        12.1.1 轻钢结构厂房的特点 ············ 225
        12.1.2 轻钢结构厂房的组成 ············ 225
    12.2 门式刚架结构 ···················· 226
        12.2.1 门式刚架的结构形式与结构布置 ·· 226
        12.2.2 门式刚架的平面受力体系 ········ 227
    12.3 轻钢结构厂房的围护构件及节点构造 232
        12.3.1 围护构件概述 ···················· 232
        12.3.2 围护结构的类型 ·················· 232
        12.3.3 主要节点构造 ···················· 233

参考文献 ······························· 240

模块 1　建筑构造认知

知识目标

1. 熟练掌握民用建筑的组成及各部分名称。
2. 掌握建筑物的分类及等级。
3. 掌握建筑平面及竖向定位的知识。
4. 了解建筑的构成要素和我国的建筑方针。
5. 了解建筑标准化和统一模数制的意义。

能力目标

1. 能准确指出建筑物各部分的名称。
2. 能对建筑物进行分类。
3. 能对各种民用建筑进行定位轴线的划分。

素养目标

1. 培养对建筑美学的理解和欣赏能力。
2. 增强安全意识与环保意识。
3. 培养团队合作精神。

1.1　建筑的构成要素和我国的建筑方针

房屋构造是研究建筑设计和建筑构造的基本原理及方法的学科,是建筑工程专业的必修课程。对于立志于从事建筑物设计、施工和管理的学生,掌握这门课程是十分必要的。通过本课程的学习,能够全面地、系统地、正确地理解和认识房屋建筑工程的基本知识和方法,为今后在实际工作中运用相关理论和方法奠定坚实基础。

微课:概述

建筑是一个通称,包括建筑物和构筑物。建筑物是指提供人们生产、生活或其他活动的房屋或场所,如住宅、办公楼、学校、影院等;构筑物是指人们一般不直接在其内部生产、生活的工程设施,如水塔、烟囱、桥梁、堤坝、蓄水池等。

随着社会的发展和技术的进步,建筑物和构筑物的设计和建造方式也发生了很大的变化。在现代建筑设计和建造中，更加注重环保、节能、智能化等方面，如绿色建筑、智能家居等概念的提出和应用。同时，随着城市化进程的加速，建筑物和构筑物的数量和规模也在不断扩大，对城市环境、交通等方面产生了深远的影响。

1.1.1 建筑的基本构成要素

建筑功能、建筑技术、建筑形象是构成建筑的基本要素，通常称为建筑的三要素。

（1）建筑功能。建筑功能即建筑的使用要求，它体现着建筑物的目的性，为了更好地进行生产，人们修建了工厂；为了更好地居住、生活和休息，人们修建了住宅；为了有更丰富的文化生活，人们修建了剧院。这些建筑功能满足了人们的不同需求，使人们的生活更加丰富和便利。

各类房屋的建筑功能不是一成不变的，随着科学技术的发展、经济的繁荣、物质和文化水平的提高，人们对建筑功能的要求也将日益提高。因此，在建筑设计中应充分重视使用功能的可持续性，以及建筑物在使用过程中的可改造性。

（2）建筑技术。建筑技术是实现设计理念的重要手段，包括建筑材料、结构与构造、设备、施工技术等有关方面的内容。脱离了建筑技术，建筑的实现就成了空谈。结构和材料构成了建筑实体；设备是保证建筑达到某种要求的技术条件；施工技术则是保障建筑顺利建造的重要手段。建筑技术也是保障建筑质量的重要手段。通过合理的建筑技术，可以有效地减少建筑的质量问题，提高建筑的耐久性和安全性。

随着科技的不断发展，建筑技术也在不断创新。例如，数字化技术、智能化技术、生态化技术等新兴技术的应用，使现代建筑在设计、建造、运营等方面都发生了深刻的变化。这些技术的应用不仅提高了建筑的建造效率和质量，也使建筑更加人性化、智能化、环保化。

（3）建筑形象。建筑形象是建筑体型、立面处理、室内外空间的组织、建筑色彩与材料质感、细部装修等的综合反映。建筑形象处理得当，能产生一定的艺术效果，给人以一定的感染力和美的享受，可以使建筑在满足功能需求的同时，展现出建筑独特的艺术魅力。

挺拔高耸的建筑能让人感受到力量的存在；宽广低矮的建筑能给人安详宁静的感觉。同时，在建筑设计中，应充分考虑到其所在的环境、气候、文化等因素，从而创造出最符合其功能与特点的形态，设计师需综合考虑这些因素，才能营造出既有深度又有广度的建筑空间，通过不断的实践与创新，创造出既符合功能需求又具有艺术美感的建筑形象，为人们的生活空间增添更多的色彩与温度。

建筑三要素彼此之间是辩证统一的关系，既相互依存，又有主次之分。第一是建筑功能，是起主导作用的因素；第二是建筑技术，是达到目的的手段，同时，技术对功能具有约束和促进的作用；第三是建筑形象，是功能和技术在形式美方面的反映。充分发挥设计者的主观作用，在一定功能和技术条件下，也能够把建筑设计得更加美观。

1.1.2 建筑方针

我国建筑方针的演进历程体现了时代发展的内在要求。1986年国家正式确立"适用、安全、经济、美观"的建筑指导原则,构建起改革开放初期城乡建设的基本价值框架。经过三十年发展演进,随着经济社会转型升级和可持续发展理念的深化,2016年建筑方针优化调整为"适用、经济、绿色、美观",这一调整既延续了功能性与经济性的核心要义,更将生态文明建设战略融入建筑实践。

"适用"是指根据建筑功能的需要,恰当地确定建筑物的面积和体量,合理地布局,拥有必需的设施,具有良好的卫生条件和满足保温、隔热、隔声等要求。

"经济"是指建筑的经济效益、社会效益和环境效益。经济效益是指建筑造价、材料消耗、建设周期、投入使用后的日常运行和维修管理费用等综合经济效益;社会效益是指建筑在投入使用前后,对人口素质、国民收入、文化福利、社会安全等方面所产生的影响;环境效益是指建筑投入使用前后,环境质量发生的变化,如日照、噪声、生态平衡、景观等方面的变化。

"绿色"是指在建设中确立资源节约与生态平衡的核心准则,通过节能技术创新、材料循环利用和环境系统优化的整合,依托全生命周期管理体系,不仅有效降低建筑能耗与碳排放,更借助可再生能源应用与生态修复技术,构建建筑与环境共生的可持续发展模式。这种理念既包含技术层面的创新突破,更体现着生态文明时代建筑与自然协同演进的价值追求。

"美观"是指在适用、安全、经济的前提下,把建筑美与环境美列为设计的重要内容。美观是建筑造型、室内装修、室外景观等综合艺术处理的结果,不仅提升了建筑的使用体验,更赋予了其独特的审美价值和艺术魅力。

1.2 建筑物的分类

建筑物通常是建筑物和构筑物的统称,是人们生活中不可或缺的因素。建筑物和构筑物之间的区别不仅在于它们的使用目的,还在于它们的结构形式和设计理念。建筑物通常注重内部的空间利用和舒适度,而构筑物则更注重外部的结构稳定性和安全性。此外,建筑物和构筑物在建筑材料、建筑风格等方面也存在差异。建筑物可以按不同的方法进行分类。

1.2.1 按建筑物的使用功能分类

1. 民用建筑

(1)居住建筑。居住建筑是指供人们生活起居的建筑物,如宿舍、公寓、住宅等。

(2)公共建筑。公共建筑是指供人们进行各种公共活动的建筑物,如办公建筑、文教建筑、科研建筑、托幼建筑、医疗建筑、商业建筑、生活服务建筑、旅游建筑、观演建筑、体育建筑、展览建筑、通信建筑、园林建筑、纪念建筑、娱乐建筑等。

2. 工业建筑

工业建筑是指为工业生产服务的建筑物和构筑物,如工厂、车间、仓库、实验室、电站等。

3. 农业建筑

农业建筑是指用于农业、畜牧业生产和加工的建筑，如括温室、粮仓、畜禽饲养场、农副业产品加工厂等。

4. 园林建筑

园林建筑是指修建在园林内供游憩用的建筑物，如亭、台、楼、阁、厅等。

1.2.2 按主要结构所用的材料分类

1. 木结构建筑

木结构建筑的主要承重构件用圆木、方木等木材制作，通过各种连接方式如接榫、螺栓、销、键、胶等进行组装。这种结构形式广泛应用于古代建筑和旅游性建筑中。

2. 混合结构建筑

混合结构建筑的主要承重构件由两种及两种以上不同材料组成，如砖墙和木楼板的砖木结构、砖墙和钢筋混凝土楼板的砖混结构等。其中，砖混结构应用最多，适用于六层及六层以下的多层建筑。

3. 钢筋混凝土结构建筑

钢筋混凝土结构建筑的主要承重构件，包括梁、楼板和柱，均采用钢筋混凝土结构进行制作。而非承重墙则采用空心砖或其他轻质材料。钢筋混凝土结构的建筑具有多种形式，包括框架结构、剪力墙结构、框架-剪力墙结构、筒结构、框-筒结构等。由于其广泛的适用性，这种结构可应用于多层至高层建筑中。

4. 钢结构建筑

钢结构建筑的主要承重结构（梁、柱、楼板）均采用钢材，而墙体则由薄金属板填充轻质保温材料构成。由于钢材具有轻质的特点，这类建筑可以建造超高层建筑和大跨度的厂房或公共建筑。

5. 其他结构类型

其他类型建筑包括生土建筑、充气建筑、塑料建筑、薄膜建筑等。

1.2.3 按建筑物的层数或总高度分类

（1）住宅建筑1~3层的为低层建筑，4~6层的为多层建筑，7~9层的为中高层建筑，10层及10层以上的为高层建筑。

（2）公共建筑建筑物总高度在24 m以下者为非高层建筑，总高度超过24 m者为高层建筑（不包括高度超过24 m的单层主体建筑）。

（3）建筑物总高度超过100 m时，无论其是住宅还是公共建筑均为超高层建筑。

1.2.4 按建筑物的规模和数量分类

（1）大量性建筑：单体建筑规模不大，但兴建数量多、分布面广的建筑，如住宅、学校、办公楼、商店等。

（2）大型性建筑：建筑规模大、数量少，单栋建筑体量大的公共建筑，如大型体育馆、航空港、大会堂等。

1.2.5 按耐久性等级分类

按照建筑物的设计使用年限，可以将建筑物分为以下4类，见表1-1。

表1-1 以主体结构确定的建筑耐久年限等级

类别	设计使用年限/年	示例
1	5	临时性建筑
2	25	易于替换结构构建的建筑
3	50	普通建筑和建筑物
4	100	纪念性建筑和特别重要的建筑

1.3 建筑物的耐火等级

建筑物的耐火性能包括两部分内容：一是组成构件材料的燃烧性能；二是构件的耐火极限。《建筑设计防火规范（2018年版）》（GB 50016—2014）对建筑物的耐火等级有明确要求。

1.3.1 燃烧性能

燃烧性能是指材料在燃烧或遇火时所发生的一切物理和化学变化，这些变化由材料表面的着火性和火焰传播性、发热、发烟、炭化、失重及毒性生成物的产生等特性来衡量。材料的燃烧性能可分为不燃烧体、难燃烧体、燃烧体和易燃烧体四类。

1. 不燃烧体

不燃烧体是指用不燃烧材料做成的构件。不燃烧材料是指在空气中受到火烧或高温作用时不起火、不微燃、不炭化的材料，如金属材料和无机矿物材料。

2. 难燃烧体

难燃烧体是指用难燃烧材料做成的构件或用燃烧材料做成而用非燃烧材料做保护层的构件。难燃烧材料是指在空气中受到火烧或高温作用时难起火、难微燃、难炭化，当火源移走后燃烧或微燃立即停止的材料，如沥青混凝土、经过防火处理的木材等。

3. 燃烧体

燃烧体是指用燃烧材料做成的构件。燃烧材料是指在空气中受到火烧或高温作用时立即起火或微燃，且火源移走后仍继续燃烧或微燃的材料，如木材。

4. 易燃烧体

易燃烧体是指用易燃烧材料做成的构件。凡达不到可燃性等级的材料均为易燃烧材料，如油毡、装饰用的锦缎等。

1.3.2 耐火极限

构件的耐火极限是指对任一建筑构件按时间-温度标准曲线进行耐火试验，从受到火的作用时起，到失去支持能力或完整性被破坏或失去隔火作用时为止的这段时间，用小时（h）表示。

（1）失去支持能力——非承重构件失去支持能力的表现为自身解体或坍塌；梁、板等受弯承重构件，挠曲率发生突变，为失去支持能力的情况，当简支钢筋混凝土梁、楼板和预应力钢筋混凝土楼板跨度总挠度值分别达到试件计算长度的2%、3.5%和5%时，则表明构件失去支持能力。

（2）完整性被破坏——楼板、隔墙等具有分隔作用的构件，在试验中，当出现穿透裂缝或穿火的空隙时，表明试件的完整性被破坏。

（3）失去隔火作用——具有防火分隔作用的构件，试验中背火面测得的平均温度升到140℃；或背火面测温点任一测点的温度达到220℃，则表明构件失去隔火作用。

民用建筑耐火等级应根据其建筑高度、使用功能、重要性、火灾扑救难度等确定，可分为一级、二级、三级、四级。不同耐火等级建筑相应的燃烧性能和耐火极限不应低于表1-2的规定。并应符合下列规定：

1）地下或半地下建筑（室）和一类高层建筑的耐火等级不应低于一级。
2）单层、多层重要公共建筑和二类高层建筑的耐火等级不应低于二级。
3）建筑高度大于100 m的民用建筑，其楼板的耐火极限不应低于2.00 h。
4）一级、二级耐火等级建筑的上人平屋顶，其屋面板的耐火极限分别不应低于1.50 h和1.00 h。

表1-2 不同耐火等级建筑相应构件的燃烧性能和耐火极限　　　　　　　　　　　　h

构件名称		耐火等级			
		一级	二级	三级	四级
墙	防火墙	不燃性 3.00	不燃性 3.00	不燃性 3.00	不燃性 3.00
	承重墙	不燃性 3.00	不燃性 2.50	不燃性 2.00	不燃性 0.50
	非承重外墙	不燃性 1.00	不燃性 1.00	不燃性 0.50	可燃性
	楼梯间和前室的墙、电梯井的墙、住宅建筑单元之间的墙和分户墙	不燃性 2.00	不燃性 2.00	不燃性 1.50	难燃性 0.50
	疏散走道两侧的隔墙	不燃性 1.00	不燃性 1.00	不燃性 0.50	难燃性 0.25
	房间隔墙	不燃性 0.75	不燃性 0.50	难燃性 0.50	难燃性 0.25
柱		不燃性 3.00	不燃性 2.50	不燃性 2.00	难燃性 0.50

续表

构件名称	耐火等级			
	一级	二级	三级	四级
梁	不燃性 2.00	不燃性 1.50	不燃性 1.00	难燃性 0.50
楼板	不燃性 1.50	不燃性 1.00	不燃性 0.50	可燃性
屋顶承重构件	不燃性 1.50	不燃性 1.00	可燃性 0.50	可燃性
疏散楼梯	不燃性 1.50	不燃性 1.00	不燃性 0.50	可燃性
吊顶（包括吊顶搁栅）	不燃性 0.25	难燃性 0.25	难燃性 0.15	可燃性

1.4 建筑标准化和统一模数制

1.4.1 建筑标准化

建筑标准化是指在建筑工程领域中，建立和实现有关的标准、规范、规则等的过程。这个过程旨在提高建筑的质量和安全性、优化住房环境，并有效节约人力、物力和财力。建筑标准化的目的是实现建筑工业化，以取得最佳的经济效果。

微课：建筑标准化和统一模数制

建筑标准化包括两个方面。一方面是建筑设计的标准化，是指把不同用途的建筑物分别按照统一的建筑模数、建筑标准、设计规范、技术规定等进行设计，并将经实践鉴定具有足够科学性的建筑物形式、平面布置、空间参数、结构方案，以及建筑构件和配件的形状、尺寸等，在全国或一定地区范围内统一定型、编制目录，并作为法定标准，在较长时期内统一重复使用。另一方面是建筑标准设计，是指根据标准化的要求，对各种建筑、结构所编制的整套技术文件，经主管部门审查、批准后颁布为全国或地方通用的设计。建筑标准设计具有系统性、规范性、科学性和实用性的特点，它涵盖了建筑设计的各个方面，包括建筑、结构、给水排水、电气、暖通等专业的设计规范和标准。通过采用标准设计，可以节省设计力量、提高劳动生产率、推广先进技术和促进建筑工业化的发展。

1.4.2 统一模数制

为了建筑设计、构件生产及施工等方面的尺寸协调，使之具有通用性和互换性，从而提高建筑工业化的水平，降低造价并提高房屋设计和建造的质量和速度，建筑设计应遵守国家规定的建筑统一模数制。

1. 模数

建筑模数是选定的标准尺度单位,作为建筑物、建筑构配件、建筑制品,以及有关设备尺寸相互间协调的基础和增值单位。

(1)基本模数。基本模数是模数协调中选用的基本尺寸单位,用M表示,数值为1M = 100 mm。

(2)导出模数。导出模数分为扩大模数和分模数。扩大模数是基本模数的整数倍,即2M(200 mm)、3M(300 mm)、6M(600 mm)、12M(1 200 mm)、15M(1 500 mm)、30M(3 000 mm)、60M(6 000 mm)等。分模数是基本模数的分数倍,即1/10M(10 mm)、1/5M(20 mm)、1/2M(50 mm)等。

2. 模数系列

模数数列是以选定的模数基数为基础而展开的数值系统,它可以确保不同类型的建筑物及其各组成部分间的尺寸统一与协调,减少尺寸的范围,并使尺寸的叠加和分割有较大的灵活性。模数数列是由基本模数、扩大模数和分模数为基础扩展成的一系列尺寸,见表1–3。

表1–3 模数数列

基本模数	扩大模数							分模数		
1M	2M	3M	6M	12M	15M	30M	60M	M/10	M/5	M/2
100	200	300	600	1 200	1 500	3 000	6 000	10	20	50
200	400	600	1 200					20	20	
300	600	900						30		
400	800	1 200	1 200	1 200				40	40	
500	1 000	1 500			1 500			50		50
600	1 200	1 800	1 800					60	60	
700	1 400	2 100						70		
800	1 600	2 400	2 400	2 400				80	80	
900	1 800	2 700						90		
1 000	2 000	3 000	3 000		3 000	3 000		100	100	100
1 100	2 200	3 300						110		
1 200	2 400	3 600	3 600	3 600				120	120	
1 300	2 600	3 900						130		150
1 400	2 800	4 200	4 200					140	140	
1 500	3 000	4 500			4 500			150		
1 600	3 200	4 800	4 800	4 800				160	160	
1 700	3 400	5 100						170		
1 800	3 600	5 400	5 400					180	180	
1 900	3 800	5 700						190		
2 000	4 000	6 000	6 000	6 000	6 000	6 000	6 000	200	200	200
2 100	4 200	6 300							220	

续表

基本模数	扩大模数							分模数	
2 200	4 400	6 600	6 600					240	
2 300	4 600	6 900							250
2 400	4 800	7 200	7 200	7 200				260	
2 500	5 000	7 500			7 500			280	
2 600	5 200		7 800					300	300
2 700			8 400	8 400				320	
2 800			9 000		9 000	9 000		340	
2 900			9 600	9 600					350
3 000					10 500			360	
3 100				10 800				380	
3 200				12 000	12 000	12 000	12 000	400	400
3 300					15 000				450
3 400					18 000	18 000			500
3 500					21 000				550
3 600					24 000	24 000			600
					27 000				650
					30 000	30 000			700
					33 000				750
					36 000	36 000			800
									850
									900
									950
									1 000

（1）水平扩大模数数列有3M、6M、12M、15M、30M、60M，适用于房屋的开间或柱距、跨度或进深、门窗洞口、构配件尺寸。

（2）竖向扩大模数有3M、6M，适用于房屋的层高、净高、门窗洞口、构配件尺寸。分模数有M/5、M/2、M/10，适用于缝隙、构配件截面等。

（3）水平扩大模数基数为2M、3M、6M、12M、15M、30M、60M，其相应尺寸分别为200 mm、300 mm、600 mm、1 200 mm、1 500 mm、3 000 mm、6 000 mm，主要用于建筑物的开间、柱距、进深、跨度、构配件尺寸和门窗洞口尺寸等。

（4）竖向扩大模数的基数为3M和6M，其相应的尺寸为300 mm、600 mm，主要用于建筑物的高度、层高、门窗洞口尺寸等。

（5）分模数基数为1/10M、1/5M、1/2M，其相应的尺寸为10 mm、20 mm、50 mm，主要用于缝隙、构造节点、构配件截面尺寸等。

1.4.3 几种尺寸

为了保证建筑制品、构配件等有关尺寸间的统一与协调，国家规定了标志尺寸、构造尺寸、实际尺寸及其相互之间的关系，如图 1-1 所示。

图 1-1 几种尺寸之间的关系

1. 标志尺寸

标志尺寸用来标注建筑物定位轴线间的距离（如开间或柱距、进深或跨度、层高等），以及建筑构配件、建筑组合件、建筑制品、有关设备位置界限之间的尺寸。标志尺寸应符合模数数列的规定。

2. 构造尺寸

构造尺寸是指建筑构配件、建筑组合件、建筑制品等的设计尺寸，一般情况下，标志尺寸减去缝隙为构造尺寸。缝隙尺寸应符合模数数列的规定。

3. 实际尺寸

实际尺寸是指建筑构配件、建筑组合件、建筑制品等生产制作后的实有尺寸。这一尺寸因生产误差造成，与设计的构造尺寸有差值，这个差值应符合施工验收规范的规定。

1.4.4 定位线

定位线是用来确定建筑物主要结构构件位置及其标志尺寸的基准线，同时也是施工放线的依据。用于平面时称为平面定位线（即定位轴线）；用于竖向时称为竖向定位线。确定建筑定位线的原则是：在满足建筑使用功能要求的前提下，统一与简化结构、构件的尺寸和节点构造，减少构件类型和规格，扩大预制构件的通用互换性，提高施工装配化程度。定位线的具体位置，因房屋结构体系的不同而有差别，定位轴线间的距离应符合模数制。

1. 平面定位轴线

建筑物在平面中对结构构件（墙、柱）的定位，用平面定位轴线标注。

（1）平面定位轴线及其编号。平面定位轴线应设置横向定位轴线和纵向定位轴线。横向定位轴线的编号用阿拉伯数字按从左至右的顺序编写；纵向定位轴线的编号用大写的拉丁字母按从下至上的顺序编写，其中 O、I、Z 不得用于轴线编号，以免与数字 0、1、2 混淆，如图 1-2 所示。附加轴线的编号用分数表示，分母表示前一轴线的编号，分子表示附加轴线的编号，附加轴线的编号用阿拉伯数字顺序编写。

（2）平面定位轴线的标定。混合结构建筑承重外墙顶层墙身内缘与定位轴线的距离应为 120 mm [图 1-3（a）]；承重内墙顶层墙身中心线应与定位轴线相重合 [图

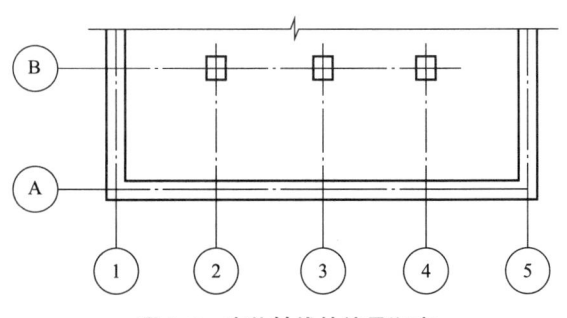

图 1-2 定位轴线的编号顺序

1-3（b）]。楼梯间墙的定位轴线与楼梯的梯段净宽、平台净宽有关，可有三种标定方法：楼梯间墙内缘与定位轴线的距离为 120 mm［图 1-3（c）]；楼梯间墙外缘与定位轴线的距离为 120 mm；楼梯间墙的中心线与定位轴线相重合。

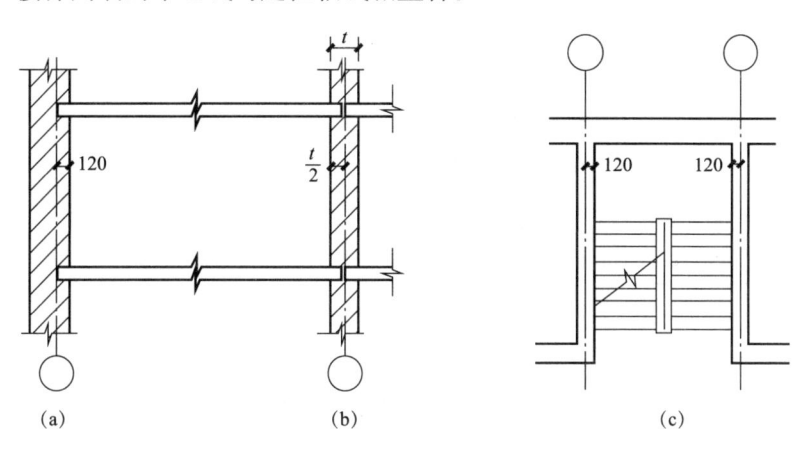

图 1-3 混合结构墙体定位轴线

框架结构建筑中，柱定位轴线一般与顶层柱截面中心线相重合［图 1-4（a）]。边柱定位轴线一般与顶层柱截面中心线相重合或距柱外缘 250 mm［图 1-4（b）]。

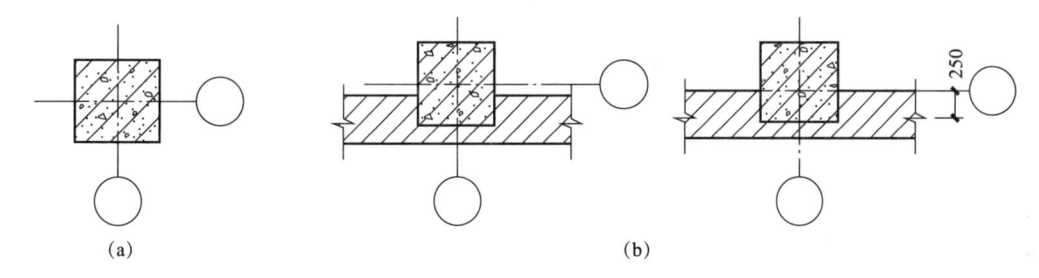

图 1-4 框架结构柱定位轴线

2. 标高及竖向定位线

（1）建筑物的标高。建筑物在竖向对结构构件（楼板、梁等）的定位，用标高标注。标高按不同的方法可分为绝对标高与相对标高；建筑标高与结构标高。

1）绝对标高。绝对标高又称为绝对高程或海拔高度。我国规定以青岛附近黄海夏季的平均海平面作为标高的零点，全国各地的绝对标高都以它为基准测算。

2）相对标高。相对标高是根据工程需要而自行选定的基准面，也称为假定标高。一般将建筑物底层地面定为相对标高零点，用 ±0.000 表示。相对标高是建筑物内部高度标注的重要依据之一，它有助于确定建筑物内部各部分的高度和位置关系。

3）建筑标高。楼地层装修面层的标高一般称为建筑标高（在建筑施工图中标注）。

4）结构标高。楼地层结构表面的标高一般称为结构标高（在结构图施工中标注）。建筑标高减去楼地面面层厚度即为结构标高。

（2）建筑构件的竖向定位线。建筑构件的竖向定位线包括室内地坪、楼地面、屋面及门窗洞口的定位线。

1）楼地面的竖向定位线。楼地面的竖向定位线应与楼地面的上表面重合，即用建筑标高标注（图1-5）。

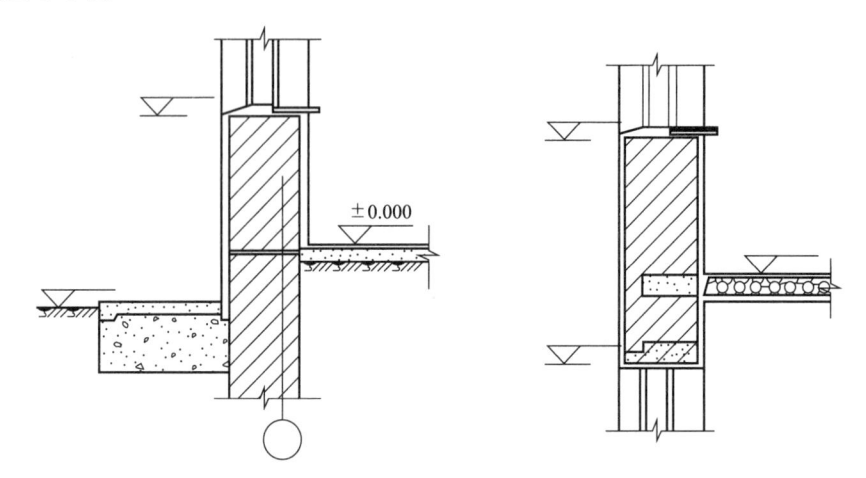

图1-5 楼地面、门窗洞口的竖向定位轴线

2）屋面的竖向定位线。屋面的竖向定位线应为屋面结构层的上表面与距墙内缘120 mm 处或与墙内缘重合处的外墙定位轴线的相交处，即用结构标高标注（图1-6）。

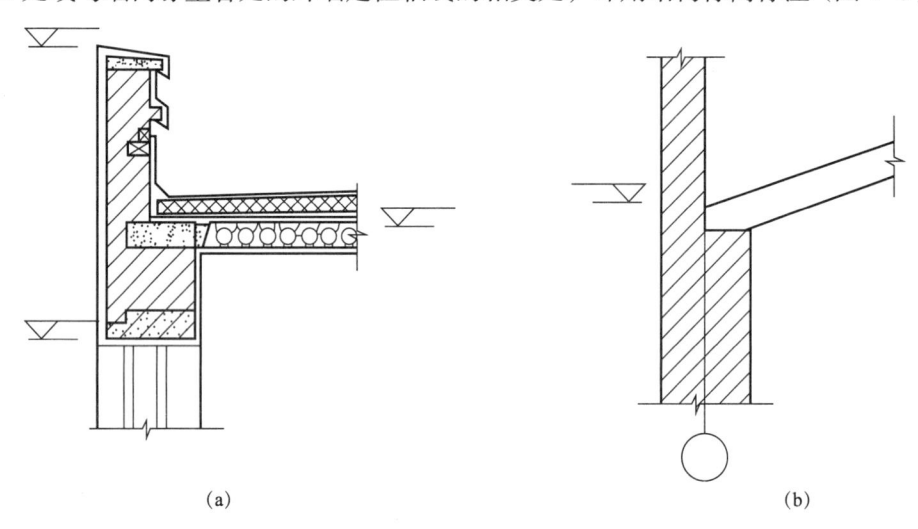

(a)   (b)

图1-6 屋顶、门窗洞口的竖向定位轴线

3）门窗洞口的竖向定位线。门窗洞口的竖向定位线与洞口结构层表面重合，用结构标高标注（图1-5、图1-6）。

1.5 民用建筑的构造组成和常用专用名词

1.5.1 民用建筑的构造组成

建筑物的构造元素丰富多样，构配件的类型和尺寸各异，但总体上可划分为基础、墙体或柱子、楼板层、楼梯、屋顶及门窗六大基本组成部分。这六大部分根据其所在位置的不同，各自承担着独特的功能。民用建筑的构造组成如图1-7所示。

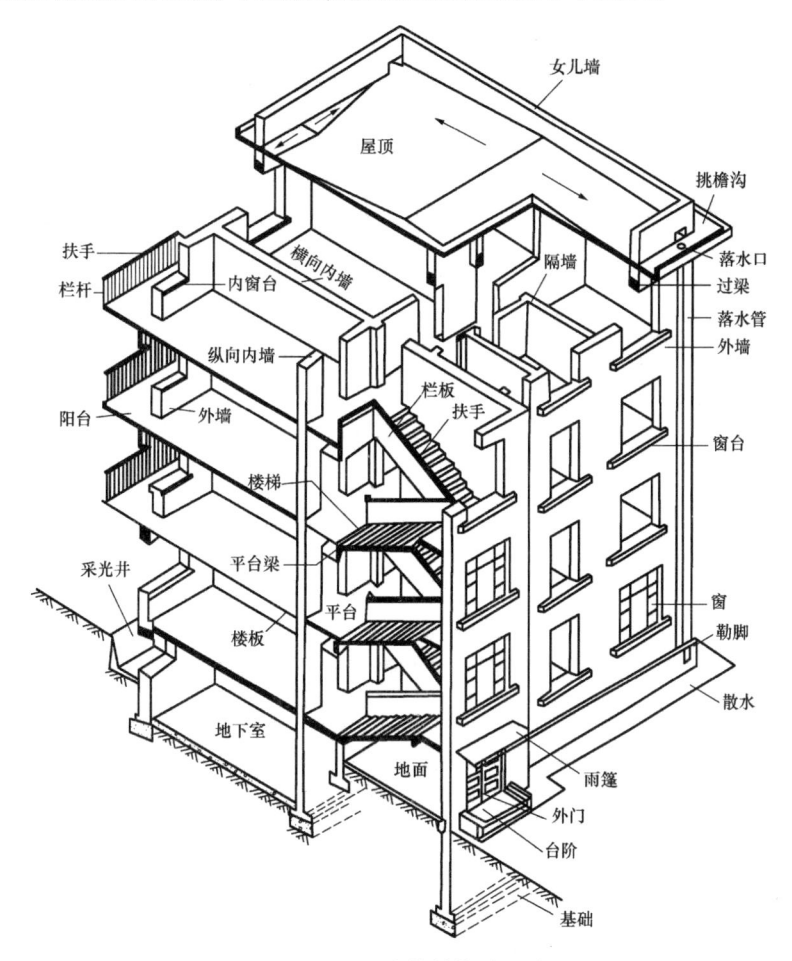

图1-7 民用建筑的构造组成

1. 基础

基础是房屋的重要组成部分，是建筑物地面以下的承重构件，它承受建筑物上部结构传递下来的全部荷载，并将这些荷载连同基础的自重一起传递到地基上。

2. 墙和柱

墙是建筑物的竖向构件，其作用是承重、围护、分隔及美化室内空间。作为承重构件，墙承受着由屋顶或楼板层传递来的荷载，并将其传递给基础；作为围护构件，外墙抵御着自然界各种不利因素对室内的侵袭；作为分隔构件，内墙起着分隔建筑内部空间的作用；同时，墙体对建筑物的室内外环境还起着美化和装饰作用。柱也是建筑物的竖向构件，主要用作承重构件，作用是承受屋顶和楼板层传递来的荷载并传递给基础。柱与墙的区别在于柱的高度尺寸远大于自身的长宽尺寸，截面面积较小，受力比较集中。

3. 楼板层

楼板层是建筑物的水平分隔构件，起承重作用。就承重而言，其承受着人及家具设备和构件自身的荷载，并将这些荷载传给墙或梁柱或地基。楼板作为分隔构件，沿竖向将建筑物分隔成若干楼层，以扩大建筑面积。

· 13 ·

4. 屋顶

屋顶是房屋最顶部起覆盖作用的围护结构,用于防止风、雨、雪、日晒等对室内的侵袭。屋顶又是房屋顶部的承重结构,用于承受自重和作用于屋顶上的各种荷载,并将这些荷载传递给墙或梁柱,同时对房屋上部还起着水平支撑作用。

5. 楼梯

楼梯是建筑的垂直交通联系设施,其作用是供人们上下楼层和安全疏散,楼梯也有承重作用,但不是基本承重构件。

6. 门与窗

门是建筑物及其房间出入口的启闭构件,主要供人们通行和分隔房间。窗主要是建筑中的透明构件,起采光、通风、围护等作用。

除上述组成部分外,还有一些附属部分,如阳台、雨篷、台阶、散水等。

1.5.2 常见专业名词

(1)横向。横向是指建筑物的宽度方向。

(2)纵向。纵向是指建筑物的长度方向。

(3)横向轴线。横向轴线是指平行于建筑物宽度方向设置的轴线。

(4)纵向轴线。纵向轴线是指平行于建筑物长度方向设置的轴线。

(5)开间。开间是指两条横向定位轴线之间的距离。

(6)进深。进深是指两条纵向定位轴线之间的距离。

(7)层高。层高是指层间高度,即本层地面至上层楼面或本层楼面至上层楼面的高度(顶层为顶层楼面至屋面板上皮的高度)。

(8)净高。净高是指楼面或地面与上部楼板底面或吊顶底面之间的距离。

(9)建筑总高度。建筑总高度是指室外地坪至檐口顶部的总高度。

(10)建筑面积。建筑面积是指建筑物外包尺寸的乘积再乘以层数,由使用面积、交通面积和结构面积组成。

(11)结构面积。结构面积是指墙体、柱等所占的面积。

(12)交通面积。交通面积是指走廊、门厅、过厅、楼梯、坡道、电梯、自动扶梯等所占的净面积。

(13)使用面积。使用面积是指主要使用房间和辅助使用房间的净面积。

1.6 建筑节能

1.6.1 建筑节能的概念

建筑节能是指在建筑材料生产、房屋建筑和构筑物施工及使用过程中,满足同等需要或达到相同目的的条件下,尽可能降低能耗。具体来说,建筑

微课:建筑节能(一)

节能主要是通过采用节能型的技术、工艺、设备、材料和产品，执行节能标准，提高保温隔热性能和采暖供热、空调制冷制热系统效率，加强建筑物用能系统的运行管理，利用可再生能源，在保证室内热环境质量的前提下，增大室内外能量交换热阻，以减少供热系统、空调制冷制热、照明、热水供应因大量热消耗而产生的能耗。建筑节能涵盖的范围非常广泛，包括建筑规划与设计、围护结构、提高终端用户用能效率、提高总的能源利用效率等方面的节能。在建筑规划和设计时，就需要充分考虑利用自然光、自然通风等被动式节能手段，以及合理的建筑布局和朝向，以降低能耗。

微课：建筑节能（二）

建筑节能对于推动绿色建筑和可持续发展具有重要意义。随着全球能源危机和环境问题日益突出，建筑节能已经成为世界各国共同关注的焦点。在建筑节能领域，不仅需要加强技术研发和创新，推动新材料、新工艺、新技术的应用，还需要加强政策引导和标准制定，建立完善的建筑节能法规和标准体系，以促进建筑节能事业的健康发展。

1.6.2 建筑节能的途径

建筑物的总得热包括采暖设备供热、太阳辐射得热和建筑物内部得热（包括炊事、照明、家电和人体散热）。这些热量在围护结构的传热和通过门窗缝隙的空气向外渗透热量的过程中向外散失。建筑物的总失热包括围护结构的传热损失（占70%～80%）和通过门窗缝隙的空气渗透热损失（占20%～30%）。当建筑物的总得热和总失热达到平衡时，室内温度得以保持。因此，对于建筑物来说，节能的主要途径应是在充分利用太阳辐射得热和建筑物内部得热的同时，尽可能减少建筑物总失热，最终达到节约采暖、供能的目的。

1.6.3 建筑节能的措施

（1）加强建筑外保温：采用传热效果可变的外维护结构，如呼吸式幕墙等，以提高建筑的保温性能。

（2）使用高效的节能门窗：在保证正常采光的同时，最大程度上隔绝内外的热量交换，如提高门窗的气密性，采用适当的窗墙面积比，增加窗玻璃层数，采用百叶窗帘、窗板等措施。

（3）自然采光系统：通过外窗采光和引导自然光进行室内照明，减少人工照明的能耗。

（4）采用高效节能的制冷制热技术：如采用地源热泵、地板采暖、辐射制冷等，以提高建筑制冷制热效率。

（5）采用高效节能的照明、电气等设备：选择更节能、更少释放热量的设备，降低建筑能耗。

（6）更多的利用太阳能：如使用太阳能热水系统、太阳能采暖系统、太阳能光伏发电系统等，将太阳能转化为建筑可用的能源。

（7）实现有组织的通风：通过合理的建筑设计和通风口设置，形成理想的通风作用，降低建筑能耗。

（8）建筑规划与设计：在建筑规划和设计时，根据大范围的气候条件影响，针对建筑自身所处的具体环境气候特征，重视利用自然环境创造良好的建筑室内微气候，以尽量减少对建筑设备的依赖。例如，合理选择建筑的地址、采取合理的外部环境设计、合理设计建筑形体等。

素养课堂

古代优秀建筑赏析

建筑伴随着人类社会的发展而发展。原始社会，人类为了避寒暑、防风雨、抵御野兽的侵袭，开始利用简单的工具，或架木为巢或洞穴而居，人类从此开始了建筑活动，并开始定居，许多地区已有村落的雏形出现。例如，西安的半坡遗址，位于浐河东岸高地上，已发现密集排列的住房数十座，多呈圆形或方形平面（图1-8）。这充分说明，远在5 000年前的新石器时代，人类对房屋的建造技术已积累了相当丰富的经验，形成了一定的规模。在奴隶社会及以后的漫长时期内，随着人类社会的发展，人们创造了优秀灿烂的古代传统建筑。

图1-8　西安半坡村遗址

河南登封的嵩岳寺塔（图1-9）位于河南省郑州市登封市嵩山南麓的嵩岳寺内。它是中国现存最早的砖塔，始建于北魏正光年间（520—525年），至今已有1 500年的历史。嵩岳寺塔为15层的密檐式砖塔，平面呈十二边形，通高37 m，由基台、塔身、15层叠涩砖檐和塔刹组成。

图1-9　嵩岳寺塔

山西应县佛宫寺释迦塔，俗称应县木塔（图1-10），位于山西省朔州市应县城内西北的佛宫寺内。它建于辽清宁二年（公元1056年），金明昌六年（公元1195年）增修完毕，是我国现存最高、最古的一座木构塔式建筑，也是唯一一座木结构楼阁式塔，是全国重点文物保护单位。它与法国的埃菲尔铁塔、意大利的比萨斜塔并称为"世界三大奇塔"。应县木塔的总高度为67.31 m，是保存至今的全木结构八角形楼阁式塔，采用全木结构搭建，不用一颗铁钉，全部架构均由榫卯咬合而成。木塔的关键部分在于其柱网层，由额枋及额枋以下的柱子等部件构成，它奠定了木塔两个八角形叠套的形状，这一形状相较于方形塔受力更均匀，在震动中不易损坏，这也使该木塔在经历多次地震后依然屹立不倒。

图1-10　山西应县佛宫寺释迦塔

太和殿又称为金銮殿、至尊金殿、金銮宝殿，是位于中国北京市东城区景山前街4号故宫博物院内的一座重要建筑（图1-11）。它矗立在紫禁城的中央，以其宏大的规模和崇高的地位成为故宫的核心。太和殿的建筑面积达到2 377 m²，是紫禁城（故宫）中最大的殿宇，也是东方三大殿之一。在建筑特点上，太和殿为重檐庑殿顶，这是中国古代建筑中最高等级的屋顶形式。檐下施以密集的斗栱，室内外梁枋上饰以和玺彩画，显得富丽堂皇。太和殿的装饰细节也极为讲究，门窗上部嵌成菱花格纹，下部浮雕云龙图案，接榫处安装有镌刻龙纹的鎏金铜叶。殿内金砖铺地，宝座两侧排列着六根直径为1 m的沥粉贴金云龙图案的巨柱，使整体空间显得庄严而神圣。

图1-11　太和殿

天坛祈年殿也称为祈谷殿，位于北京市东城区天坛东路，是天坛的主体建筑（图1-12）。它始建于永乐十八年（1420年），按照"敬天礼神"的思想设计，大殿为圆形，象征天圆；瓦为蓝色，象征蓝天。这种设计受到了"天圆地方""天蓝地黄"传统观念的影响。清光绪十五年（1889年）曾毁于雷火，数年后按原样重建。祈年殿大殿面积为460 m^2，是一座鎏金宝顶、蓝瓦红柱、金碧辉煌的彩绘三层重檐圆形大殿。祈年殿采用上殿下屋的构造形式。内有28根金丝楠木大柱，里圈的四根寓意春、夏、秋、冬四季，中间一圈12根寓意12个月，最外一圈12根寓意12时辰及周天星宿。

图1-12 天坛祈年殿

这些古代工程技术的成就，无疑是中国古代人民智慧与创造力的卓越体现。从巍峨壮观的万里长城，至今仍滋养着千顷良田的都江堰，再到被誉为"天下第一桥"的赵州桥（安济桥），每一项工程都凝聚了古人的智慧与汗水，展现了他们对自然规律的深刻理解和精准把握。这些伟大的建筑和工程不仅在当时发挥了重要作用，还对后世产生了深远的影响。它们为中国乃至世界的发展做出了重要贡献，成为人类文明史上的瑰宝。这些工程技术成就不仅体现了中国古代人民的智慧和创造力，也展现了他们勇于探索、敢于创新的精神风貌。这些伟大的建筑和工程将永远铭刻在人类文明的历史长河中，成为后人研究、学习和传承的宝贵财富。

模块小结

建筑是一个通称，包括建筑物和构筑物。建筑物的耐火等级标准依据主要构件的燃烧性能和耐火极限确定。建筑模数分为基本模数和导出模数，导出模数又可分为扩大模数和分模数。为保证建筑制品、构配件等有关尺寸之间的统一与协调，国家规定了标志尺寸、构造尺寸、实际尺寸及其相互之间的关系。

在建筑物的规划、设计、新建、改造和使用过程中，应注重建筑节能措施的采用，通过采用节能技术和材料，可以有效降低建筑物的能耗，实现可持续发展和保护环境的目标。

复习思考题

1. 什么是建筑物？什么是构筑物？
2. 建筑物如何进行分类？
3. 建筑物的等级有哪些？如何划分？
4. 建筑标准化的含义是什么？
5. 什么是基本模数？导出模数有哪些？
6. 怎样区分标志尺寸、构造尺寸、实际尺寸，它们的关系如何？
7. 民用建筑由哪几部分组成？
8. 常用的建筑专业名词有哪些？
9. 如何定位混合结构、框架结构平面定位轴线？
10. 建筑构件如何竖向定位？

模块 2　地基与基础

知识目标

1. 了解地基的分类及要求。
2. 掌握基础埋置深度的概念及影响因素。
3. 熟练掌握基础的分类及常用基础的构造。
4. 了解基础中特殊问题的处理。
5. 掌握地下室的分类。
6. 了解地下室的防潮与防水构造。

能力目标

1. 能根据图样准确判断建筑物基础的类型。
2. 能选择地下室的防潮与防水构造。
3. 能准确指出地下室的类型。

素养目标

1. 培养一丝不苟的劳模精神、精益求精的工匠精神。
2. 强化岗位意识，提高职业素养。
3. 培养质量、安全意识。

2.1　概　　述

2.1.1　有关概念

（1）地基。地基是指基础下面承受其传递来全部荷载的土层。地基承受建筑物荷载而产生的应力和应变是随着土层深度的增加而减小的，在达到一定的深度以后就可以忽略不计。

微课：地基与基础的概述

（2）基础。基础是指建筑物埋在地面以下的承重构件。它承受上部建筑物传递下来的全部荷载，并将这些荷载连同自重传递给下面的土层，是建筑物的重要组成部分。

（3）持力层。地基中直接承受建筑物荷载的土层称为持力层。

（4）下卧层。持力层以下的土层称为下卧层。

地基与基础的构成如图 2-1 所示。

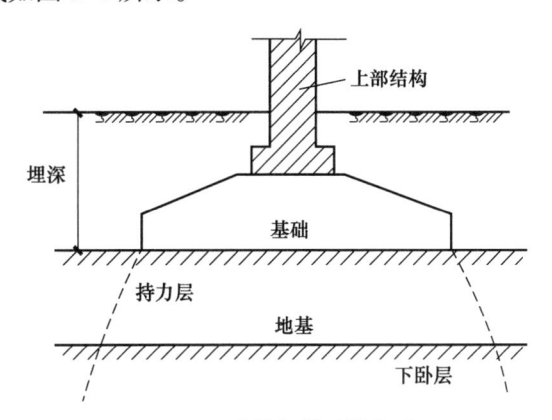

图 2-1　地基与基础的构成

2.1.2　地基的分类

地基分为天然地基和人工地基两大类。

（1）天然地基。天然地基是指本身就具有足够承载能力，不需经人工改良或加固即可以直接在上面建造房屋的天然土层。如岩石、碎石土、砂土、黏性土等，一般均可作为天然地基。

（2）人工地基。人工地基是指天然土层的承载力较差或虽然土层较好，但其上部荷载较大，不能在这样的土层上直接建造基础，必须对其进行人工加固以提高它的承载力。

2.1.3　对地基的要求

（1）强度要求。地基的承载力应足以承受基础传来的压力。地基承受荷载有一定的限度，单位面积所承受的最大垂直压力称为地基承载力。

（2）变形要求。地基的沉降量和沉降差应保证在允许的沉降范围内。建筑物的荷载通过基础传给地基，地基因此产生应变，出现沉降。若沉降量过大，会造成整个建筑物下沉过多，影响建筑物的正常使用；若沉降不均匀，沉降差过大，会引起墙身开裂、倾斜，甚至破坏。

（3）稳定性要求。地基要有防止产生滑坡、倾斜的能力。

2.1.4　人工地基的常见做法

（1）换土法。换土法是指将基础下一定范围内的土层挖去，然后换填密度大、强度高的砂碎石、灰土、矿渣等性能稳定、无侵蚀性的材料，并分层夯实（或压实、振实），作为基础的持力层的地基处理方法。其适用于厚度较薄的软弱土、杂填土、淤泥质土、湿陷性土等浅层地基处理。

微课：人工地基加固的常用做法

（2）压实法。压实法是指在基础施工前，对地基土预先进行加载预压，将小颗粒土压进大颗粒土的空隙中，排除空隙中的空气，使土壤板结，提高地基土强度的地基处理方法。

其适用于杂填土、黄土的浅层地基处理。

（3）挤密法。挤密法是以振动或冲击的方法成孔，然后在孔中填入砂、石、土、灰土或其他材料并加以捣实，成为桩体的方法。按其填入的材料不同，分为砂桩、砂石桩、灰土桩等。挤密法主要用于处理松散砂类土、杂填土、素填土、湿陷性黄土等，该法可将土挤密或消除其湿陷性，且效果显著。

2.1.5 对基础的要求

（1）强度要求。基础应具有足够的强度，才能稳定地把荷载传递给地基，如果基础在承受荷载后受到破坏，整个建筑物的安全就无法保证。

（2）耐久性要求。基础是埋在地下的隐蔽工程，由于它在土中经常受潮，而且建成后检查、维修、加固很困难，所以在选择基础的材料和构造形式时应与上部建筑物的使用年限相适应。

（3）经济方面的要求。基础工程的造价占建筑物总造价的10%～40%，基础方案的确定，要在坚固耐久、技术合理的前提下，尽量就地取材，减少运输成本，以降低整个工程的造价。

2.2 基础的埋置深度

2.2.1 基础埋置深度的定义

基础埋置深度是指室外设计地坪到基础底面的距离。室外地坪分为自然地坪和设计地坪。自然地坪是指施工地段的现存地坪；设计地坪是指按设计要求工程竣工后，室外场地经垫起或开挖后的地坪。

根据埋置深度的不同，基础可分为浅基础和深基础。一般情况下，基础埋置深度不超过5 m时称为浅基础，超过5 m时称为深基础。在确定基础的埋置深度时，应优先选用浅基础，因为基础埋置深度越浅，工程造价越低，且构造简单、施工方便。只有在表层土质极弱，总荷载较大或其他特殊情况下，才选用深基础。但基础的埋置深度也不能过小，至少不能小于0.5 m，因为地基受到建筑荷载作用后可能将基础四周的土挤出，使基础失去稳定，或地面受到雨水冲刷、机械破坏而导致基础暴露。

2.2.2 影响基础埋深的因素

（1）地基土层构造。基础应建造在坚实的土层上，如果地基土层为均匀、承载力较好的坚实土层，则应尽量浅埋，但应大于0.5 m，如图2-2（a）所示。

如果地基土层不均匀，既有承载力较好的坚实土层，又有承载力较差的软弱土层，且坚实土层离地面近（距地面小于2 m），土方开挖量不大，可挖去软弱土层，将基础埋在坚实土层上，如图2-2（b）所示。若坚实土层很深（距地面大于5 m），可做地基加固处理，如图2-2（c）所示。当地基土由坚实土层和软弱土层交替组成，建筑总荷载又较大时，可采用桩基础,如图 2-2(d)所示。具体方案应在做技术经济比较后确定。

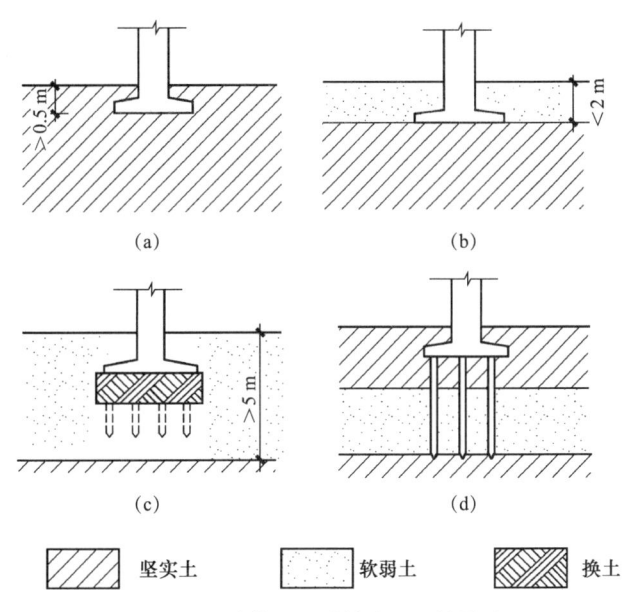

图 2-2 地基土层对基础埋深的影响

(2)建筑物自身构造。当建筑物很高,自重也很大时,考虑其自身的稳定性,则基础应深埋。带有地下室、地下设备层时,基础必须深埋。

(3)地下水水位。地基土的含水量大小对地基承载力影响很大,如黏性土在地下水水位以下时,承载力明显下降,若地下水中含有侵蚀性物质,还会对基础产生腐蚀作用。所以基础应尽量埋置在地下水水位以上,如图 2-3(a)所示。当地下水水位比较高,基础不得不埋置在地下水中时,应将基础底面置于最低地下水水位之下,不应使基础底面处于地下水水位变化的范围之内,如图 2-3(b)所示。

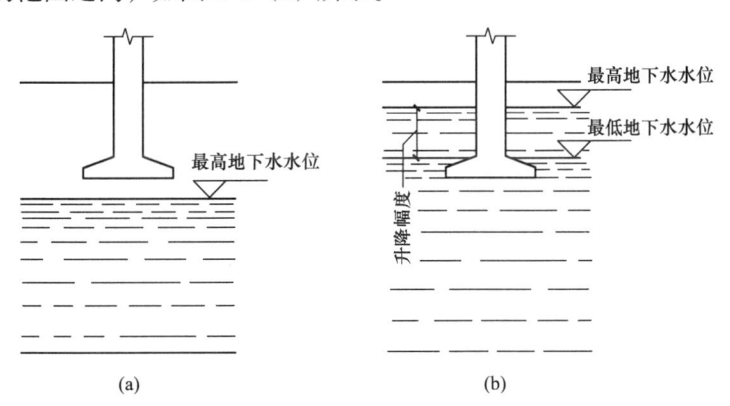

图 2-3 地下水位对基础埋深的影响
(a)地下水水位较低时的基础埋深;(b)地下水水位较高时的基础埋深

(4)冻结深度。地面以下冻结土与非冻结土的分界线称为冰冻线,冰冻线的深度为冻结深度,主要由当地的气候决定。由于各地区气温不同,冻结深度也不同,如北京为 1 m,哈尔滨为 1.9 m,沈阳为 1.2 m。如果基础置于冰冻线以上,当土壤冻结时,冻胀力可将房屋拱起,融化后房屋又将下沉,日久天长,会造成基础的破坏。因此,基础底面必须置于冰冻线以下 100～200 mm，如图 2-4 所示。

（5）相邻基础的埋深。在原有建筑物的附近建造建筑物时，要考虑新建建筑物荷载对原有建筑物基础的影响。一般情况下，新建建筑物的基础埋深应小于相邻的原有建筑物基础埋深，以避免扰动原有建筑物的地基土壤。当新建建筑物基础埋深大于原有建筑物基础的埋深时，两基础之间应保持一定的水平距离，其数值应根据荷载的大小和性质等情况而定，一般为相邻两基础底面高差的 2 倍，如图 2-5 所示。

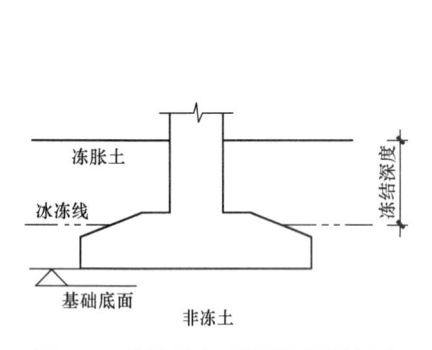

图 2-4　冻结深度对基础埋深的影响

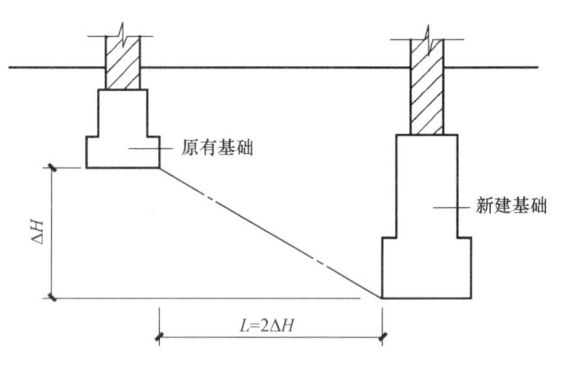

图 2-5　相邻基础埋深的影响

2.3　基础的分类和构造

2.3.1　基础的类型

1. 按所用材料分类

基础按所用材料可分为砖基础、毛石基础、灰土基础、混凝土基础、钢筋混凝土基础等。

（1）砖基础。砖基础用于地基土质好，地下水水位低，5 层以下的砖混结构建筑中，如图 2-6 所示。

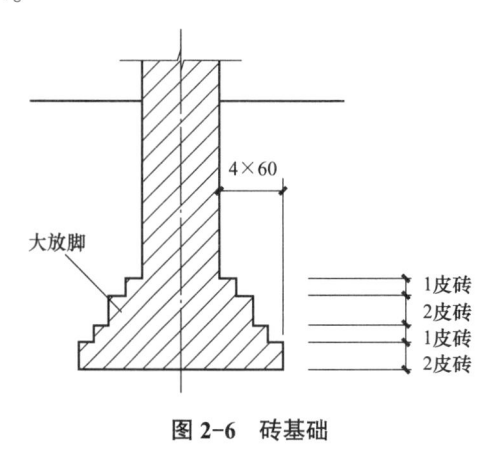

微课：基础的分类和构造（按材料）

图 2-6　砖基础

（2）毛石基础。毛石基础用于地下水水位较高，冻结深度较大的单层、多层民用建筑，如图2-7所示。

（3）灰土基础。灰土基础用于地下水水位较低、冻结深度较小的南方4层以下民用建筑，如图2-8所示。

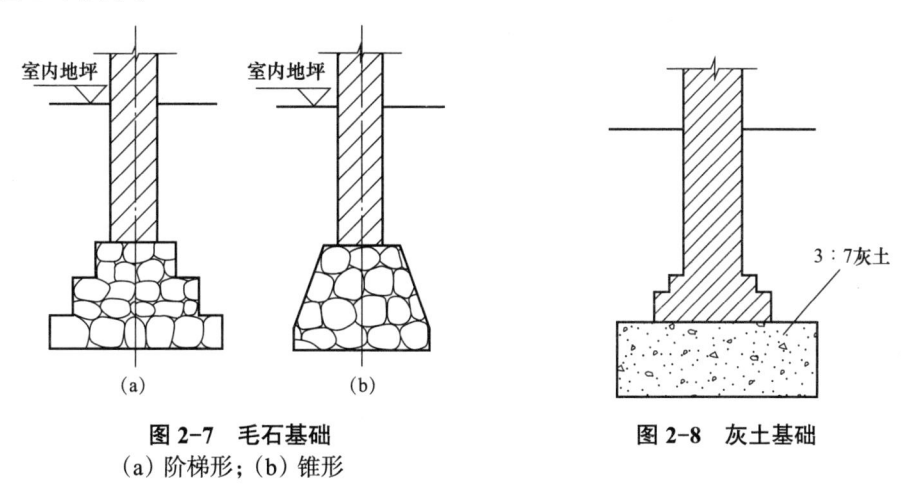

图 2-7　毛石基础
（a）阶梯形；（b）锥形

图 2-8　灰土基础

（4）混凝土基础。混凝土基础用于潮湿的地基或有水的基槽中，如图2-9所示。

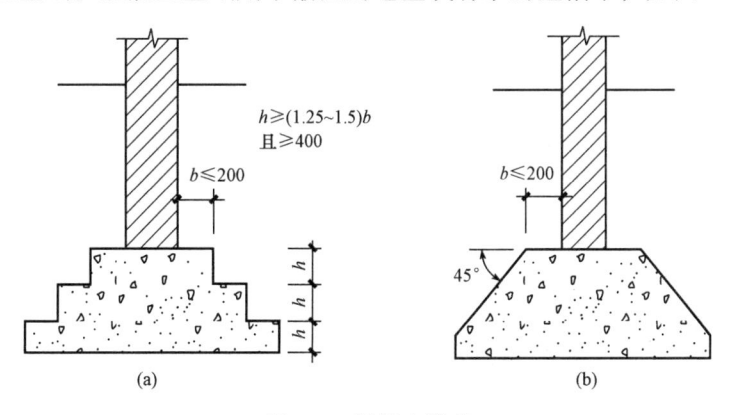

图 2-9　混凝土基础
（a）阶梯形；（b）锥形

（5）钢筋混凝土基础。钢筋混凝土基础用于上部荷载大，地下水水位高的大、中型工业建筑和多层民用建筑，如图2-10所示。

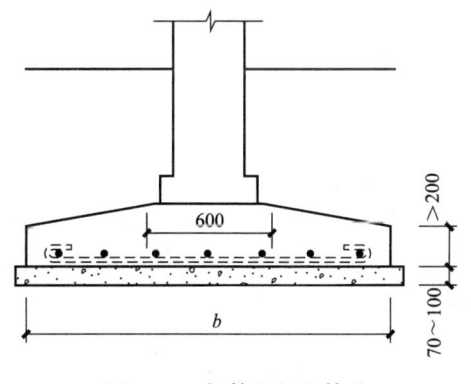

图 2-10　钢筋混凝土基础

2. 按构造形式分类

基础按构造形式可分为独立基础、条形基础、筏式基础、桩基础、箱形基础等。

（1）独立基础。当建筑物上部采用框架结构或单层排架结构承重，且柱距较大时，基础常采用方形或矩形的单独基础，这种基础称为独立基础。独立基础是柱下基础的基本形式，常用的断面形式有阶梯形、锥形、杯形等，如图2-11所示。

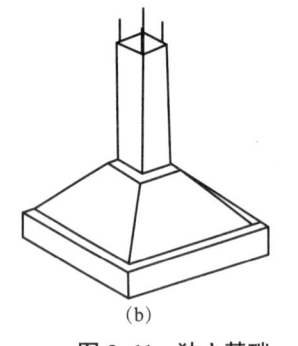

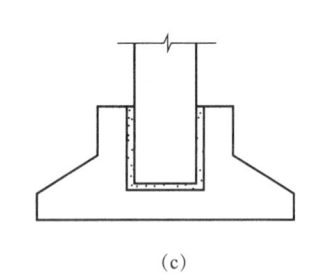

图 2-11 独立基础
（a）阶梯形；（b）锥形；（c）杯形

（2）条形基础。当建筑物为墙承重时，基础沿墙身设置成长条形，这样的基础称为条形基础。条形基础是墙承重基础的基本形式，如图2-12所示。

（3）筏式基础。当上部荷载较大，地基承载力较低，可选用整片的筏板承受建筑物传递来的荷载，并将其传递给地基，这种基础形似筏子，称为筏式基础。筏式基础按结构形式可分为板式结构与梁板式结构两类。板式结构筏式基础板的厚度较条形基础大，构造简单，如图2-13（a）所示。梁板式筏式基础板的厚度较小，但增加了双向梁，构造较复杂，如图2-13（b）所示。

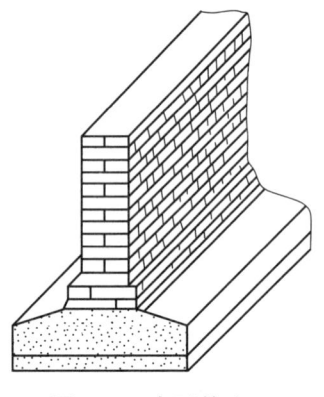

图 2-12 条形基础

（4）桩基础。当建筑物荷载较大，地基的软弱土层厚度在5m以上，基础不能埋在软弱土层内，或对软弱土层进行人工处理困难和不经济时，常采用桩基础。桩基础的种类很多，最常采用的是钢筋混凝土桩。根据施工方法不同，钢筋混凝土桩可分为打入桩、压入桩、振入桩、灌入桩等，根据受力性能不同，其又可分为端承桩、摩擦桩等，如图2-14所示。

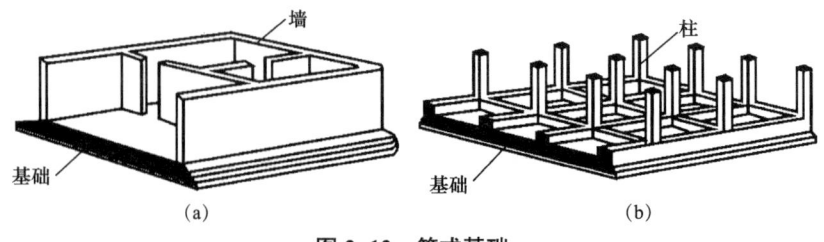

图 2-13 筏式基础
（a）板式；（b）梁板式

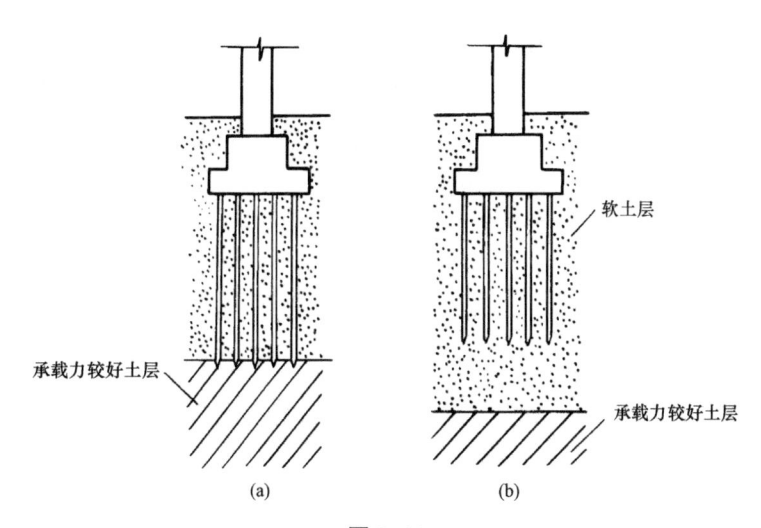

图 2-14
(a)端承桩；(b)摩擦桩

（5）箱形基础。当建筑物荷载很大、浅层地质情况较差或建筑物很高，基础需深埋时，为增加建筑物的整体刚度，不致因地基的局部变形影响上部结构，常采用钢筋混凝土整浇成刚度很大的盒状基础，称为箱形基础，如图 2-15 所示。

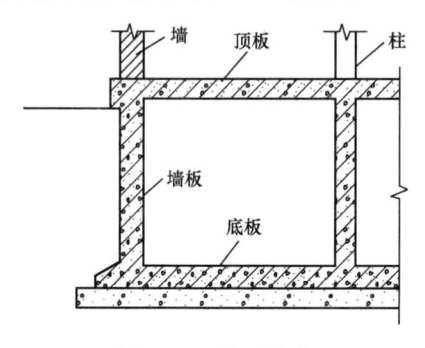

图 2-15 箱形基础

3. 按使用材料受力特点分类

基础按使用材料受力特点可分为无筋扩展基础和扩展基础，如图 2-16 所示。

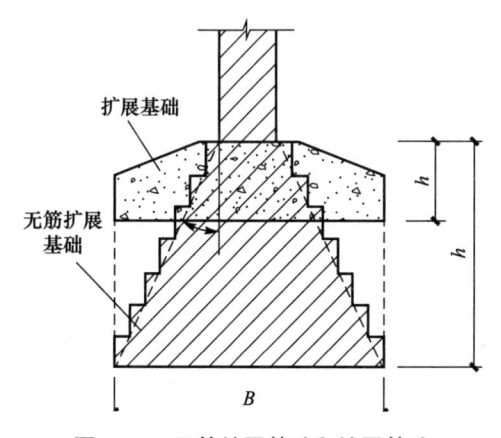

图 2-16 无筋扩展基础和扩展基础

（1）无筋扩展基础。无筋扩展基础也称为刚性基础，它是用刚性材料建造、受刚性角限制的基础，如混凝土基础、砖基础、毛石基础、灰土基础等。

（2）扩展基础。扩展基础也称为柔性基础，它是指基础宽度的加大不受刚性角限制，抗压、抗拉强度都很高的基础，如钢筋混凝土基础。

2.3.2 常用基础的构造

（1）混凝土基础。混凝土基础多采用强度等级为C12的混凝土浇筑而成，一般有锥形和阶梯形两种形式（图2-17）。

混凝土的刚性角 α 为45°，阶梯形断面台阶的宽高比应小于1∶1或1∶1.5，锥形断面斜面与水平面的夹角 β 应大于45°。

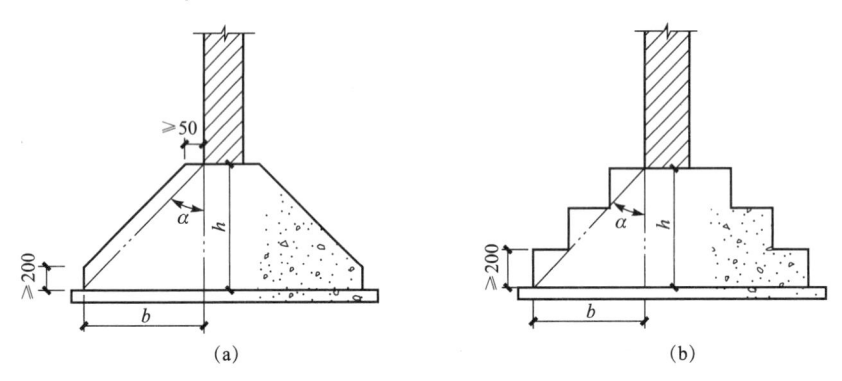

图 2-17 常用混凝土基础形式
(a) 锥形；(b) 阶梯形

（2）钢筋混凝土基础。钢筋混凝土基础在基础底板下均匀浇筑一层素混凝土作为垫层，目的是保证基础钢筋和地基之间有足够的距离，以免钢筋锈蚀。垫层一般采用强度等级为C12的混凝土，厚度为100 mm，垫层每边比底板宽100 mm。钢筋混凝土基础由底板及基础墙（柱）组成，现浇底板是基础的主要受力结构，其厚度和配筋均由计算确定，受力筋直径不得小于8 mm，间距不大于200 mm，混凝土的强度等级不宜低于C20，基础底板的外形一般有锥形和阶梯形两种。

钢筋混凝土锥形基础底板边缘的厚度一般不小于200 mm，也不宜大于500 mm，如图2-18所示。

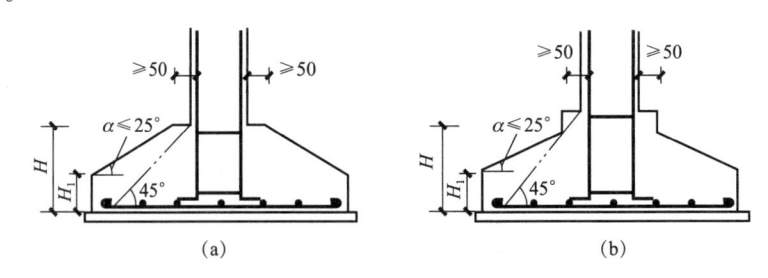

图 2-18 钢筋混凝土锥形基础
（a）形式一；(b) 形式二

钢筋混凝土阶梯形基础每阶高度一般为 300～500 mm。当基础高度为 500～900 mm 时采用两阶，超过 900 mm 时用三阶，如图 2-19 所示。

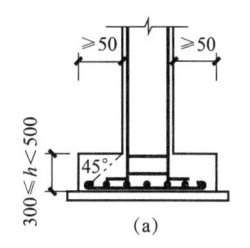

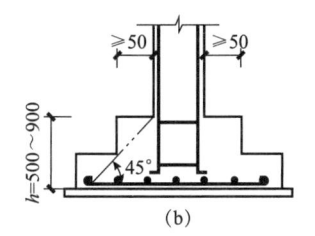

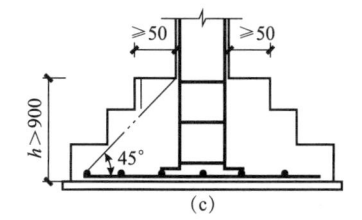

图 2-19 钢筋混凝土阶梯形基础
(a) 单阶；(b) 两阶；(c) 三阶

2.4 基础中特殊问题的处理

2.4.1 基础沉降缝的做法

建筑物因高度、荷载、结构类型或地基承载力不同等将会产生不均匀沉降，导致建筑物开裂、破坏、影响使用，因此需设沉降缝，沉降缝应使建筑物从基础底面到屋顶全部断开，此时基础有以下三种处理方法。

（1）双墙式处理方法。双墙式处理方法是将基础平行设置，沉降缝两侧的墙体均位于基础的中心，两墙之间有较大的距离，如图 2-20（a）所示。若两墙间距小，基础则受偏心荷载作用，双墙式处理方法适用于荷载较小的建筑，如图 2-20（b）所示。

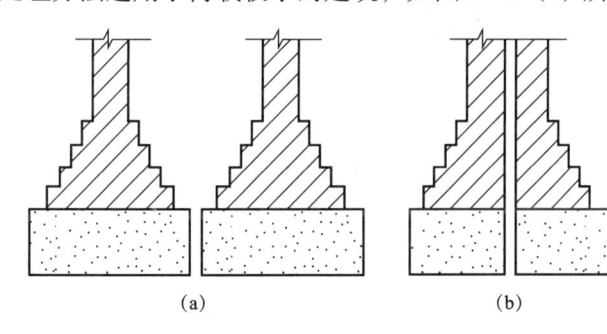

图 2-20 基础沉降缝 双墙式处理方法

（2）交叉式处理方法。交叉式处理方法是将沉降缝两侧的基础交叉设置，在各自的基础上支承基础梁，墙砌筑在梁上。该法适用于荷载较大，沉降缝两侧的墙体间距较小的建筑，如图 2-21 所示。

（3）悬挑式处理方法。悬挑式处理方法是将沉降缝一侧的基础按一般设计，而另一侧采用挑梁支承基础梁，在基础梁上砌墙，墙体材料尽量采用轻质材料，如图 2-22 所示。

当建筑物设计上要求局部基础需深埋时，应采用阶梯式逐渐落深，为使基坑开挖时不致松动地基土，阶梯的坡度应不大于 1∶2，如图 2-23 所示。

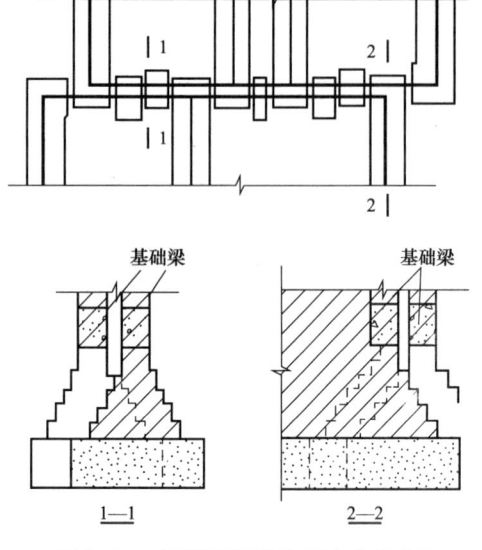

图 2-21 基础沉降缝 交叉式处理方法

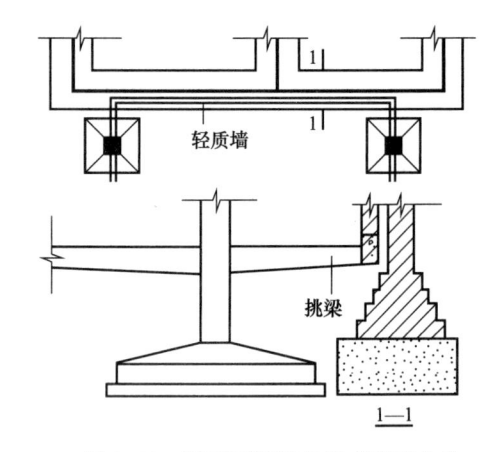

图 2-22 基础沉降缝悬挑式处理方法

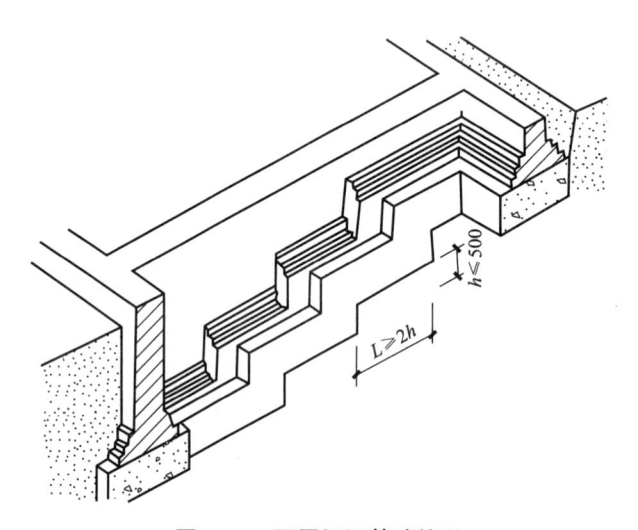

图 2-23 不同埋深基础处理

2.4.2 基础管沟

由于建筑物内有采暖设备，这些设备的管线在进入建筑物之前需埋在地下，进入建筑物之后一般布置在管沟中。这些管沟一般沿内墙、外墙布置，也有少量从建筑物中间通过。管沟一般有以下三种类型：

（1）沿墙管沟。沿墙管沟的一边是建筑物的基础墙，另一边是管沟墙，沟底用灰土或混凝土垫层，沟顶用钢筋混凝土板做沟盖板，管沟的宽度一般为 1 000～1 600 mm，深度为 1 000～1 400 mm，如图 2-24 所示。

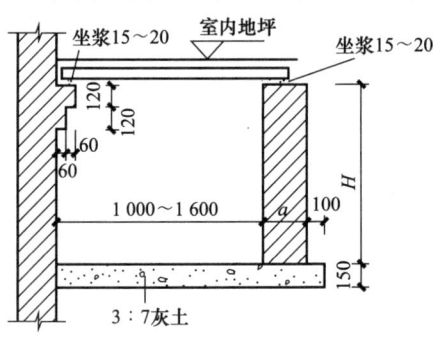

图 2-24 沿墙管沟

（2）中间管沟。中间管沟在建筑物的中部或室外，一般由两道管沟墙支承上部的沟盖板。中间管沟在室外时，还应特别注意上部地面是否过车，如有汽车通过，应选择强度较高的沟盖板，如图2-25所示。

（3）过门管沟。暖气的回水管线走在地上，遇有门口时，应将管线转入地下通过，需做过门管沟，这种管沟的断面尺寸为400 mm×400 mm，上铺沟盖板，如图2-26所示。

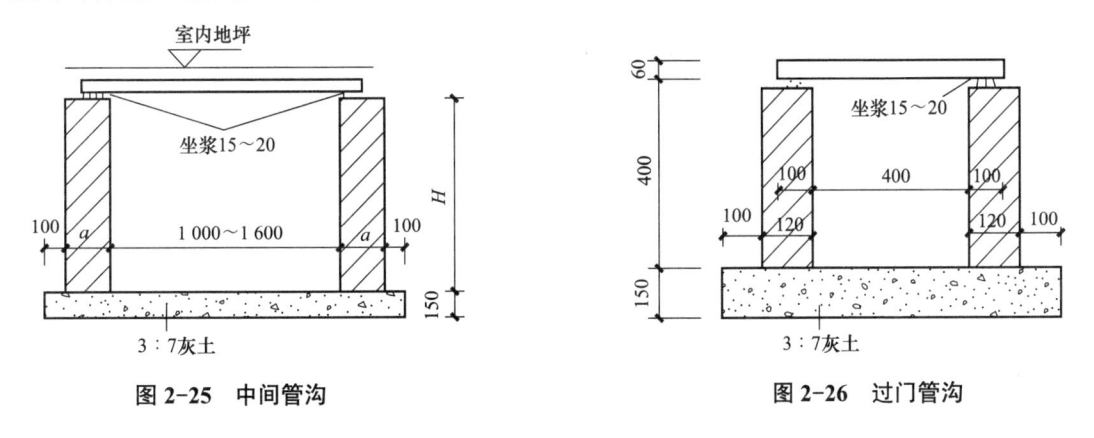

图2-25 中间管沟

图2-26 过门管沟

2.5 地下室的构造

建筑物底层地面以下的房间叫作地下室。建造地下室不仅能够在有限的占地面积内增加使用空间，提高建设用地的利用率，还可以省掉房心回填土，比较经济。

2.5.1 地下室的分类

1. 按使用性质分类

（1）普通地下室。普通地下室指普通的地下空间，一般按地下楼层进行设计，可用以满足多种建筑功能的要求，如储藏、办公、居住等。

（2）人防地下室。人防地下室指有防空要求的地下空间。人防地下室应妥善解决紧急状态下的人员隐蔽与疏散，应有保证人身安全的技术措施，同时还应考虑和平时期的利用。

2. 按埋入地下深度分类

（1）全地下室。地下室地面低于室外地坪面的高度超过该房间净高的1/2者称为全地下室。由于人防地下室有防止地面水平冲击波破坏的要求，故多采用这种类型。

（2）半地下室。地下室地面低于室外地坪面的高度超过该房间净高的1/3且不超过1/2者称为半地下室。这种地下室一部分在地面以上，易于解决采光、通风等问题，普通地下室多采用这种类型。

3. 按结构材料分类

（1）砖墙结构地下室。砖墙结构地下室是指地下室的墙体用砖来砌筑的地下室。这种地下室适用于上部荷载不大及地下水水位较低的情况。

（2）钢筋混凝土结构地下室。钢筋混凝土结构地下室是指地下室全部用钢筋混凝土浇筑的地下室。这种地下室适用于地下水水位较高、上部荷载很大及有人防要求的情况。

2.5.2 地下室的构造

地下室一般由墙、底板、顶板、门和窗、采光井等部分组成，如图 2-27 所示。

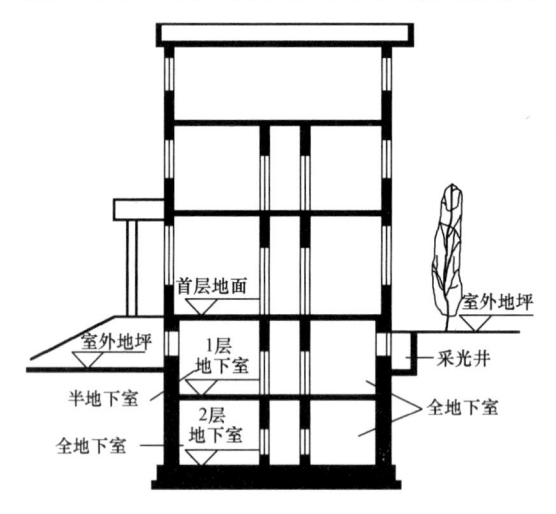

图 2-27 地下室的组成

1. 墙

地下室的墙不仅承受上部的垂直荷载，还要承受土、地下水及土壤冻胀时产生的侧压力。所以，地下室墙的厚度应经计算确定。地下室墙采用最多的为混凝土或钢筋混凝土墙，其厚度一般不小于 200 mm。如果地下水水位较低则可采用砖墙，其厚度应不小于 370 mm。

2. 顶板

地下室的顶板采用现浇或预制钢筋混凝土板。人防地下室的顶板一般应为现浇钢筋混凝土板。当采用预制钢筋混凝土板时，往往在板上浇筑一层钢筋混凝土整体层，以保证顶板有足够的整体性。

3. 底板

地下室的底板不仅承受作用于它上面的垂直荷载，当地下水水位高于地下室底板时，还必须承受底板之下水的浮力，所以要求底板应具有足够的强度、刚度和抗渗能力，否则易出现渗漏现象，因此，地下室底板常采用现浇钢筋混凝土板。

4. 门和窗

地下室的门窗与地上部分相同。人防地下室的门应符合相应等级的防护和密闭要求，一般采用钢门或钢筋混凝土门，人防地下室一般不允许设窗。

5. 采光井

当地下室的窗在地面以下时，为达到采光和通风的目的，应设置采光井，一般每个窗设一个，当窗的距离很近时，也可将采光井连在一起。

采光井由侧墙、底板、遮雨设施或铁箅子组成，侧墙一般为砖墙，井底板则由混凝土浇筑而成，如图 2-28 所示。

采光井的深度视地下室窗台的高度而定，一般采光井底板顶面应较窗台低 250～300 mm。

采光井在进深方向（宽）为1000mm左右，在开间方向（长）应比窗宽大1000mm左右。

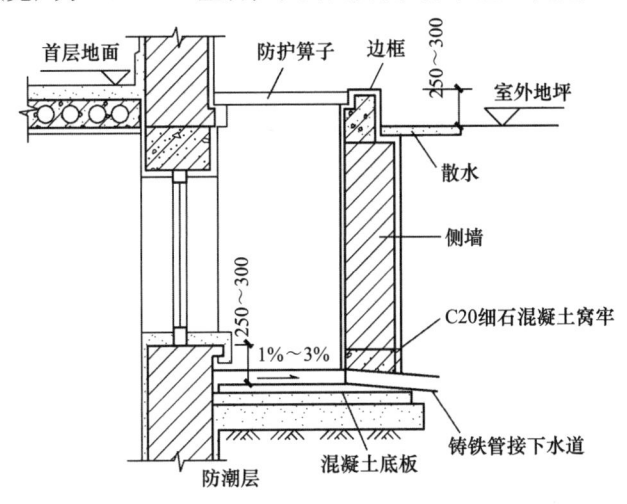

图2-28 采光井的构造

采光井侧墙顶面应比室外地面标高高250～300mm，以防止地面水流入。

6. 楼梯

地下室可与地面部分的楼梯结合设置。由于地下室的层高较小，故多设单跑楼梯。一个地下室至少应有两部楼梯通向地面，人防地下室也应至少有两个出口通向地面，其中一个必须是独立的安全出口，且安全出口与地面以上建筑物应有一定距离，一般不得小于地面建筑物高度的1/2，以防止地面建筑物破坏坍落后将出口堵塞。

2.5.3 地下室的防潮与防水

1. 地下室的防潮

当设计最高地下水水位低于地下室底板300mm以上，且地基范围内的土壤及回填土无上层滞水时，地下室只需做防潮处理。此时，如果地下室墙为混凝土或钢筋混凝土结构，其本身就有防潮作用，不必再做防潮层；如果地下室为砖砌体结构，应做防潮层，通常做法是在墙身外侧抹防水砂浆并与墙基水平防潮层相连接，如图2-29所示。

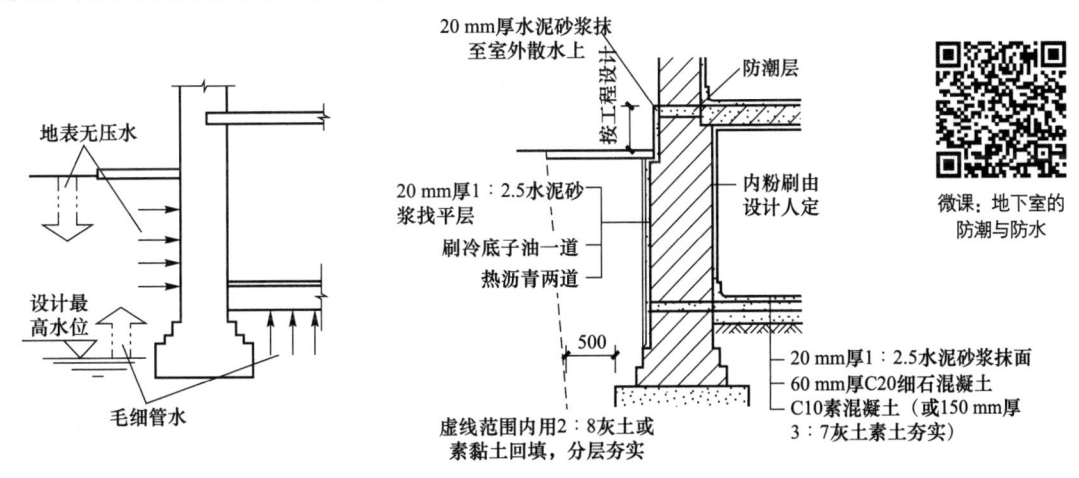

图2-29 地下室的防潮

2. 地下室的防水

当设计最高地下水水位高于地下室底板时，地下室的墙身、底板不仅受地下水、上层滞水、毛细管水等作用，也受地表水的作用，若地下室防水性能不好，轻则引起室内墙面灰皮脱落、墙面上生霉，影响人体健康；重则进水，导致地下室不能使用或影响建筑物的耐久性。因此，如何保证地下室在使用时不渗漏，是地下室构造设计的主要任务。《地下工程防水技术规范》(GB 50108—2008)把地下工程防水分为四级，见表2-1。

表2-1 地下工程防水标准

防水等级	防水标准
一级	不允许渗水，结构表面无湿渍
二级	不允许漏水，结构表面可有少量湿渍； 工业与民用建筑：总湿渍面积不应大于总防水面积（包括顶板、墙面、地面）的1/1000；任意100 m² 防水面积上的湿渍不超过2处，单个湿渍的最大面积不大于0.1 m²； 其他地下工程：总湿渍面积不应大于总防水面积的2/1000，任意100 m² 防水面积上的湿渍不超过3处，单个湿渍的最大面积不大于0.2 m²；其中，隧道工程还要求平均渗水量不大于0.05 L/(m²·d)，任意100 m² 防水面积上的渗水量不大于0.15 L/(m²·d)
三级	有少量漏水点，不得有线流和漏泥砂； 任意100 m² 防水面积上的漏水或湿渍点数不超过7处，单个漏水点的最大漏水量不大于2.5 L/d，单个湿渍的最大面积不大于0.3 m²
四级	有漏水点，不得有线流和漏泥砂； 整个工程平均漏水量不大于2 L/(m²·d)；任意100 m² 防水面积上的平均漏水量不大于4 L/(m²·d)

各地下工程的防水等级应根据工程的重要性和使用中对防水的要求按表2-2选定。

表2-2 不同防水等级的适用范围

防水等级	适用范围
一级	人员长期停留的场所；因有少量湿渍会使物品变质、失效的贮物场所及严重影响设备正常运转和危及工程安全运营的部位；极重要的战备工程、地铁车站
二级	人员经常活动的场所；在有少量湿渍的情况下不会使物品变质、失效的贮物场所及基本不影响设备正常运转和工程安全运营的部位；重要的战备工程
三级	人员临时活动的场所；一般战备工程
四级	对渗漏水无严格要求的工程

目前我国地下工程防水常用做法有防水混凝土防水、水泥砂浆防水、卷材防水、涂料防水、金属板防水层、塑料防水板防水等。选用何种防水材料，应根据地下室使用功能、结构形式、环境条件等因素合理确定。一般处于侵蚀介质中的工程，应采用耐侵蚀的防水混凝土、防水砂浆、卷材或涂料；结构刚度较差或受振动作用的工程，应采用卷材、涂料等柔性防水材料。

（1）防水混凝土防水。当地下室的墙采用混凝土或钢筋混凝土结构时，可连同底板一同采用防水混凝土，使承重、围护、防水功能三者合一。防水混凝土墙和底板不能过薄，一般不应小于250 mm；迎水面钢筋保护层的厚度不应小于50 mm。防水混凝土结构底板的混凝土垫层，强度等级不应小于C15，厚度不应小于100 mm，在软弱土层中不应小于

150 mm。当防水等级要求较高时，还应与其他防水层配合使用，如图 2-30 所示。

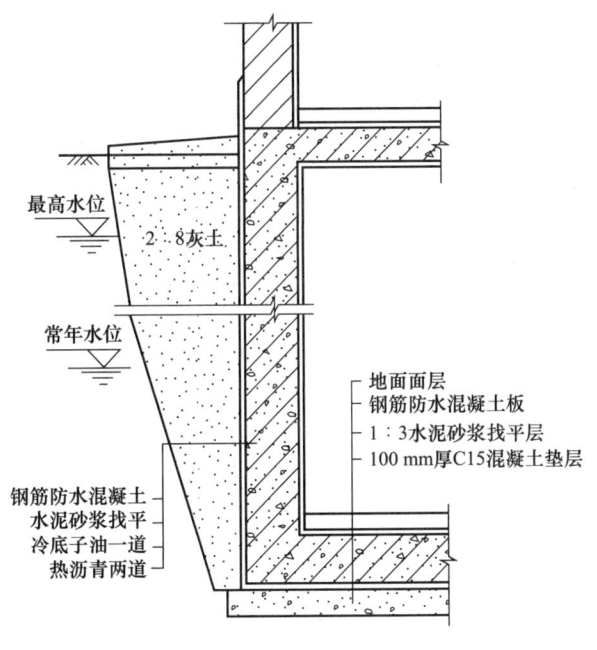

图 2-30　防水混凝土防水的做法

（2）水泥砂浆防水。水泥砂浆防水层的基层如果是混凝土结构，强度等级不应小于 C15；如果是砌体结构，砌筑用的砂浆强度等级不应低于 M7.5。水泥砂浆防水层可用于结构主体的迎水面或背水面，水泥砂浆防水层包括普通水泥砂浆、聚合物水泥防水砂浆、掺外加剂或掺合料防水砂浆等，聚合物水泥砂浆防水层厚度单层施工宜为 6～8 mm，双层施工宜为 10～12 mm，掺外加剂、掺合料等的水泥砂浆防水层厚度宜为 18～20 mm，砂浆防水层一般需要与其他防水层配合使用，如图 2-31 所示。

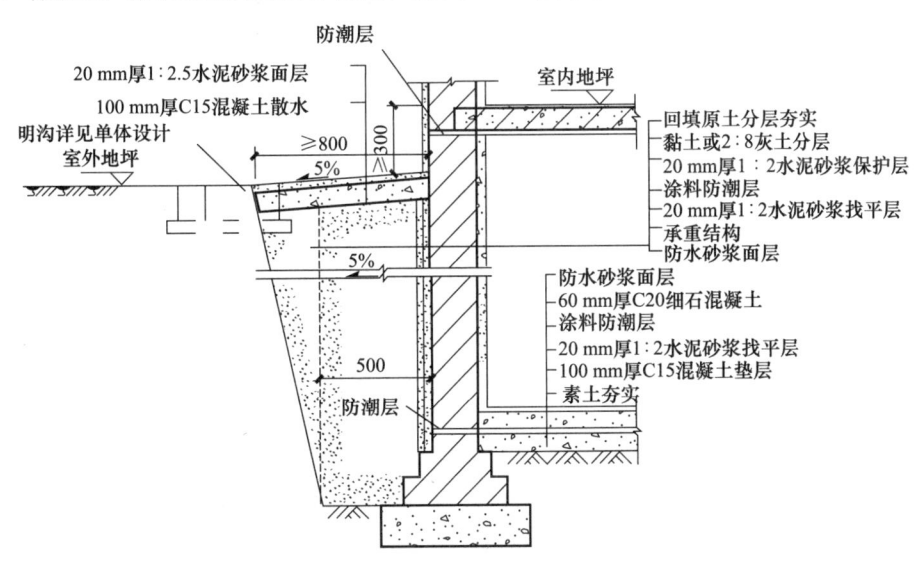

图 2-31　水泥砂浆防水与防水混凝土防水结合的做法

（3）卷材防水。卷材防水适用于受侵蚀性介质作用或受振动作用的地下室。卷材防水层用于建筑物地下室时,应铺设在结构主体底板垫层至墙体顶端的基面上,在外围形成封闭的防水层。卷材防水常用的材料为高聚物改性沥青防水卷材或合成高分子防水卷材,可铺设一层或两层。铺贴卷材前,应在基面上涂刷基层处理剂,当基面较潮湿时,应涂刷湿固化型胶粘剂或潮湿界面隔离剂,基层处理剂应与卷材及胶粘剂的材性相容。铺贴高聚物改性沥青防水卷材应采用热熔法施工,铺贴合成高分子防水卷材采用冷粘法施工,如图 2-32 所示。

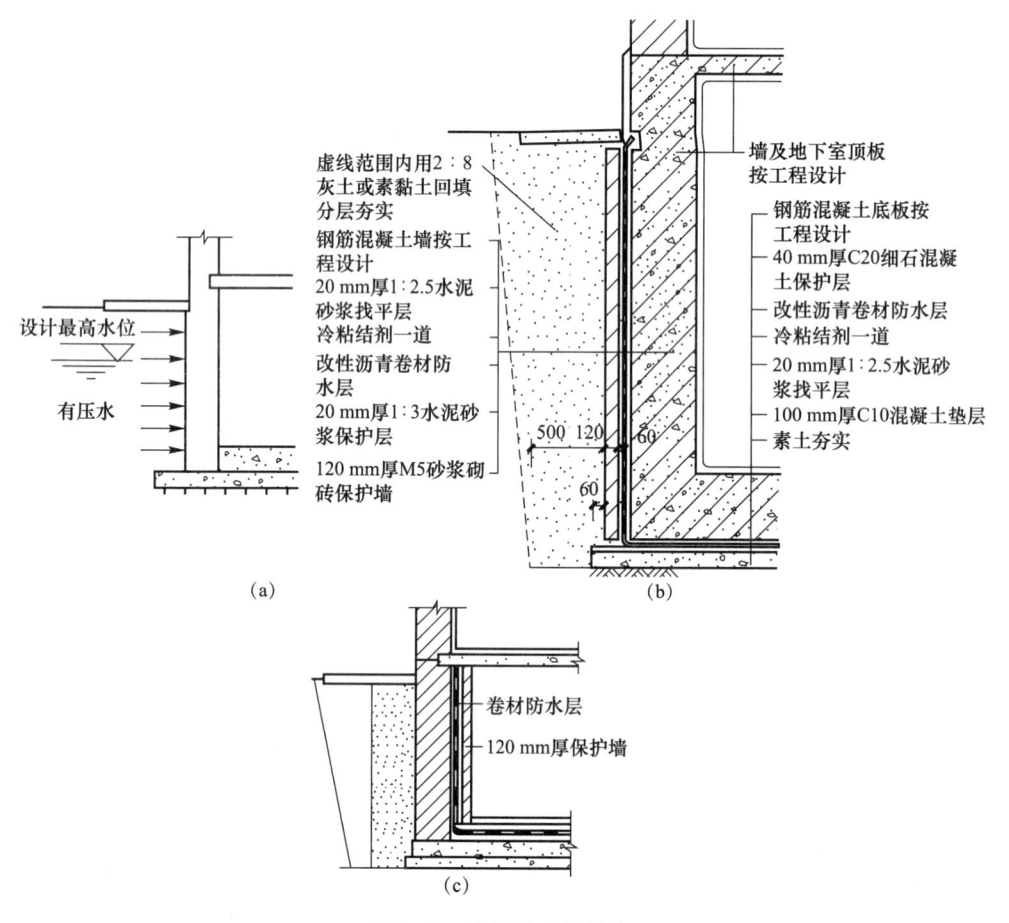

图 2-32 卷材防水的做法
(a)有压地下水;(b)外防水;(c)内防水

(4)涂料防水。防水涂料包括无机防水涂料和有机防水涂料。无机防水涂料可选用水泥基防水涂料、水泥基渗透结晶型涂料。有机防水涂料可选用反应型防水涂料、水乳型防水涂料、聚合物水泥防水涂料。无机防水涂料宜用于结构主体的背水面,有机防水涂料宜用于结构主体的迎水面。

潮湿基层宜选用与潮湿基面粘结力大的无机防水涂料或有机防水涂料,或采用先涂水泥基类无机防水涂料,而后涂有机防水涂料的复合涂层;埋置深度较深的重要工程、有振动或有较大变形的工程宜选用高弹性防水涂料;有腐蚀性的地下环境宜选用耐腐蚀性较好的反应型、水乳型、聚合物水泥涂料并做刚性保护层。防水涂料可采用外防外涂、外防内涂两种做法,如图 2-33 所示。

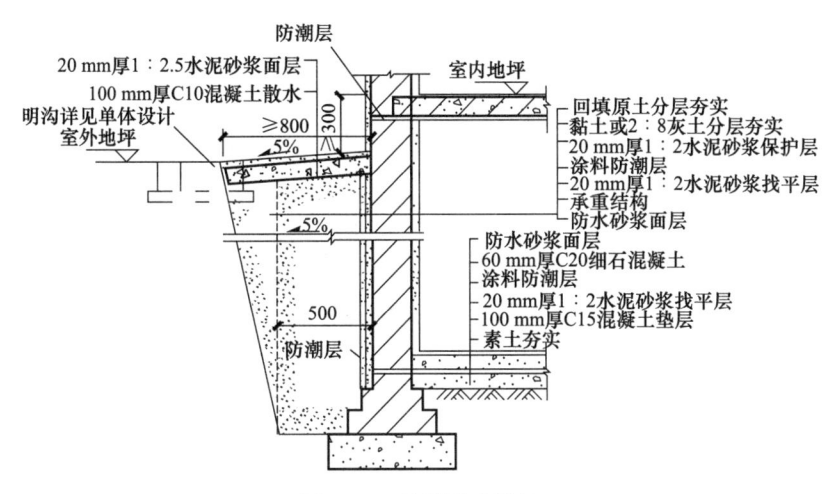

图 2-33 涂料防水做法

（5）金属板防水层。金属板防水层适用于防水等级为一～二级的地下工程防水，金属板包括钢板、铜板、铝板、合金钢板等，一般采用 4～6 mm 厚低碳钢板。

金属板防水层和结构层必须紧密结合，金属板防水层只起防水作用，其承重部分仍以钢筋混凝土为主。一般采用钢筋锚固法，即在防水钢板上每 300 mm×300 mm 焊一根不小于 φ8 的钢筋与结构层牢固结合。金属板防水层做法如图 2-34 所示。

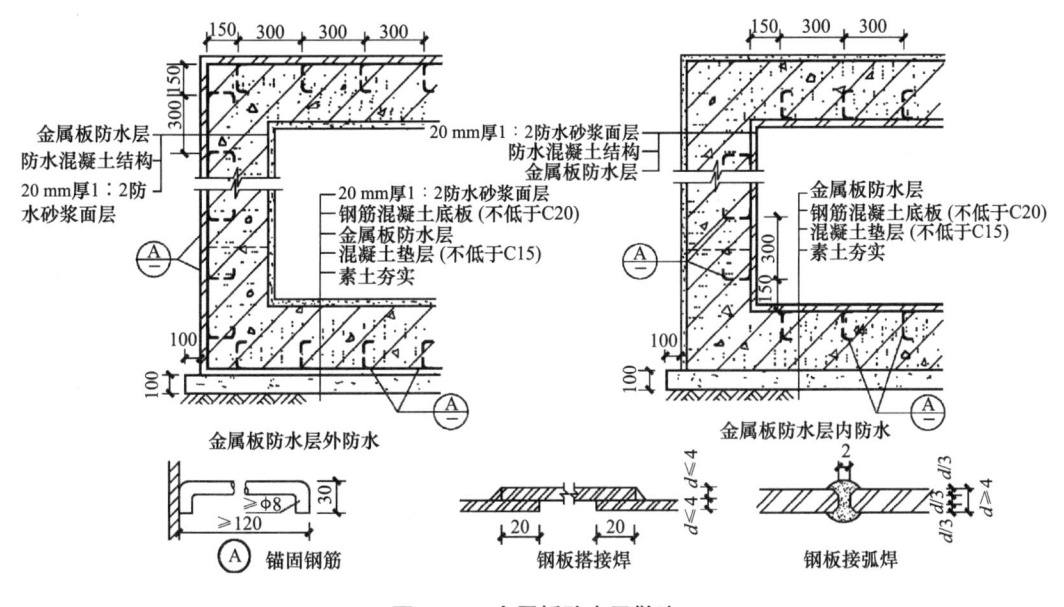

图 2-34 金属板防水层做法

（6）塑料防水板防水。塑料防水板可选用乙烯－醋酸乙烯共聚物（EVA）、乙烯－共聚物沥青（ECB）、聚氯乙烯（PVC）、高密度聚乙烯（HDPE）、低密度聚乙烯（LDPE）类或其他性能相近的材料。铺设防水板前应先铺缓冲层，缓冲层应用暗钉圈固定在基层上，如图 2-35 所示；铺设防水板时，边铺边将其与暗钉圈焊接牢。两副防水板的搭接宽度应为 100 mm，搭接缝应为双焊缝，单条焊缝的有效焊接宽度不应小于 10 mm，焊接严密，不得焊焦、焊穿。

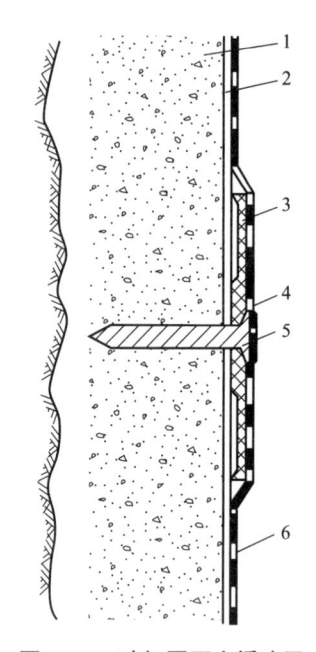

图 2-35 暗钉圈固定缓冲层
1—初期支护；2—缓冲层；3—热塑性圆垫圈；4—金属垫圈；5—射钉；6—防水板

2.5.4 人防地下室简介

1. 人防地下室的分类

（1）按抗力等级分级。人防地下室按抗地面冲击波超压值（冲击波压缩区内超过周围大气压的压力值）分六级。不同的抗力等级有不同的抗力及相应的防护要求。《人民防空地下室设计规范》（GB 50038—2005）只包括 6B 级、6 级、5 级、4B 级和 4 级五个等级的防护设计要求。6B 级和 6 级人防是指抗力为 0.05 MPa 的人员掩蔽和物品储存的人防工事；5 级人防是指普通建筑物下部的人员掩蔽工程；4B 级和 4 级人防是指医院、救护站及重要的工业企业人防工事。

（2）按使用功能分类。人防地下室按使用功能分为指挥通信类、防空专业队队员掩蔽类、人员掩蔽类、配套工程类、交通设施类等地下室。

（3）按埋入地下的深度分类。

1）全埋式人防地下室。全埋式人防地下室是顶板下表面不高于室外地平面的人防地下室。

2）非全埋式人防地下室。非全埋式人防地下室是顶板下表面高于室外地平面的人防地下室。

2. 人防地下室的一般要求

为保证疏散，人防地下室的房间出口不设门，而以空门洞为主。与外界联系的入口门设三道：与地上交接处设水平推拉门，主要供分隔、管理之用；入口通道外设弧形防波门，主要是抵挡冲击波，常用钢筋混凝土制作，厚度可达 1 m；内部设密闭防护门，主要是防细菌、毒气、放射性尘埃等，密闭防护门用钢筋水泥制成，四周设橡胶密封条，关闭后保持密闭状态。地下室楼梯可与地上部分的楼梯结合设置，地下室的出入口至少应有两个。其具体做法为一个与地上楼梯连通，另一个与人防通道或专用出口连接。

人防地下室室内地面至顶板底面高度不应低于 2.4 m，梁下净高不应低于 2.0 m。人防地下室结构构件最小厚度不应低于表 2-3 的要求。

表 2-3 人防地下室结构构件最小厚度　　　　　　　　　　mm

构件类型	材料种类		
	钢筋混凝土	砖砌体	料石砌体
顶板、中间楼板	200	—	—
承重外墙	200	490	300
承重内墙	200	370	300
非承重墙	—	240	—

3. 人防地下室的出入口

（1）出入口的分类。

1）按设置位置，出入口可分为室外出入口、室内出入口、连通口等。

2）按使用功能，出入口可分为主要出入口、次要出入口、备用出入口、连通口、设备安装口、平时出入口等。人防地下室的每个防护单元不应少于两个出入口，且必须设一个室外出入口。战时使用的主要出入口应设在室外。

（2）出入口的形式。出入口的形式是指防护密闭门以外的通道形式，常见的有直通式出入口、单向式出入口、穿廊式出入口、竖井式出入口、楼梯式出入口等。

1）直通式出入口是指防护密闭门外的通道在水平方向没有转折通至地面的出入口，如图 2-36 所示。

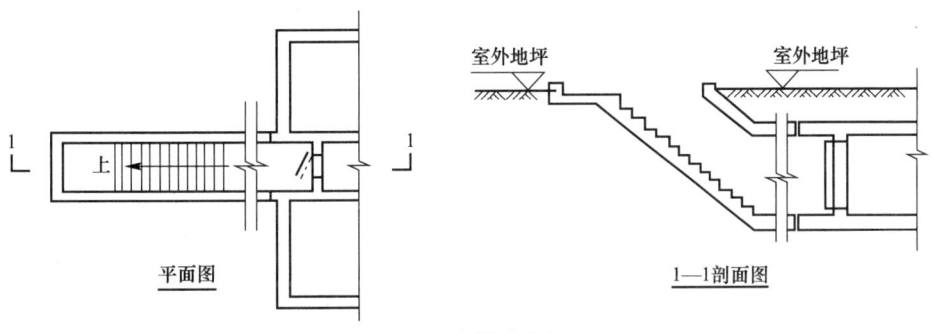

图 2-36 直通式出入口

2）单向式出入口是指防护密闭门外的通道在水平方向有垂直转折，并从一个方向通至地面的出入口，如图 2-37 所示。

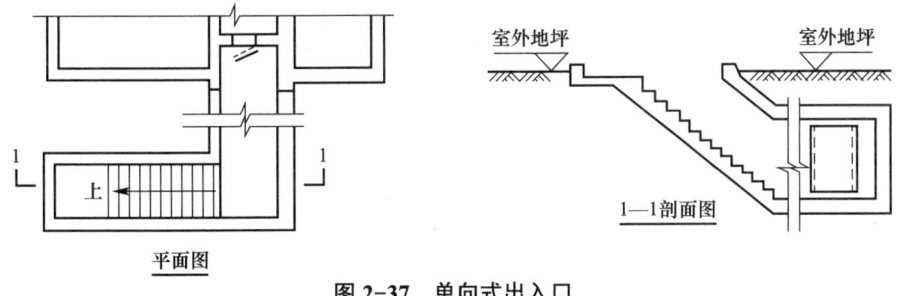

图 2-37 单向式出入口

3）穿廊式出入口是指防护密闭门外的通道出入端从两个方向通至地面的出入口，如图 2-38 所示。

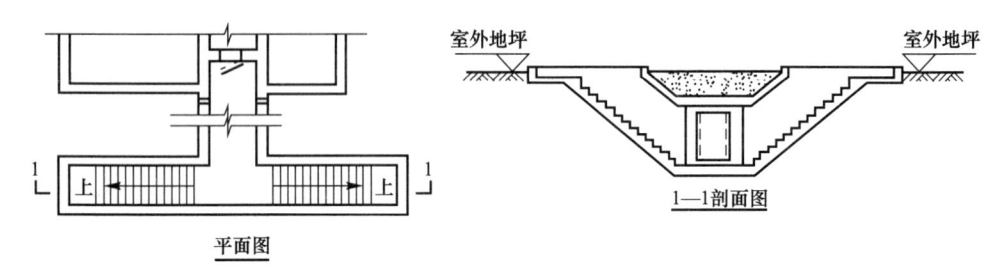

图 2-38　穿廊式出入口

4）竖井式出入口是指防护密闭门外的通道从竖井通至地面的出入口，如图 2-39 所示。

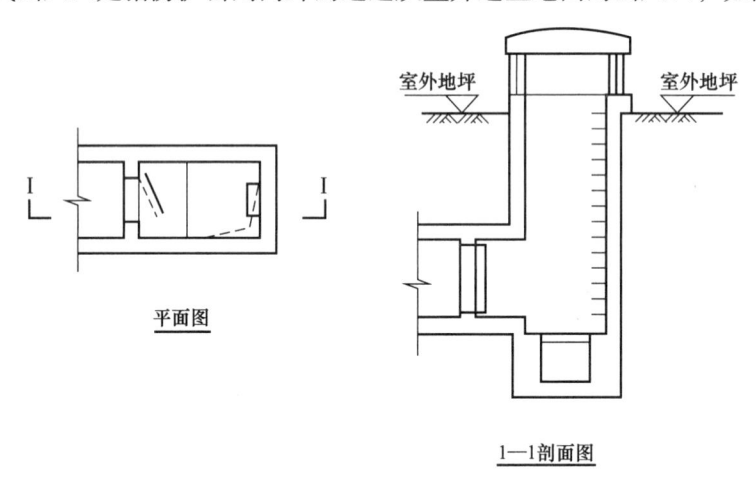

图 2-39　竖井式出入口

5）楼梯式出入口是指防护密闭门外的通道出入端从楼梯通至地面的出入口，如图 2-40 所示。

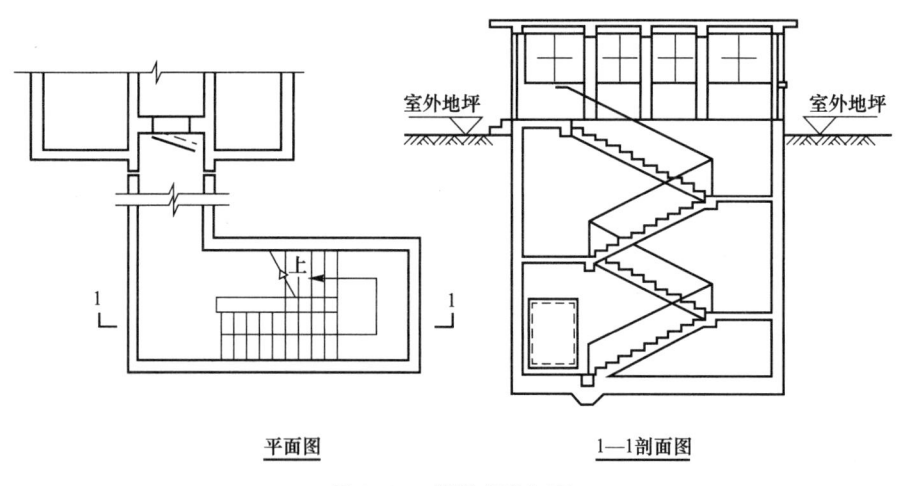

图 2-40　楼梯式出入口

素养课堂

某地居民自建房坍塌事故

20××年×月×日×时×分，某地曾发生一起居民自建房坍塌事故，造成5人死亡，7人受伤。地基挖深20 cm，相邻楼整体坍塌。

事故直接原因：

坍塌房屋地基土承载力不满足规范要求，且房屋整板基础上部受拉区未配置钢筋。

因毗邻房屋拆除和开挖地基，改变了原地基土的侧向约束，促使地基变形，地基承载力单侧降低，导致整板基础断裂；加之该房屋为单跨砖混结构（一个开间），高宽比较大且上部结构开间方向刚度差，当整板基础断裂后失稳倾覆，导致瞬间坍塌。

事故间接原因：

坍塌房屋为村民自建房屋，未经具有资质的单位进行地质勘察和设计，并委托无施工资质、未经工匠培训的个人组织施工。拟重建房屋房主未向地基开挖人员提供毗邻建筑物的有关资料、未对地基开挖可能造成损害毗邻建筑物的潜在安全风险采取专项防护措施，导致在无施工方案指导下盲目开挖。拟重建房屋地基开挖人员未对开挖过程中潜在的重大安全风险进行辨识，未主动拒绝违章指挥和冒险作业。坍塌房屋场地雨水汇聚，且该场地排水不畅；同时，拟重建房屋拆除后一个月时间内雨水丰富，地表水渗入坍塌房屋地基内，使地基土进一步软化，地基承载力降低。有关部门开展打非治违不力，未能采取有效措施制止坍塌房屋的持续违建行为，导致该违建房屋最终建成并入住。坍塌房屋未经竣工验收违规对外出租，房内居住人数大幅增加，导致了事故伤亡人数的扩大。

▶模块小结

地基分为天然地基、人工地基。地基应满足强度、变形、稳定性、强度、耐久性、经济性方面的要求。

影响基础埋深的因素有地基土层构造、建筑物自身构造、地下水水位、冻结深度、相邻基础的埋深。

基础按所用材料可分为砖基础、毛石基础、灰土基础、混凝土基础、钢筋混凝土基础；按构造形式可分为独立基础、条形基础、筏式基础、桩基础、箱形基础；按受力特点可分为无筋扩展基础和扩展基础。

地下室一般由墙、底板、顶板、门、窗、采光井等部分组成。地下室按使用性质可分为普通地下室、人防地下室；按埋入地下深度可分为全地下室、半地下室；按结构材料可分为砖墙结构地下室、钢筋混凝土结构地下室。

复习思考题

1. 基础和地基各指什么?
2. 什么是基础的埋深?影响基础埋深的因素有哪些?
3. 基础是如何分类的?
4. 地下室是如何分类的?地下室由哪些部分组成?各部分的构造如何?
5. 不同埋深的基础如何处理?
6. 地下室的防潮与防水有哪些做法?
7. 人防地下室的出入口形式有哪些?

模块 3　墙　　体

知识目标

1. 了解墙体的类型、组成材料和组砌方法。
2. 了解砖墙、砌块墙、隔墙、幕墙的构造做法。
3. 掌握砖墙细部构造及隔墙的构造要求。

能力目标

1. 能够区别各种不同类型的墙体。
2. 能够在实际工作中进行墙身构造设计。

素养目标

1. 培养质量、安全意识。
2. 养成遵循规范的良好习惯，具备团结协作和分析总结的能力。
3. 培养一丝不苟、追求卓越的工匠精神。

墙体是组成建筑空间的竖向构件，它承担建筑地上部分的全部竖向荷载及风荷载，担负着抵御自然界中风、霜、雨、雪及噪声、冷热、太阳辐射等不利因素侵袭的责任，把建筑内部划分成不同的空间，是室内与室外的分界，是建筑物中的重要组成构件。墙体的重量占建筑物总重量的30%～45%，造价比重大，在工程设计中合理地选择墙体材料、结构方案及构造做法十分重要。

3.1　墙体的类型和作用

3.1.1　墙体的类型

按照不同的划分方法，墙体可分为不同的类型。

1. 按构成墙体的材料和制品分类

按构成墙体的材料和制品，墙体可分为砖墙、石墙、砌块墙、板材墙、混凝土墙、玻璃幕墙等。

微课：墙体的作用、类型、设计要求

2. 按墙体的受力情况分类

按墙体的受力情况，墙体可分为承重墙和非承重墙两类。凡是承担建筑上部构件传递来荷载的墙称为承重墙；不承担建筑上部构件传递来荷载的墙称为非承重墙。

非承重墙包括自承重墙、框架填充墙、幕墙和隔墙。其中，自承重墙不承受外来荷载，其下部墙体只负责上部墙体的自重；框架填充墙是指在框架结构中，填充在框架中间的墙；幕墙是指悬挂在建筑物结构外部的轻质外墙，如玻璃幕墙、铝塑板墙等；隔墙是指仅起分隔空间、自身重量由楼板或梁分层承担的墙。

3. 按墙体的位置和走向分类

（1）按墙体在建筑中的位置，墙体可分为外墙和内墙两类。沿建筑四周边缘布置的墙体称为外墙；被外墙所包围的墙体称为内墙。

（2）按墙体的走向，墙体可分为纵墙和横墙。纵墙是指沿建筑物长轴方向布置的墙；横墙是指沿建筑物短轴方向布置的墙。其中，沿建筑物横向布置的首尾两端的横墙俗称山墙；在同一道墙上门窗洞口之间的墙体称为窗间墙；门窗洞口上下的墙体称为窗上墙或窗下墙，如图3-1所示。

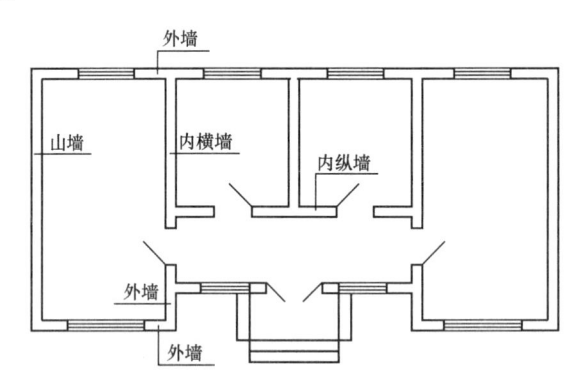

图3-1 墙体各部分的名称

4. 按墙体的施工方式和构造分类

按墙体的施工方式和构造，墙体可分为叠砌式、版筑式和装配式三种。其中，叠砌式是一种传统的砌墙方式，如实砌砖墙、空斗墙、砌块墙等；版筑式砌墙材料往往是散状或塑性材料，依靠事先在墙体部位设置模板，然后在模板内夯实与浇筑材料而形成墙体，如夯土墙、滑模或大模板钢筋混凝土墙；装配式墙在构件生产厂家事先制作墙体构件，然后在施工现场进行拼装，如大板墙、各种幕墙。

3.1.2 墙体的作用

墙体在建筑中的作用主要有以下四个方面：

（1）承重作用：既承受建筑物自重、人及设备等荷载，又承受风和地震作用。

（2）围护作用：抵御自然界风、雨、雪等的侵袭，防止太阳辐射和噪声的干扰等。

（3）分隔作用：把建筑物分隔成若干个小空间。

（4）环境作用：装修墙面，满足室内外装饰和使用功能要求。

3.2 砖　　墙

3.2.1 砖墙材料

砖墙是用砂浆等胶结材料砌筑砖块而成的砌体，主要包括砖、砂浆、钢筋混凝土、板材等几种材料。

1. 砖

微课：叠砌墙体

砌墙用砖的类型很多，按照砖的外观形状可以分为普通实心砖（标准砖）、多孔砖和空心砖三种。长期以来，应用最广泛的是普通实心砖。

我国标准砖的规格为 53 mm×115 mm×240 mm，如图 3-2（a）所示。在加入灰缝尺寸之后，砖的长、宽、厚之比为 4 : 2 : 1，如图 3-2（b）所示。即一个砖长等于两个砖宽加灰缝（240 mm = 2×115 mm + 10 mm）或等于四个砖厚加三个灰缝（240 mm = 4×53 mm + 3×9.5 mm）。在工程实际应用中，砌体的组合模数为一个砖宽加一个灰缝，即 115 + 10 = 125（mm）。

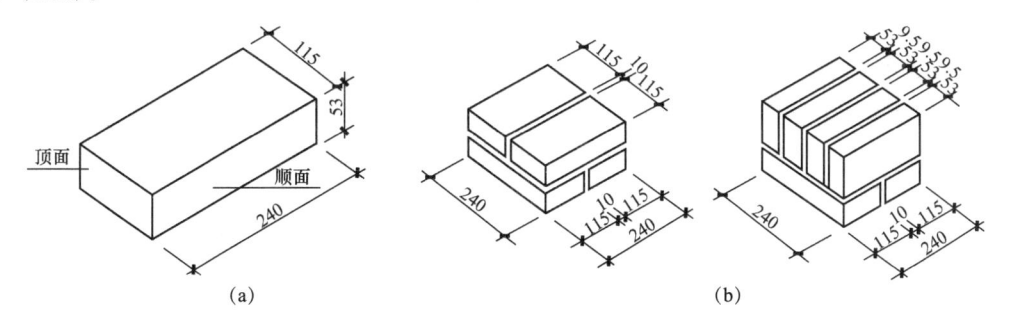

图 3-2　标准砖的尺寸关系
（a）标准砖的尺寸；（b）标准砖的组合尺寸关系

多孔砖与空心砖的规格一般与普通砖在长、宽方向相同，但增加了厚度尺寸，并使之符合模数的要求，如 240 mm×115 mm×95 mm。长、宽、高均符合现有模数协调的多孔砖和空心砖并不多见，而是常见于新型材料的墙体砌块，如图 3-3、图 3-4 所示。

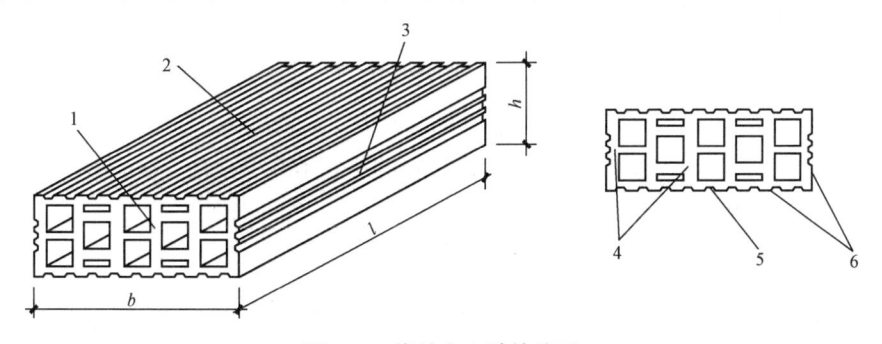

图 3-3　烧结空心砖的外形
1—顶面；2—大面；3—顺面；4—肋；5—凹槽线；6—外壁

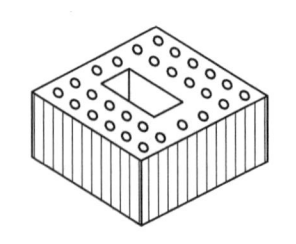

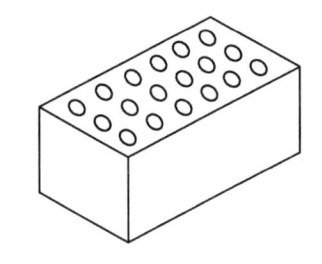

图 3-4 烧结多孔砖的外形

烧结多孔砖和烧结实心砖通称为烧结普通砖，其强度等级根据它的抗压强度和抗折强度确定，共分为 MU10、MU15、MU20、MU25、MU30 五个等级。

2．砂浆

砂浆可以将砌体内的砖块连接成一整体。用砂浆抹平砖表面，可以使砌体在压力下应力分布较均匀。另外，砂浆填满砌体缝隙，减少了砌体的空气渗透，提高了砌体的保温、隔热和抗冻能力。砌墙用砂浆统称为砌筑砂浆，主要有水泥砂浆、混合砂浆和石灰砂浆三种。墙体一般采用混合砂浆砌筑，水泥砂浆主要用于砌筑地下部分的墙体和基础，由于石灰砂浆的防水性能差、强度低，一般用于砌筑非承重墙或荷载较小的墙体。

砂浆的强度等级根据其抗压强度确定，共分为 M5、M7.5、M10、M15、M20、M30 六个等级。

3．钢筋混凝土

随着房屋层数和高度的进一步增加，水平荷载对房屋的影响增大。此时，人们采用钢筋混凝土墙体为整个房屋提供很高的抗剪强度和刚度，一般称这种墙体为抗震墙或剪力墙。

4．板材

随着建筑结构体系的改革和大开间多功能框架结构的发展，各种轻质和复合多功能墙用板材也蓬勃兴起。目前可用于墙体的板材品种很多，按墙板的功能可分为外墙板、内墙板和隔墙板；按墙板的规格可分为大型墙板、条板拼装的大板和小张的轻型板；按墙板的结构可分为实心板、空心板和多功能复合墙板。

以建筑板材为围护结构的建筑体系具有质轻、节能、施工方便快捷、使用面积大、开间布置灵活等特点，因此，具有良好的发展前景。

3.2.2　墙体的组砌方式

墙体的组砌方式是指砖、砌块在墙体中的排列方式。墙体在组砌时应遵循"内外搭接、上下错缝"的原则，使砖、砌块在墙体中能相互咬合，以增加墙体的整体性，保证墙体不出现连续的垂直通缝，确保墙体的强度。砖之间的搭接和错缝的距离一般不小于 60 mm；砌块之间搭接长度不宜小于砌块长度的 1/3。

1．砖墙的厚度

用普通砖砌筑的墙称为实心砖墙。由于烧结普通砖的尺寸是 240 mm×115 mm×53 mm，所以，实心砖墙的尺寸应为砖宽加灰缝 [115＋10＝125（mm）] 的倍数。砖墙的厚度尺寸见表 3-1。

表 3-1　砖墙的厚度尺寸　　　　　　　　　　　　　　　　　　　　　mm

墙厚名称	1/4 砖	1/2 砖	3/4 砖	$1\frac{1}{2}$ 砖	1 砖	2 砖	$2\frac{1}{2}$ 砖
标志尺寸	60	120	180	240	370	490	620
构造尺寸	53	115	178	240	365	490	615
习惯称呼	60 墙	12 墙	18 墙	24 墙	37 墙	49 墙	62 墙

2. 砖墙的组砌方式

图 3-5 所示为砖墙组砌名称及错缝。当墙面不抹灰作清水时，组砌还应考虑墙面图案的美观性。

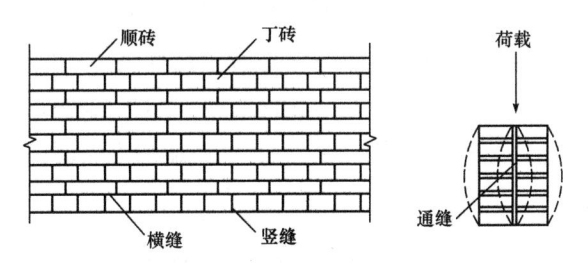

图 3-5　砖墙组砌名称及错缝

（1）实体砖墙。实体砖墙即用烧结砖砌筑的不留空隙的砖墙，多层混凝土结构中墙面常采用实体墙。实体砖墙常见的组砌方式如图 3-6 所示。其中，一顺一丁、多顺一丁、十字式较为常见。

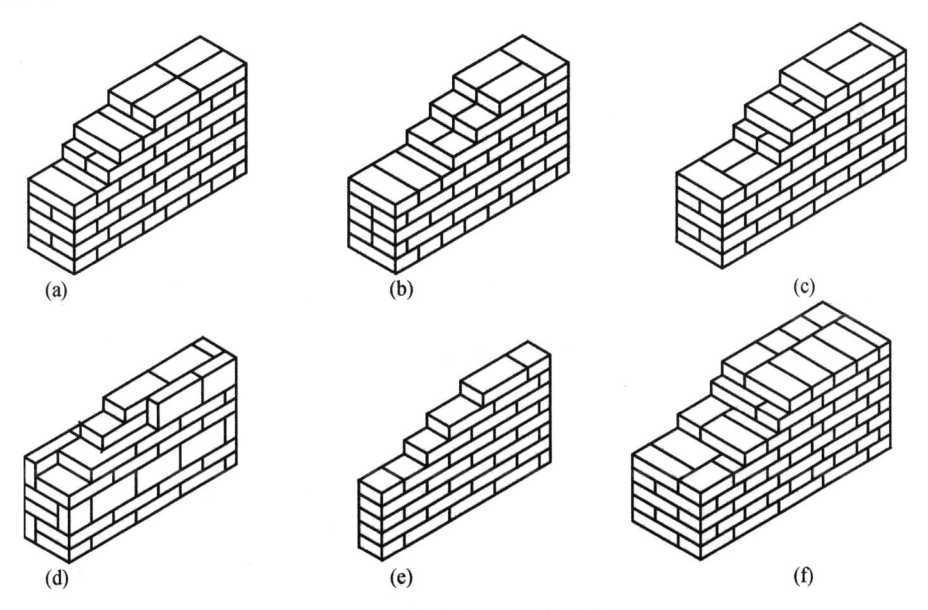

图 3-6　实体砖墙组砌方式

（a）一顺一丁；（b）多顺一丁；（c）十字式；（d）370 mm 厚墙；（e）120 mm 厚墙；（f）180 mm 厚墙

（2）空斗墙。用普通砖侧砌或平砌与侧砌相结合砌成的墙体称为空斗墙。全部采用侧砌方式的称为无眠空斗墙，如图 3-7（a）所示；采用平砌与侧砌相结合方式的称为有眠空斗墙，如图 3-7（b）所示。空斗墙具有节省材料、自重轻、隔热效果好的特点，但整体性稍差，施工技术水平要求较高。目前，南方普通小型民居仍在采用空斗墙。

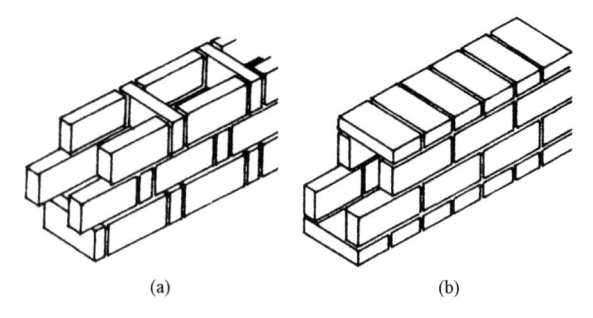

图 3-7 空斗墙
(a) 无眠空斗墙；(b) 有眠空斗墙

（3）组合墙。用砖和其他保温材料组合而形成的墙称为组合墙。这种墙可以改善普通墙的热工性能，因此，常用于我国北方寒冷地区。组合墙体的做法有三种：第一种是在墙体单面敷设保温材料，如图 3-8（a）所示；第二种是在砖墙的中间填充保温材料，如图 3-8（b）所示；第三种是在墙中留空气间层，如图 3-8（c）所示。

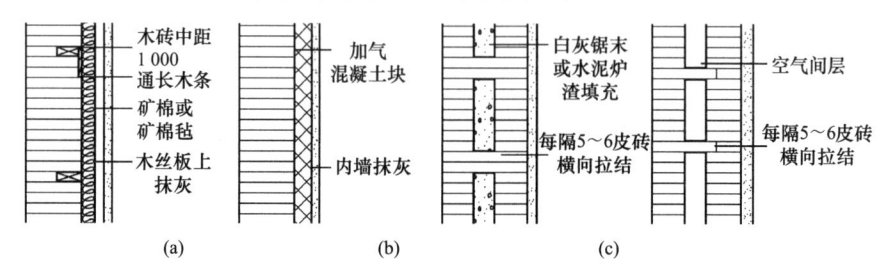

图 3-8 组合墙的构造
(a) 单面敷设保温材料；(b) 中间填充保温材料；(c) 墙中留空气间层

3.2.3 砖墙细部构造

1. 墙脚构造

底层室内地面以下、基础以上的这段墙体称为墙脚。内墙、外墙都有墙脚，墙脚的位置如图 3-9 所示。墙脚包括勒脚、散水、明沟、防潮层等部分。

微课：墙角构造

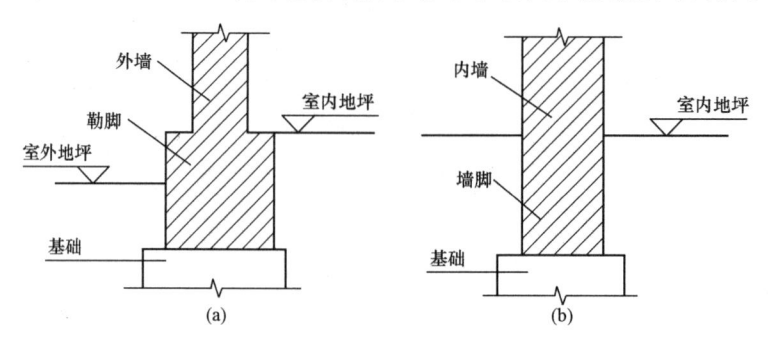

图 3-9 墙脚位置
(a) 外墙；(b) 内墙

（1）勒脚。勒脚是外墙接近室外地面的部分。勒脚位于建筑墙体的下部，由于承担的上部荷载多，而且容易受到雨、雪的侵蚀和人为因素的破坏，因此，需要对这部分墙体加以特殊的保护。

勒脚的高度一般应在 500 mm 以上，有时为了满足建筑立面形象的要求，可以把勒脚顶部提高至首层窗台处。目前，勒脚常用饰面的方法，即采用密实度大的材料来处理勒脚。勒脚应坚固、防水和美观。常见的做法有以下几种：

1）在勒脚部位抹 20～30 mm 厚 1∶2 或 1∶2.5 的水泥砂浆，或做水刷石、斩假石等，如图 3-10（a）所示。

2）在勒脚部位加厚 60～120 mm，再用水泥砂浆或水刷石等贴面，如图 3-10（b）所示。

当墙体材料防水性能较差时，勒脚部分的墙体应当换用防水性能好的材料。常用的防水性能好的材料有大理石板、花岗石板、水磨石板、面砖等。

3）用天然石材砌筑勒脚，如图 3-10（c）所示。

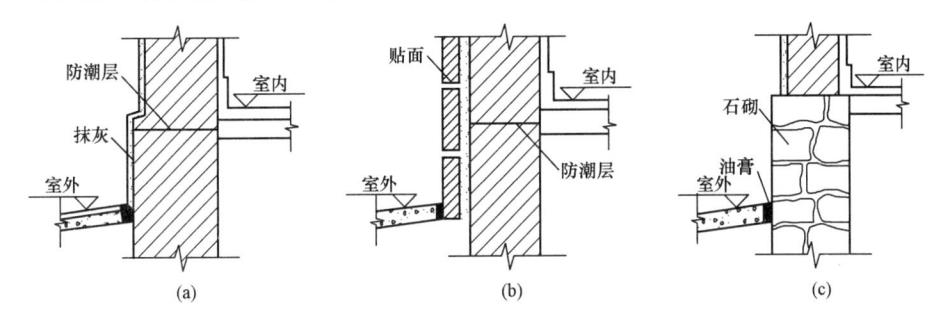

图 3-10 勒脚的构造做法
（a）抹灰；（b）贴面；（c）石材砌筑

（2）散水和明沟。散水也称为散水坡、护坡，是沿建筑物外墙四周设置的向外倾斜的坡面，其作用是将屋面下落的雨水排到远处，进而保护建筑四周的土壤，降低基础周围土壤的含水率。散水表面应向外侧倾斜，坡度为 3%～5%。散水的宽度一般为 600～1 000 mm。为保证屋面雨水能够落在散水上，当屋面采用无组织排水方式时，散水的宽度应比屋檐的挑出宽度宽 200 mm 左右。散水的做法通常有砖散水、块石散水、混凝土散水等，其构造如图 3-11 所示。在降水量较少的地区或临时建筑中也可采用砖、块石做散水的面层。散水一般采用混凝土或碎砖混凝土做垫层，土壤冻深在 600 mm 以上的地区，宜在散水垫层下面设置砂垫层，以避免散水被土壤冻胀而遭破坏。砂垫层的厚度与土壤的冻胀程度有关，通常砂垫层的厚度在 300 mm 左右。

对于年降水量较大的地区，常在散水的外缘或直接在建筑物外墙根部设置排水沟，这个排水沟称为明沟。明沟通常用混凝土浇筑成宽为 180 mm、深为 150 mm 的沟槽，也可用砖、石砌筑，如图 3-12 所示。沟底应有不小于 1% 的纵向排水坡度。

2．踢脚构造

踢脚是室内楼地面与墙面相交处的构造处理。它的作用是保护墙的根部，当人们清洗楼地面时不致污染墙身。踢脚面层宜用强度高、光滑耐磨、耐脏的材料做成。通常应与楼地面面层所用材料一致。

踢脚宜凸出墙面抹灰面或装饰面 3～8 mm。当踢脚块材厚度大于 10 mm 时，其上端宜做坡线脚处理。复合地板踢脚板厚度不应小于 12 mm；踢脚高度一般为 100～150 mm。常用的踢脚有水泥砂浆踢脚、塑料地板踢脚、水磨石踢脚、大理石（花岗石）踢脚、硬木踢脚等（图 3-13）。

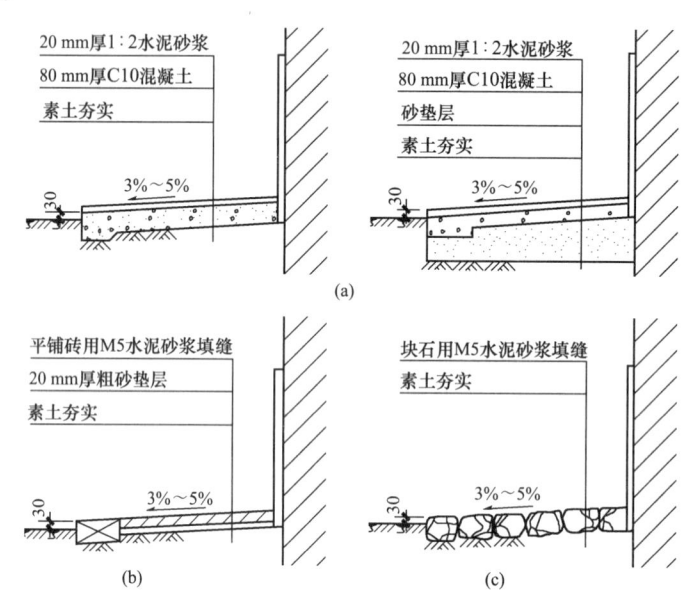

图 3-11 散水的构造
（a）混凝土散水；（b）砖散水；（c）块石散水

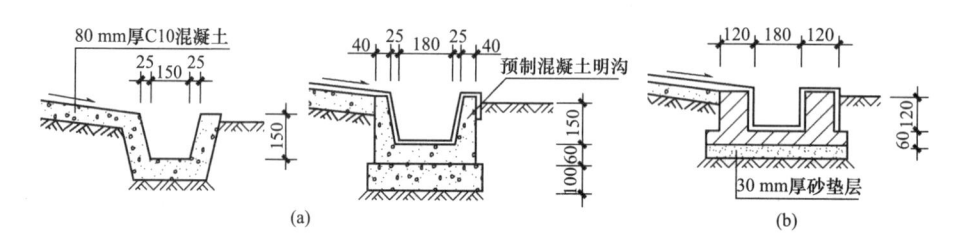

图 3-12 明沟的构造
（a）混凝土明沟；（b）砖砌明沟

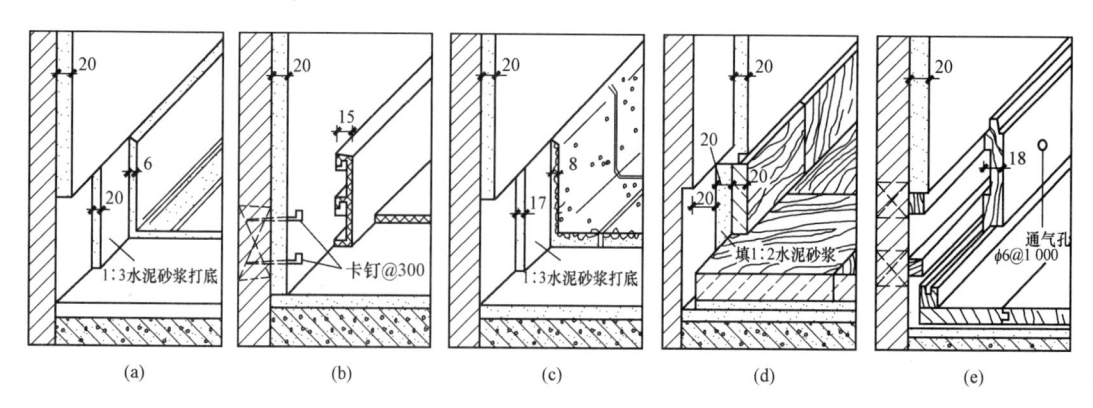

图 3-13 踢脚构造
（a）水泥砂浆踢脚；（b）塑料地板踢脚；（c）水磨石踢脚；（d）大理石（花岗石）踢脚；（e）硬木踢脚

3. 墙裙构造

墙裙是踢脚的延伸，高度一般为 1 200～1 800 mm。卫生间、厨房墙裙的作用是防水和便于清洗，常用的墙裙有水泥砂浆墙裙、乳胶漆墙裙、瓷砖墙裙、水磨石墙裙、石质板材墙裙等。一般居室内墙裙主要做装饰，常用纸面石膏板贴面墙裙、塑料条形和板墙裙、胶合板（或实木板）墙裙等。

4. 门窗洞口构造

（1）窗台。窗台是窗洞下部的构造，用来排除窗外侧流下的雨水和内侧的冷凝水，并起一定的装饰作用。位于窗外的称为外窗台，位于室内的称为内窗台。当墙很薄，窗框沿墙内缘安装时，可不设内窗台。窗台的构造如图3-14所示。

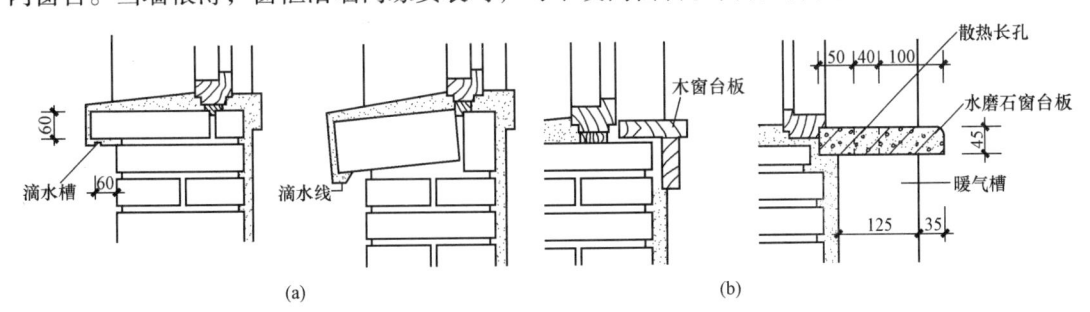

图 3-14 窗台构造
(a) 外窗台；(b) 内窗台

外窗台面一般应低于内窗台面，并应形成5%的外倾坡度，以利于排水，防止雨水流入室内。外窗台的构造有悬挑窗台和不悬挑窗台两种。悬挑窗台常采用砖平砌或侧砌，也可采用预制钢筋混凝土，其挑出的尺寸应不小于 60 mm。窗台表面的坡度可由斜砌的砖形成，或用 1∶2.5 水泥砂浆抹出，并在挑砖下缘前端抹出滴水槽或滴水线。悬挑外窗台下边缘的滴水应做成半圆形凹槽，以免排水时雨水沿窗台底面流至下部墙体。

【注意】如果外墙饰面为瓷砖、陶瓷锦砖（陶瓷马赛克）等易于冲洗的材料，可不做悬挑窗台，窗下墙的脏污可借窗上墙流下的雨水冲洗干净。

内窗台可直接抹 1∶2 水泥砂浆形成面层。一般北方地区的墙体厚度较大，常在内窗台下留置暖气槽，这时内窗台可以采用预制水磨石或木窗台板。装修标准较高的房间也可以采用天然石材。窗台板一般靠窗间墙来支撑，两端伸入墙内 60 mm，沿内墙面挑出约 40 mm。当窗下不设暖气槽时，也可以在窗洞下设置支架以固定窗台板。

（2）门窗过梁。门窗过梁简称为过梁，是指设置在门窗洞口上部的横梁，主要用来承受洞口上部墙体传来的荷载，并将这些荷载传递给洞口两侧的墙体。过梁的种类较多，目前常用的有砖拱过梁、钢筋砖过梁和钢筋混凝土过梁三种，其中，以钢筋混凝土过梁最为常见。

1）砖拱过梁。砖拱过梁分为平拱和弧拱两种，其中砖砌平拱过梁的应用居多。砖拱过梁应事先设置胎模，由砖侧砌而成，拱中央的砖垂直放置，称为拱心。两侧砖对称，拱心分别向两侧倾斜，灰缝呈上宽（不大于 15 mm）下窄（不小于 5 mm）的楔形，靠材料之间产生的挤压摩擦力来支撑上部墙体，为了使砖拱能更好地工作，平拱的中心应比拱的两端略高，为跨度的 1/100～1/50，如图 3-15 所示。砖砌平拱过梁的适用跨度多小于 1.2 m，但不适用于过梁上部有集中荷载或建筑有振动荷载的情况。

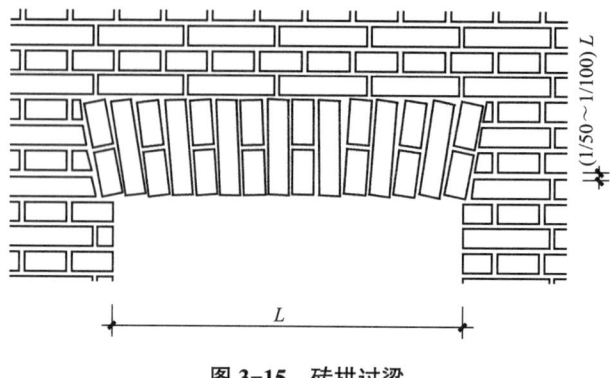

图 3-15 砖拱过梁

2）钢筋砖过梁。钢筋砖过梁是指由平砖砌筑，并在砌体中加设适量钢筋而形成的过梁。由于钢筋砖过梁的跨度可达 2 m 左右，而且施工比较简单，因此，目前应用比较广泛。

钢筋砖过梁是在洞口顶部配置钢筋，形成能承受弯矩的加筋砖砌体。钢筋直径 6 mm，间距不大于 120 mm，钢筋伸入洞口两侧的墙体内不小于 240 mm，并设 90° 直弯钩，埋在墙体的竖缝中。过梁采用 M5 水泥砂浆砌筑，高度一般不小于 5 皮砖，且不小于门窗洞口宽度的 1/4。钢筋砖过梁的外观与外墙的砌筑形式相同，清水墙面效果统一，但施工麻烦，最大跨度为 1.5 m。钢筋砖过梁如图 3-16 所示。

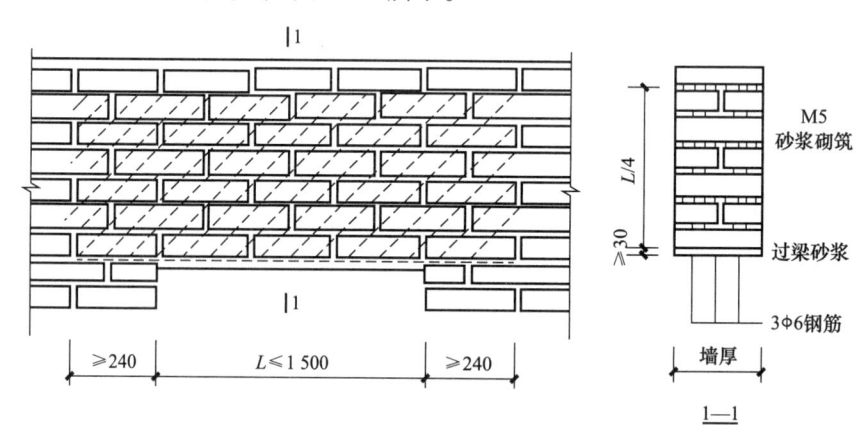

图 3-16 钢筋砖过梁

钢筋砖过梁适用于跨度不超过 1.5 m、上部无集中荷载的洞口。当墙身为清水墙时，采用钢筋砖过梁可使建筑立面获得统一的效果。

3）钢筋混凝土过梁。当门窗洞口跨度超过 2 m 或上部有集中荷载时，需采用钢筋混凝土过梁。钢筋混凝土过梁有现浇和预制两种。钢筋混凝土过梁的适应性较强，目前已被大量采用。

钢筋混凝土过梁的截面尺寸及配筋应经计算确定，并应为砖厚的整数倍。过梁两端伸入墙体的长度应在 240 mm 以上。为便于过梁两端墙体的砌筑，钢筋混凝土过梁的高度应与砖的皮数尺寸相协调，如 120 mm、180 mm、240 mm。钢筋混凝土过梁的宽度通常与墙厚相同，当墙面不抹灰时（俗称清水墙），其宽度应比墙厚小 20 mm。钢筋混凝土过梁的截面形状有矩形和 L 形。矩形过梁多用于内墙和外混水墙中；L 形过梁多用于外清水墙和有保温要求的墙体中，此时应注意将 L 口朝向室外，如图 3-17 所示。

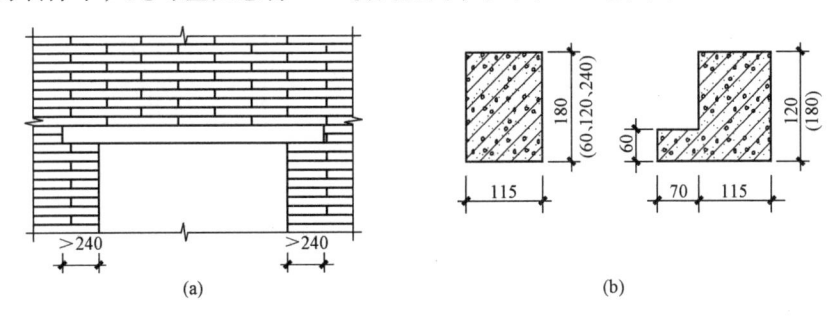

图 3-17 钢筋混凝土过梁
（a）过梁立面；（b）过梁的断面形状和尺寸

5. 墙身加固构造

由于墙身承受集中荷载、开设门窗洞口及受地震等因素的作用，墙体的稳定性受到影响，需对墙身采取加固措施，下面是常用的几种方法。

（1）增加壁柱和门垛。当墙体要承受梁传递来的集中荷载，而墙厚又不足以承担，或墙体的长度和高度超过一定限度并影响到墙体稳定性时，常在墙身局部适当位置增设凸出墙面的壁柱。壁柱凸出墙面的尺寸一般为 120 mm×370 mm、240 mm×370 mm、240 mm×490 mm 或根据结构计算确定，如图 3-18 所示。

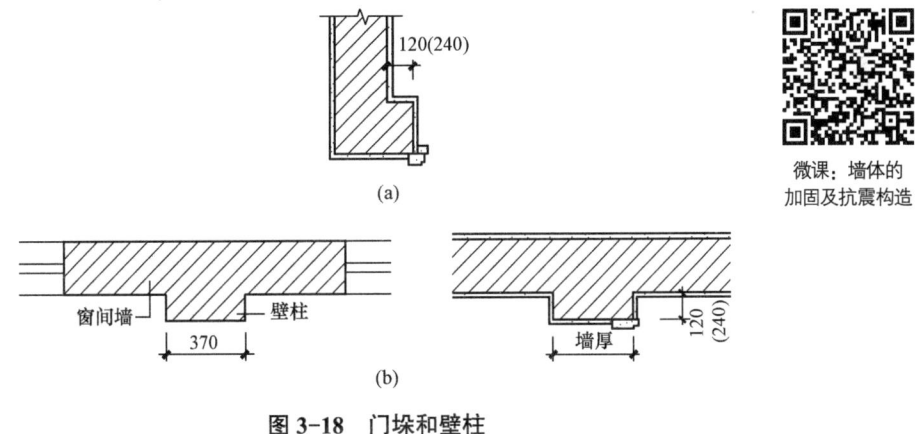

微课：墙体的加固及抗震构造

图 3-18 门垛和壁柱
（a）门垛；（b）壁柱

（2）设置圈梁。圈梁是指沿建筑物外墙、内纵墙和部分横墙设置的连续封闭的梁。其作用是加强房屋的空间刚度和整体性，对建筑起到腰箍的作用，以防止由于基础不均匀沉降、振动荷载等引起的墙体开裂。

圈梁分为钢筋混凝土圈梁和钢筋砖圈梁两种，如图 3-19 所示。目前，多采用钢筋混凝土圈梁，钢筋砖圈梁已很少采用。钢筋混凝土圈梁的宽度宜与墙厚相同，当墙厚大于 240 mm 时，允许其宽度减小，但不宜小于墙厚的 2/3。圈梁高度应大于 120 mm，并在其中设置纵向钢筋和箍筋,如为8度抗震设防,纵筋为4φ10,箍筋为φ6@200。钢筋砖圈梁应采用不低于M5的砂浆砌筑,高度为4～6皮砖。纵向钢筋不宜少于6φ6,水平间距不宜大于120 mm,分上、下两层设在圈梁顶部和底部的灰缝内。

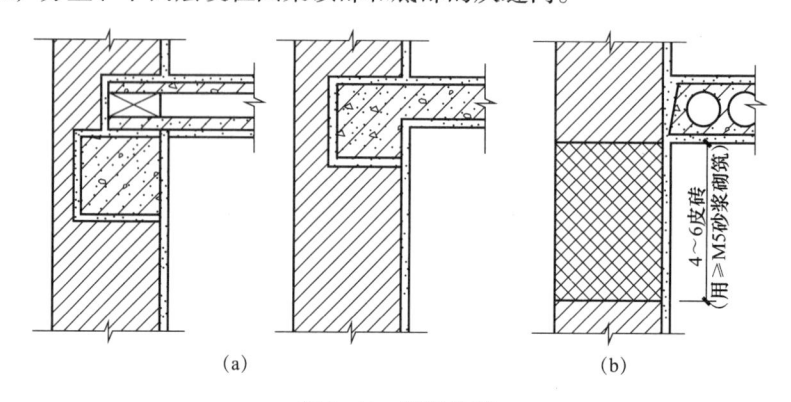

图3-19 圈梁构造
(a) 钢筋混凝土圈梁;(b) 钢筋砖圈梁

(3) 设置构造柱。构造柱从构造角度考虑设置,常设在建筑物的四角、内外墙交接处、楼梯间、电梯间的四角及某些较长墙体的中部。构造柱的设置部位,一般情况下应符合表3-2的要求。

表3-2 砖砌体房屋构造柱设置要求

房屋层数				设置部位	
6度	7度	8度	9度		
≤五	≤四	≤三		楼、电梯间四角,楼梯斜梯段上下端对应的墙体处;	每隔12 m或单元横墙与外纵墙交接处;楼梯间对应的另一侧内横墙与外纵墙交接处
六	五	四	二	外墙四角和对应转角;错层部位横墙与外纵墙交接处;	隔开间横墙(轴线)与外墙交接处;山墙与内纵墙交接处
七	六、七	五、六	三、四	大房间内外墙交接处;较大洞口两侧	内墙(轴线)与外墙交接处;内墙的局部较小墙垛处;内纵墙与横墙(轴线)交接处
注:1. 较大洞口,内墙指不小于2.1 m的洞口;当外墙在内外墙交接处已设置构造柱时允许适当放宽,但洞侧墙体应加强。 2. 当按规定确定的层数超出本表范围,构造柱设置要求不应低于表中相应烈度的最高要求且宜适当提高					

构造柱的截面不宜小于240 mm×180 mm,常用240 mm×240 mm。纵向钢筋宜采用4φ12,箍筋不少于φ6@250 mm,并在柱的上下端适当加密。构造柱应先砌墙后浇柱,墙与柱的连接处宜留出5进5出的马牙槎,进出60 mm,并沿墙高每隔500 mm设置2φ6的拉结钢筋,每边伸入墙内不宜少于1 000 mm,如图3-20所示。施工时,应当先砌墙体,并留出马牙槎,随着墙体的上升,逐段现浇钢筋混凝土构造柱。

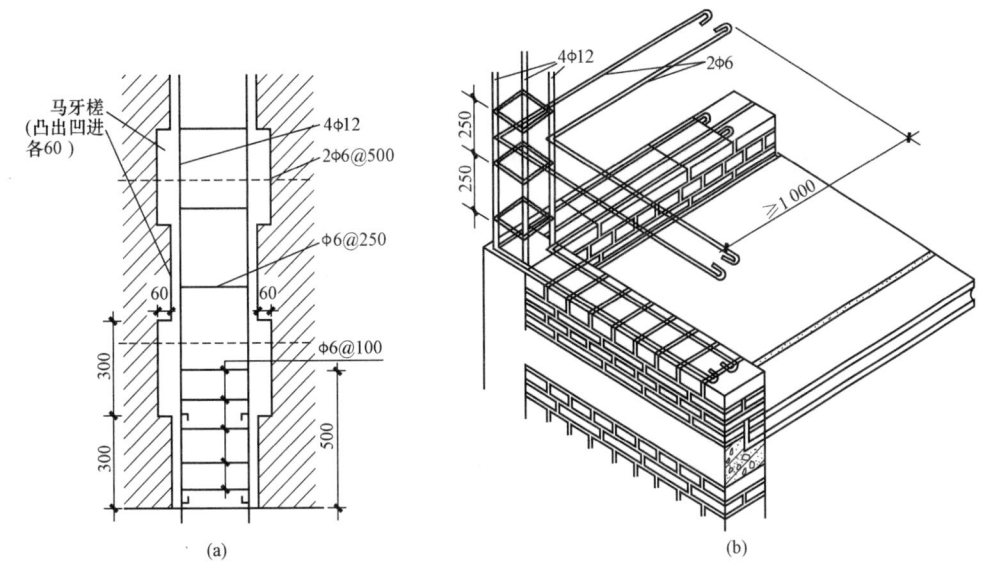

图 3-20 构造柱
(a) 平直墙面处的构造柱；(b) 转角处的构造柱

3.3 砌 块 墙

砌块墙是指利用预制厂生产的块材所砌筑的墙体。其优点是采用胶凝材料并能充分利用工业废料和地方材料加工制作，且制作方便、施工简单、不需大型的起重运输设备，具有较大的灵活性。

3.3.1 砌块的材料及其类型

砌块的材料有混凝土、加气混凝土、各种工业废料、粉煤灰、煤矸石、石碴等。规格、类型不统一，但使用以中、小型砌块和空心砌块居多，如图 3-21 所示。在选择砌块规格时，首先必须符合建筑统一模数制的规定。其次是砌块的型号越少越好。另外，砌块的尺度应考虑生产工艺条件，施工和起吊的能力及砌筑时错缝、搭接的可能性。最后，要考虑砌体的强度、稳定性，墙体的热工性能等。

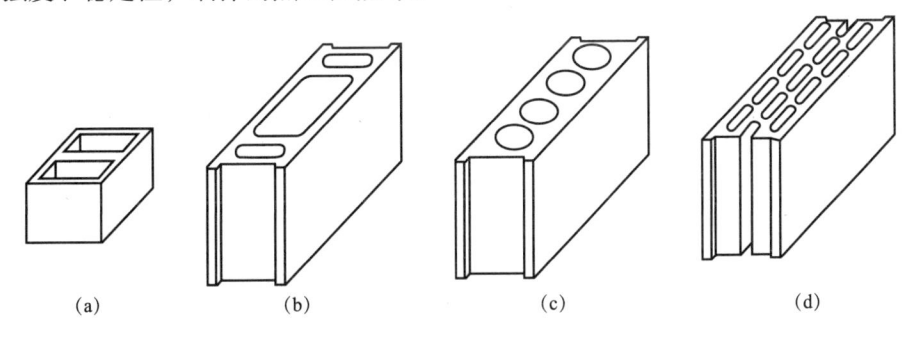

图 3-21 空心砌块的形式
(a)、(b) 单排方孔；(c) 单排圆孔；(d) 多排扁孔

目前我国各地采用的砌块有小型砌块和中型砌块。

（1）小型砌块：分为实心砌块和空心砌块，其外形尺寸多为190 mm×190 mm×390 mm（厚×长×高），辅助块尺寸为90 mm×190 mm×190 mm和190 mm×190 mm×190 mm（厚×长×高），空心砌块一般为单排孔。

（2）中型砌块：有空心砌块和实心砌块之分。其尺寸由各地区使用材料的力学性能和成型工艺确定。在满足建筑热工和其他使用要求的基础上，力求形状简单、细部尺寸合理，空心砌块有单排方孔、单排圆孔、多排扁孔等形式。空心砌块常见的尺寸有180 mm×630 mm×845 mm、180 mm×1 280 mm×845 mm、180 mm×2 130 mm×845 mm（厚×长×高），实心砌块的尺寸为240 mm×280 mm×380 mm、240 mm×430 mm×380 mm、240 mm×580 mm×380 mm、240 mm×880 mm×380 mm（厚×长×高）。不同孔型的混凝土空心砌块的构造尺寸见表3-3。

表3-3 混凝土空心砌块细部尺寸

项目	孔型		
	单排孔	单排圆孔	多排孔
空心率 /%	50～60	40～50	35～45
壁厚 δ/mm	25～35	25～30	25～35
肋距 h/mm	108～128	d＋30～40	

3.3.2 砌块的组合与砌体构造

砌块的组合是根据建筑设计作砌块的初步试排工作，即按建筑物的平面尺寸、层高，对墙体进行合理的分块和搭接，以便正确选定砌块的规格、尺寸。在设计时，不仅要考虑到大面积墙面的错缝、搭接，避免通缝，而且还要考虑内墙、外墙的交接、咬砌，使其排列有致。此外，应尽量多使用主要砌块，并使其占砌块总数的70%以上。

1. 砌块墙体的划分与砌块的排列

（1）砌块墙体划分时应考虑以下问题。

1）排列整齐，考虑建筑物的立面要求及施工方便。

2）保证纵横墙搭接牢固，以提高墙体的整体性。砌块上下搭接时至少上层要盖住下层砌块1/4长度。若为对缝需另加铁件，以保证墙体的强度和刚度。

3）尽可能少镶砖，必须镶砖时，则尽可能分散、对称。

（2）墙面砌块的排列。常见的排列方式多依起重能力而定。小型砌块多为人工砌筑。中型砌块的立面划分与起重能力有关，当起重能力在0.5 t以下时可采用多皮划分，当起重能力在1.5 t左右时，可采用四皮划分。

2. 砌块墙的构造

砌块墙和砖墙一样，在构造上应增强其墙体的整体性与稳定性。

（1）砌块墙的拼接。在中型砌块的两端一般设有封闭式的包浆槽，在砌筑、安装时，必须使竖缝填灌密实，水平缝砌筑饱满，保证连接。一般砌块采用M5级砂浆砌筑，灰缝厚度一般为 15～20 mm。当垂直灰缝大于 30 mm 时，须用 C20 细石混凝土灌实。在砌筑过程中出现局部不齐时，常以烧结普通砖填嵌。

中型砌块砌体应错缝搭接，搭缝长度不得小于 150 mm；小型砌块要求对孔错缝，搭缝长度不得小于 90 mm，当搭缝长度不足时，应在水平灰缝内增设 φ4 的钢筋网片，如图 3-22 所示。砌块墙体的防潮层设置同砖砌体，同时应以水泥砂浆作勒脚抹面。

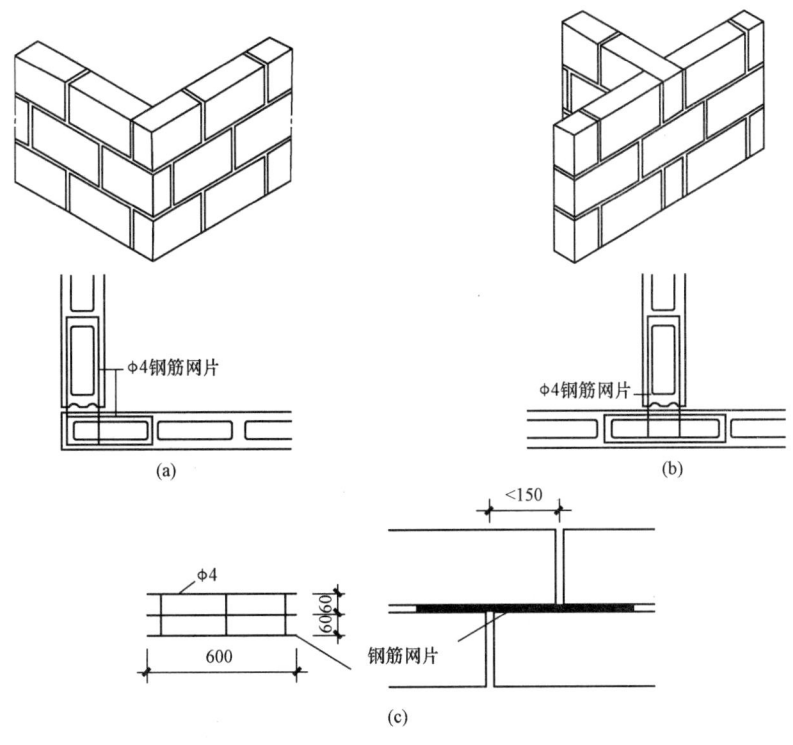

图 3-22 砌块墙构造
(a) 转角搭砌；(b) 内外墙搭砌；(c) 上下皮垂直缝 < 150 mm 时的处理

（2）过梁与圈梁。过梁既起连系梁和承受门窗洞孔上部荷载的作用，同时又是一种调节砌块。为加强砌块建筑的整体性，多层砌块建筑应设置圈梁。当圈梁与过梁位置接近时，往往将圈梁和过梁一并考虑。圈梁设置要求见表 3-4。圈梁有现浇和预制两种，现浇圈梁整体性强。为方便施工，可采用 U 形预制砌块代替模板，在凹槽内配置钢筋，并现浇混凝土，如图 3-23 所示。预制圈梁之间一般采用焊接，以提高其整体性。

表 3-4 混多层砌块建筑圈梁设置要求

墙类	抗震设防烈度	
	6、7 级	8 级
外墙和内纵墙	屋盖处及每层楼盖处	屋盖处及每层楼盖处
内横墙	屋盖处及每层楼盖处；屋盖处沿所有横墙；楼盖处间距不应大于 7 m；构造柱对应部位	屋盖处及每层楼盖处；各层所有横墙

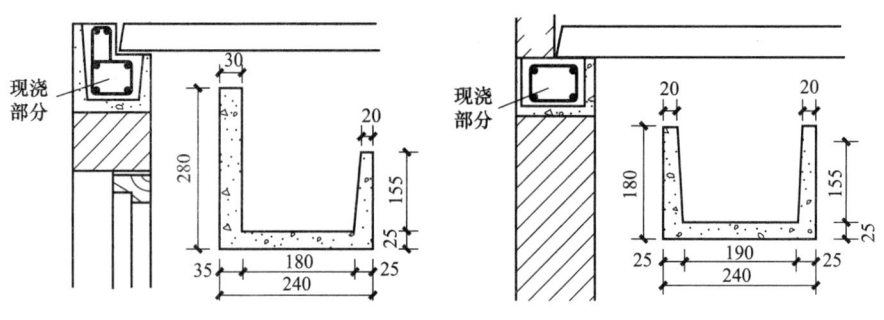

图 3-23 砌块现浇圈梁

（3）构造柱。为加强砌块建筑的整体刚度和变形能力，常在外墙转角和必要的内墙、外墙交接处设置构造柱。构造柱多利用空心砌块上下孔洞对齐，在孔中配置不小于 2Φ12 钢筋分层插入，并用 C20 细石混凝土分层填实，如图 3-24 所示。构造柱与圈梁、基础必须有可靠的连结，这对提高墙体的抗震能力十分有效。

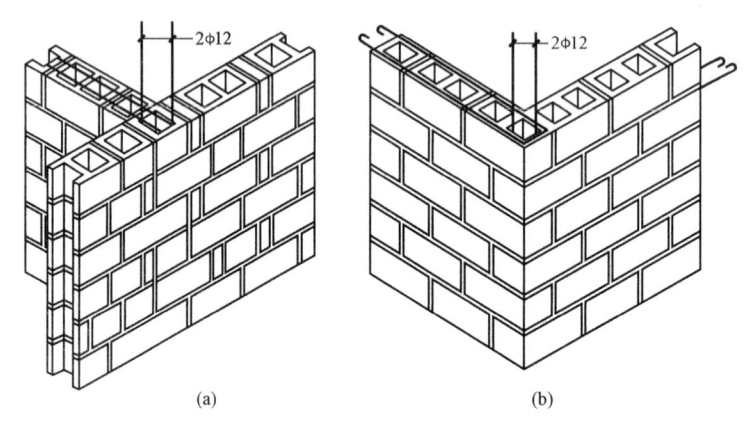

图 3-24 砌块墙构造柱
（a）内外墙交接处构造柱；（b）外墙转角处构造柱

3.4 隔 墙

隔墙是用来分隔建筑空间并起一定装饰作用的非承重构件。隔墙较固定，能在较大程度上限定空间，也能在一定程度上满足隔声、遮挡视线等要求。隔墙的类型很多，按其构造方式可分为块材隔墙、立筋隔墙和板块隔墙三大类。

3.4.1 块材隔墙

块材隔墙是采用普通砖、空心砖、加气混凝土块等块状材料砌筑而成的隔墙，具有取材方便、造价较低、隔声效果好的特点。块材隔墙分为普通砖隔墙和砌块隔墙两种。

1. 普通砖隔墙

普通砖隔墙分为 1/4 砖砌隔墙和 1/2 砖砌隔墙两种，以 1/2 砖砌隔墙为主。

1/2 砖砌隔墙又称为半砖隔墙，用烧结普通砖采用全顺式砌筑而成，砌墙用砂浆强度应不低于 M5。由于隔墙的厚度较薄，为确保墙体的稳定，应控制墙体的长度和高度。当墙体的长度超过 5 m 或高度超过 3 m 时，应采取加固措施。

为使隔墙与两端的承重墙或柱固接，隔墙两端的承重墙须预留出马牙槎，并沿墙高每隔 500～800 mm 埋入 2φ6 拉结钢筋，伸入隔墙不小于 500 mm。在门窗洞口处，应预埋混凝土块，安装窗框时打孔旋入膨胀螺栓，或预埋带有木楔的混凝土块，用圆钉固定门窗框，如图 3-25 所示。为使隔墙的上端与楼板之间结合紧密，隔墙顶部采用斜砌立砖或每隔 1 m 用木楔打紧。

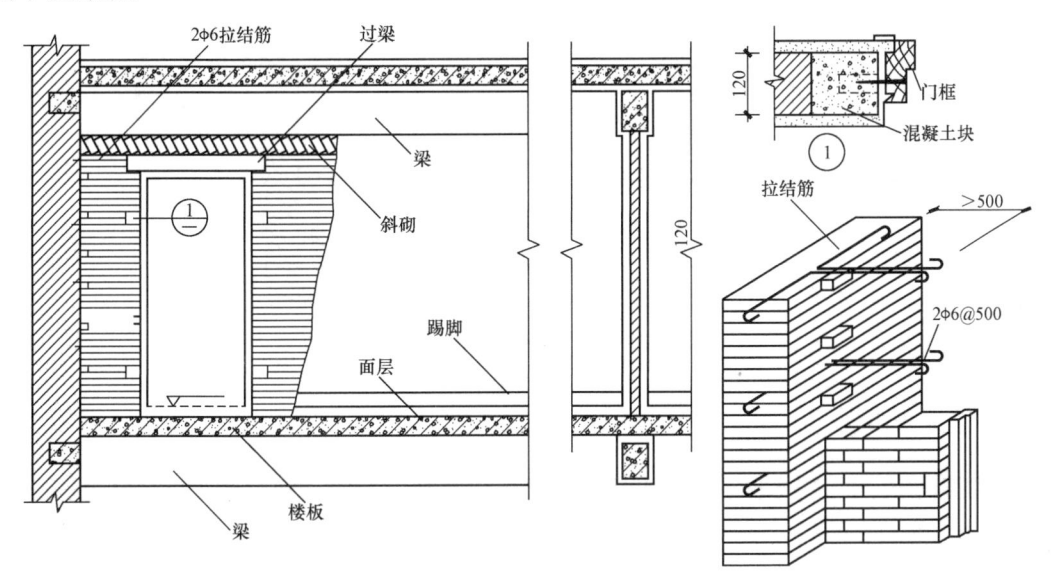

图 3-25　1/2 砖砌隔墙的构造

1/4 砖砌隔墙是用标准砖侧砌，标志尺寸是 60 mm，砌筑砂浆的强度不应低于 M5。其高度不应大于 2.8 m，长度不应大于 3.0 m。

普通砖隔墙多用于建筑内部一些小房间的墙体，如卫生间的隔墙。1/4 砖砌隔墙上最好不开设门窗洞口，而且应当用强度较高的砂浆抹面。

2．砌块隔墙

砌块隔墙采用轻质砌块来砌筑隔墙，可以将隔墙直接砌在楼板上，不必再设承重墙梁。目前，应用较多的砌块有炉渣混凝土砌块、陶粒混凝土砌块、加气混凝土砌块。炉渣混凝土砌块和陶粒混凝土砌块的厚度通常为 90 mm，加气混凝土砌块多采用 100 mm 的厚度。由于加气混凝土防水防潮的能力较差，因此在潮湿环境中应慎重采用，或在表面做防潮处理。

另外，由于砌块的密度和强度较低，如果要在砌块隔墙上安装暖气散热片或电源开关、插座，应预先在墙体内部设置埋件。

为了减小隔墙的质量，可采用质轻、块大的砌块，目前最常用的是加气混凝土砌块、粉煤灰硅酸盐砌块、水泥炉渣空心砖等砌筑的隔墙。隔墙厚度由砌块尺寸而定，一般为 90～120 mm。砌块大多具有质轻、孔洞率大、隔热性能好等优点，但吸水性强，所以，砌筑时应在墙下先砌 3～5 皮烧结砖。

砌块隔墙的厚度较薄，需采取加强稳定性措施，其方法与砖隔墙类似，如图3-26所示。

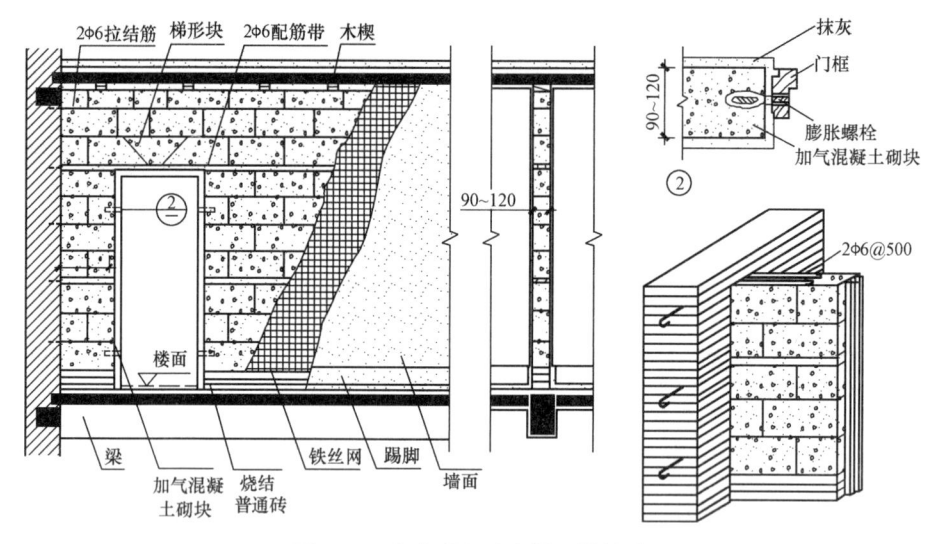

图3-26 加气混凝土砌块隔墙构造

3.4.2 立筋隔墙

立筋隔墙一般采用木材、薄壁型钢做骨架，用灰板条抹灰、钢丝网抹灰、纸面石膏板、吸声板或其他装饰面板做罩面。其具有自重轻、占地小、表面装饰方便的特点。

1. 灰板条隔墙

灰板条隔墙由木方加工而成的上槛、下槛、立筋（龙骨）、斜撑等构件组成骨架，然后在立筋上沿横向钉上灰板条，如图3-27（a）所示。由于它的防火性能差、耗费木材多，不适于在潮湿环境中使用，目前较少使用。

为保证墙体骨架的干燥，常在下槛下方事先砌3皮砖，厚度为120 mm；然后将上槛、下槛分别固定在顶棚和楼板（或砖垄上）上；再将立筋固定在上槛、下槛上，立筋一般采用50 mm×20 mm或50 mm×100 mm的木方，立筋的间距为500～1 000 mm，斜撑间距约为1 500 mm。

灰板条要钉在立筋上，板条长边之间应留出6～9 mm的缝隙，以便抹灰时灰浆能够挤入缝隙之中，使之能附着在灰板条上。灰板条应在立筋上接头，两根灰板条接头处应留出3～5 mm的空隙，以免抹灰后灰板条膨胀相顶而弯曲，灰板条的接头连续高度应不超过500 mm，以免在墙面上出现通长裂缝，如图3-27（b）所示。为了使抹灰黏结牢固，灰板条表面不能刨光，砂浆中应掺入麻刀或其他纤维材料。

2. 石膏板隔墙

石膏板隔墙是目前使用较多的一种隔墙。石膏板又称为纸面石膏板，是一种新型建筑材料，它的自重轻、防火性能好、加工方便且价格较低。

石膏板隔墙的骨架可以采用薄壁型钢、木方和石膏板条。目前，采用薄壁型钢骨架的较多，又称为轻钢龙骨石膏板。轻钢龙骨一般由沿顶龙骨、沿地龙骨、竖向龙骨、横撑龙骨、加强龙骨和各种配套构件组成。组装骨架的薄壁型钢是工厂生产的定型产品，并配有组装需要的各种连接构件。竖向龙骨的间距≤600 mm，横撑龙骨的间距≤1 500 mm。当墙体高度在4 m以上时，还应适当加密。

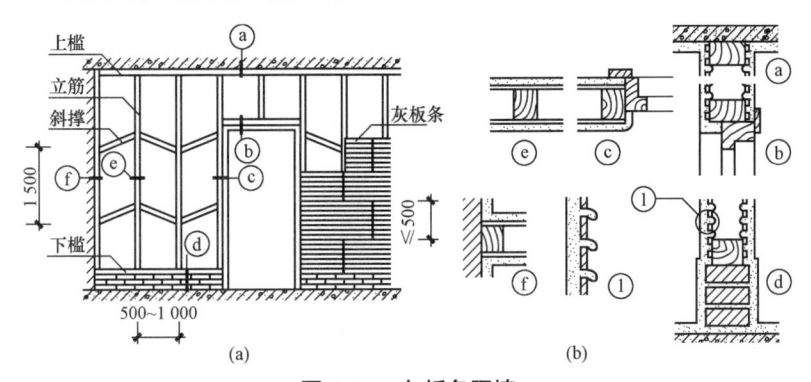

图 3-27 灰板条隔墙
（a）组成示意；（b）细部构造

石膏板用自攻螺钉与龙骨连接，钉的间距为 200～250 mm，钉帽应压入板内约 2 mm，以便于刮腻子。刮腻子后即可做饰面，如喷刷涂料、油漆和贴壁纸等。为了避免开裂，板的接缝处应加贴 50 mm 宽玻璃纤维带或根据墙面观感要求，事先在板缝处预留凹缝。

3.4.3 板块隔墙

板块隔墙是采用在构件生产厂家生产的轻质板材，如加气混凝土条板、石膏条板、碳化石灰板、水泥玻璃纤维空心条板、泰柏板及各种复合板，在现场直接装配而成的隔墙。这种隔墙装配性好、施工速度快、防火性能好，但价格较高。

（1）水泥玻璃纤维空心条板隔墙。水泥玻璃纤维空心条板多为空心板，长度为 2 400～3 000 mm，略小于房间的净高，宽度一般为 600～1 000 mm，厚度为 60～100 mm。水泥玻璃纤维空心条板隔墙采用胶粘剂进行黏结安装。为使之结合紧密，板的侧面多做成企口。板之间采用立式拼接，当房间高度大于板长时，水平接缝应当错开至少 1/3 板长。当条板安装时，条板下部先用小木楔顶紧后，用细石混凝土堵严，板缝用胶粘剂黏结，并用胶泥刮缝，平整后再进行表面装修。水泥玻璃纤维空心条板隔墙的构造如图 3-28 所示。

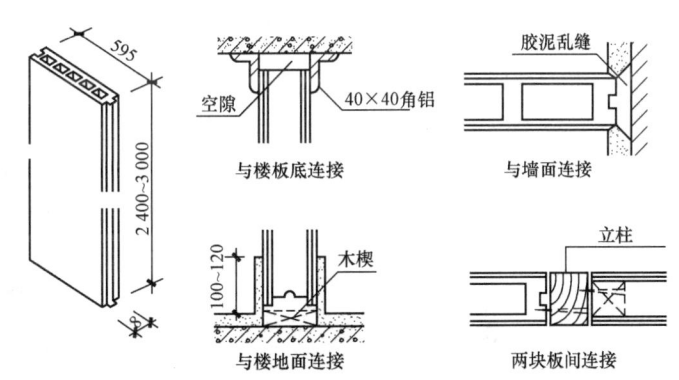

（2）碳化石灰板块隔墙。图 3-29 所示为碳化石灰板块隔墙构造。安装时，在板顶与楼板之间用木楔将板条楔紧，条板间的缝隙用水玻璃胶粘剂（水玻璃：细矿渣：细砂：泡沫剂＝1：1：1.5：0.01）或108胶水泥砂浆（1：3的水泥砂浆加入适量的108胶）进行黏结，待安装完成后，进行表面装修。

图 3-28 水泥玻璃纤维空心条板隔墙

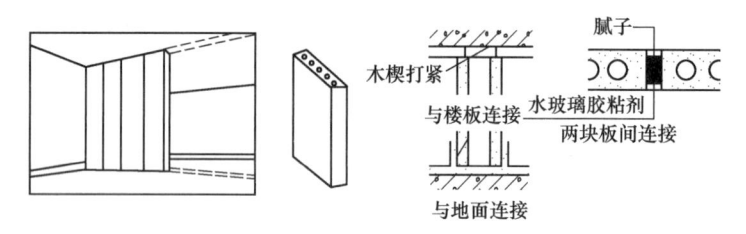

图 3-29　碳化石灰板块隔墙构造

由于板块隔墙采用的是轻质大型板材，施工中直接拼装而不依赖骨架，因此，它具有自重轻、安装方便、施工速度快、工业化程度高的特点。

3.5　幕　　墙

幕墙是现代公共建筑外墙的一种常见形式。幕墙的特点是装饰效果好、质量轻、安装速度快，是外墙轻型化、装配化比较理想的形式，被广泛采用。但玻璃幕墙会产生光反射，在建筑密集区会造成光污染，带来诸多不便。因此，在设计时应考虑环境条件。

幕墙悬挂于骨架结构上，承受着风荷载，并通过连接固定体系将其自重和风荷载传递给骨架结构；同时，幕墙还控制着光线、空气、热量等的内外交流。

幕墙按材料可分为玻璃幕墙、金属幕墙、石材幕墙等类型。

3.5.1　玻璃幕墙

玻璃幕墙是由金属构件与玻璃板组成的建筑外围护结构。按其组合方式和构造做法的不同有明框玻璃幕墙、隐框玻璃幕墙、全玻幕墙、点式玻璃幕墙等。按施工方法的不同可分为元件式幕墙和单元式幕墙两种。元件式幕墙（图 3-30）是用一根根元件（立柱、横梁等）连接并安装在建筑物主体结构上形成框格体系，再镶嵌或安装玻璃而成的；单元式幕墙（图 3-31）是在工厂中预制并拼装成单元组件，安装时将单元组件固定在楼层梁或板上，组件的竖边对扣连接，下一层组件的顶与上一层组件的底对齐连接而成。组件一般为一个楼层高度，也可以有 2～3 层楼高。

微课：轻质隔墙与幕墙

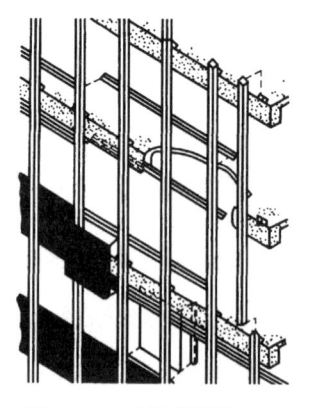

图 3-30　元件式幕墙　　　　图 3-31　单元式幕墙

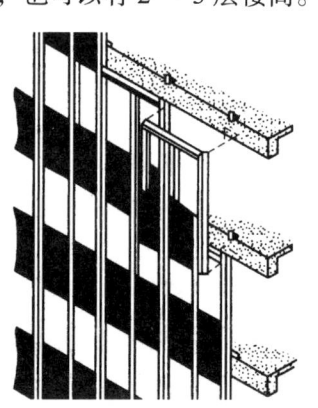

1. 明框玻璃幕墙

明框玻璃幕墙是金属框架构件显露在外表面的玻璃幕墙，由立柱、横梁组成框格，并在幕墙框格的镶嵌槽中安装固定玻璃。

（1）金属框的构成及连接。金属框可用铝合金及不锈钢型材构成。其中，铝合金型材易加工、耐久性好、质量轻、外表美观，是玻璃幕墙理想的框格用料。

金属框由立柱（竖梃）、横梁（横挡）构成。立柱采用连接件连接于主体结构的楼板或梁上。连接件上的螺栓孔一般为长圆孔，以便于立柱安装时调整定位。上、下立柱采用内衬套管用螺栓连接，横梁采用连接角码与立柱连接，如图 3-32 所示。

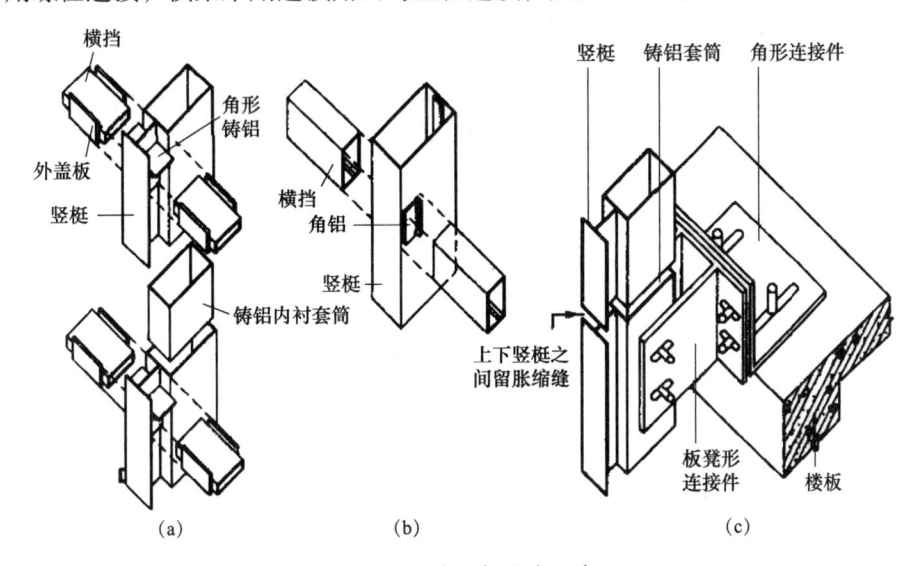

图 3-32 金属框组合示意

（2）玻璃的安装。明框玻璃幕墙常见的玻璃安装形式如图 3-33 所示。

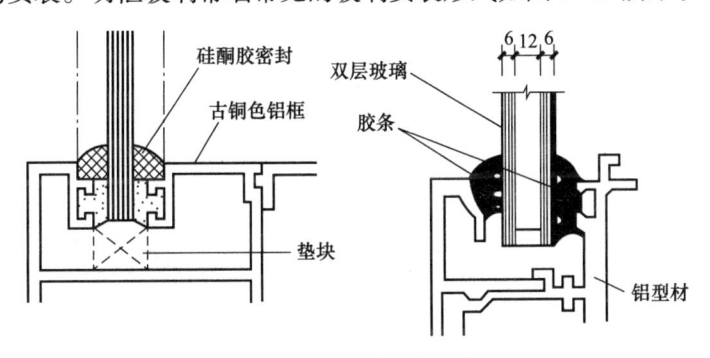

图 3-33 玻璃安装示意

（3）玻璃幕墙的内衬墙和细部构造。玻璃幕墙的面积较大，考虑保温、隔热、防火、隔声、室内功能等要求，在玻璃幕墙背面一般要另设一道内衬墙，内衬墙可按隔墙构造方式设置，一般搁置在楼板上，并与玻璃幕墙之间形成一道空气间层。考虑幕墙的保暖隔热问题，可用玻璃棉、矿棉一类轻质保暖材料填充在内衬墙与幕墙之间，如果再加铺一层铝箔则隔热效果更佳。为了防火和隔声，必须用耐火极限不低于 1 h 的不燃材料将幕墙与楼板，幕墙与立柱之间的间隙堵严，如图 3-34（a）所示。当建筑设计不考虑设置衬墙时，可在每层楼板边缘设置耐火极限≥1 h、高度（含楼层梁板厚度）≥0.8 m 的实体构件。对于在玻璃、铝框、内衬墙、楼板外侧等处，出现凝结水（寒冷天气）时，可将幕墙的横挡做成排水沟槽，并设滴水孔。此外，还应在楼板侧壁设一道铝制披水板，把凝结水引导至横挡中排走，如图3-34（b）所示。

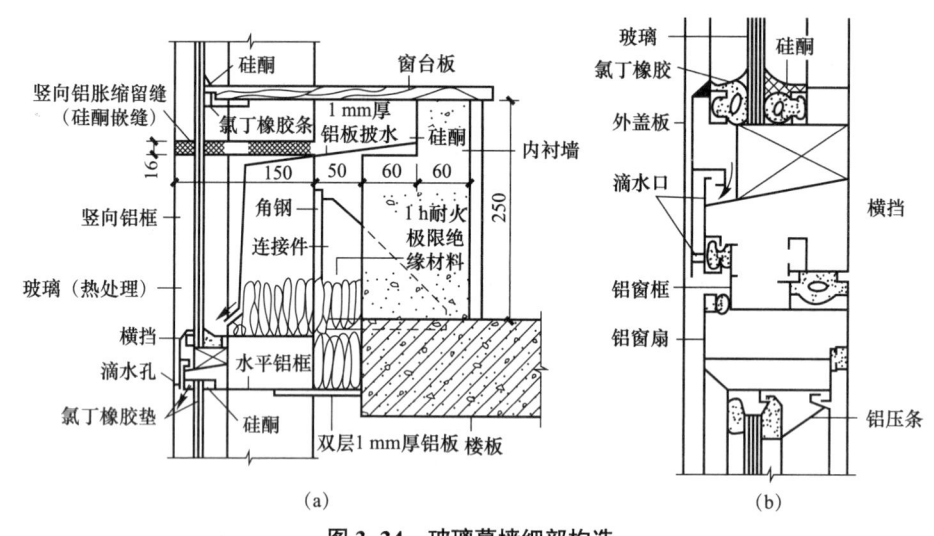

图3-34 玻璃幕墙细部构造
（a）幕墙内衬墙和防火、排水构造；（b）幕墙排水孔

2. 隐框玻璃幕墙

隐框玻璃幕墙是将玻璃用硅酮结构胶黏结于金属附框上，以连接件将金属附框固定于幕墙立柱和横梁所形成的框格上的幕墙形式。因其外表看不见框料，故称为隐框玻璃幕墙（图3-35）。

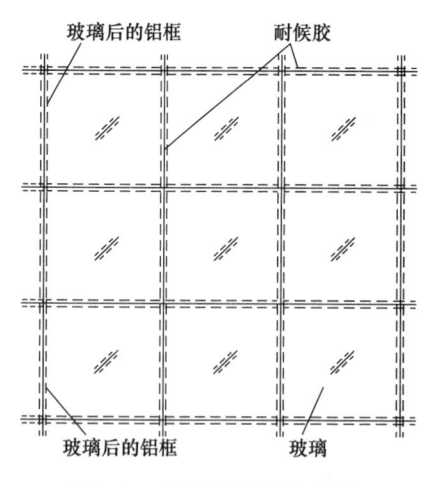

隐框玻璃幕墙立柱与主体的连接如图3-36所示，玻璃与横梁、立柱的连接如图3-37所示。

图3-35 隐框玻璃幕墙立面

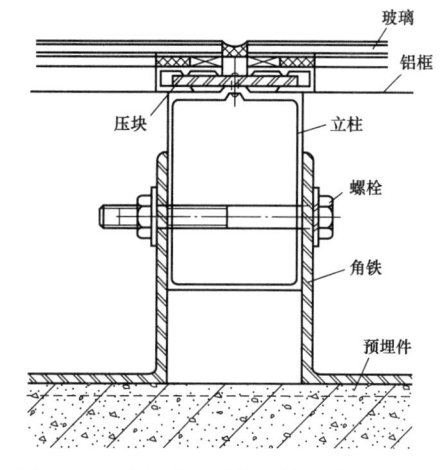

图3-36 隐框玻璃幕墙立柱与主体连接

3. 全玻幕墙

全玻幕墙是由玻璃板和玻璃肋制作的玻璃幕墙。

(a)　　　　　　　　　　　　　　　(b)

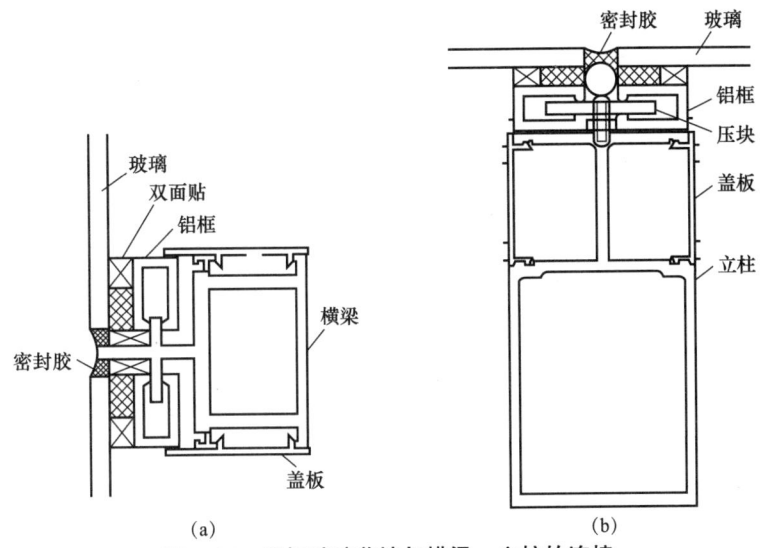

图 3-37　隐框玻璃幕墙与横梁、立柱的连接
(a) 玻璃与横挡的连接；(b) 玻璃与竖梃的连接

全玻幕墙的支撑系统分为悬挂式、支承式和混合式三种，如图 3-38 所示。全玻幕墙的玻璃在 6 m 以上时，应采用悬挂式支撑系统。

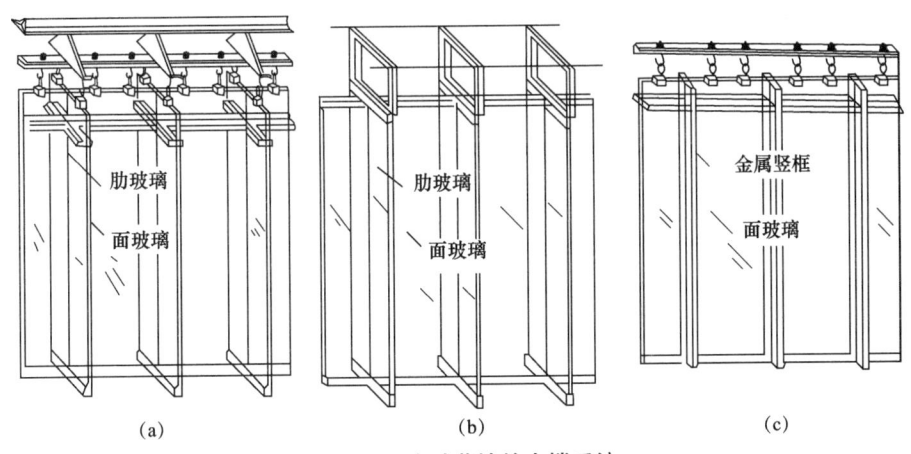

图 3-38　全玻幕墙的支撑系统
(a) 面玻璃和肋玻璃都由上部结构悬挂；(b) 不采用悬挂设备，肋玻璃和面玻璃均在底部支承；
(c) 面玻璃由上部结构悬挂

图 3-39 为全玻幕墙面玻璃与肋玻璃相交部位安装构造示意图。图 3-40 为悬挂式全吊夹固定构造节点。

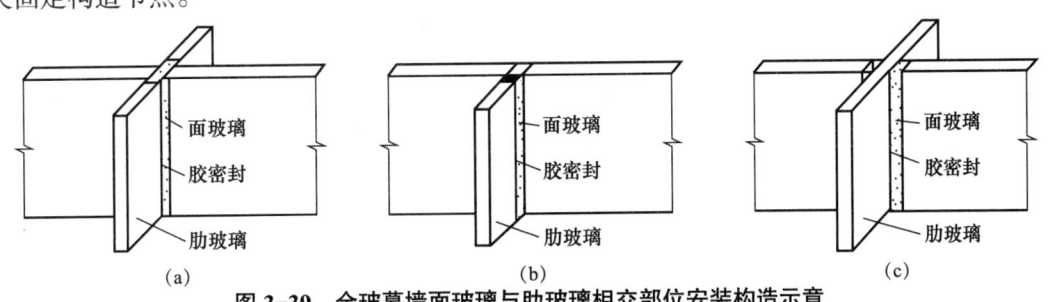

图 3-39　全玻幕墙面玻璃与肋玻璃相交部位安装构造示意
(a) 交叉部位连接；(b) 肋玻璃连接；(c) 面玻璃连接

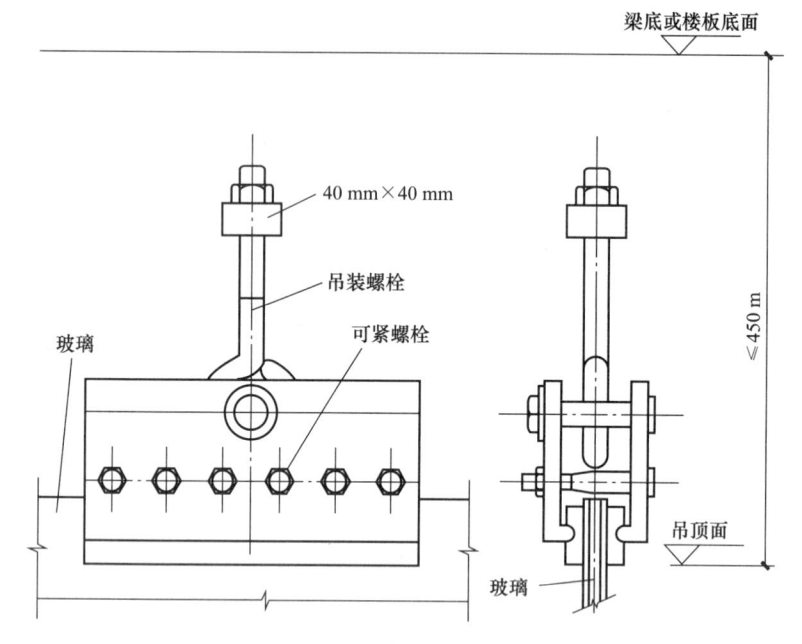

图 3-40　吊夹固定构造节点

4. 点式玻璃幕墙

点式玻璃幕墙是用金属骨架或玻璃肋形成支撑受力体系，安装连接板或钢爪，并将四角开圆孔的玻璃用螺栓安装于连接板或钢爪上的幕墙形式。其支撑结构示意如图 3-41 所示，节点构造如图 3-42、图 3-43 所示。

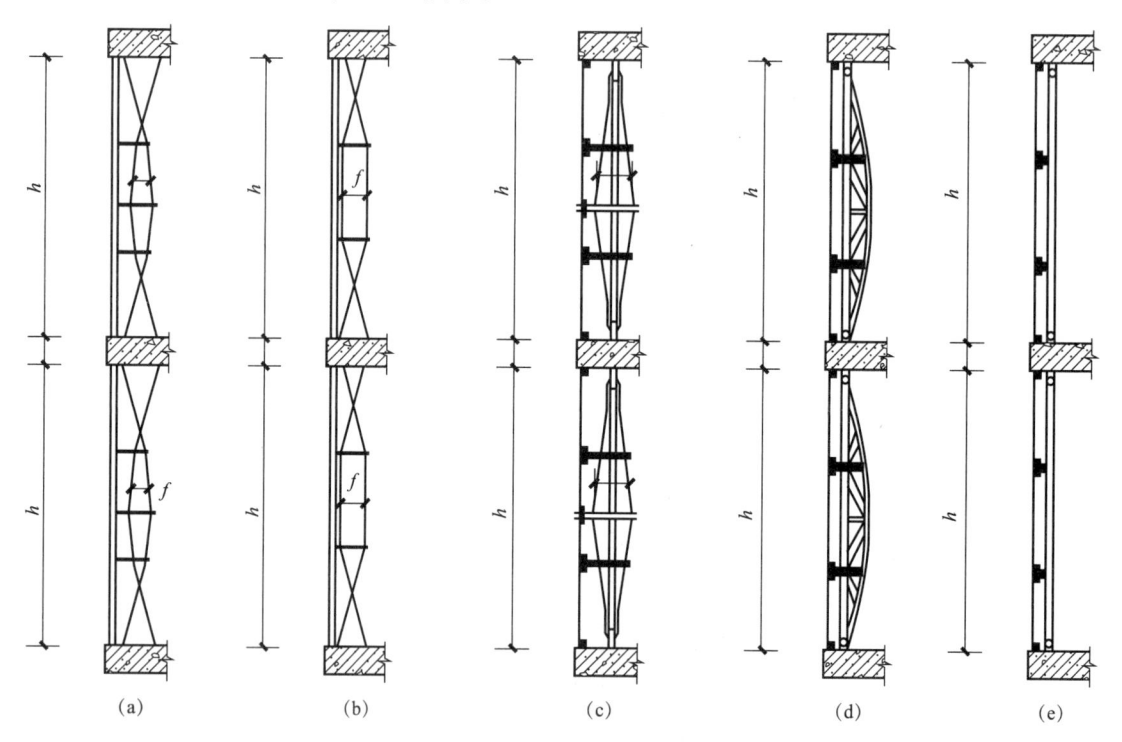

图 3-41　点式玻璃幕墙支撑结构示意
（a）拉索式；（b）拉杆式；（c）自平衡索桁架式；（d）桁架式；（e）立柱式

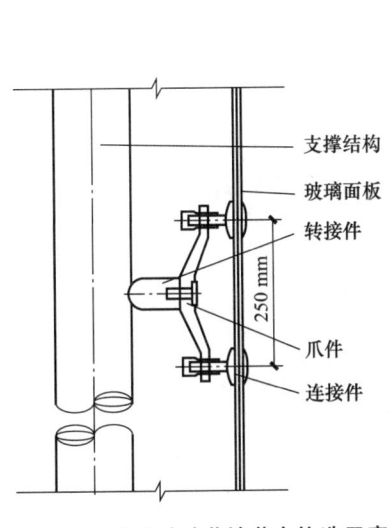

图 3-42 点式玻璃幕墙节点构造示意

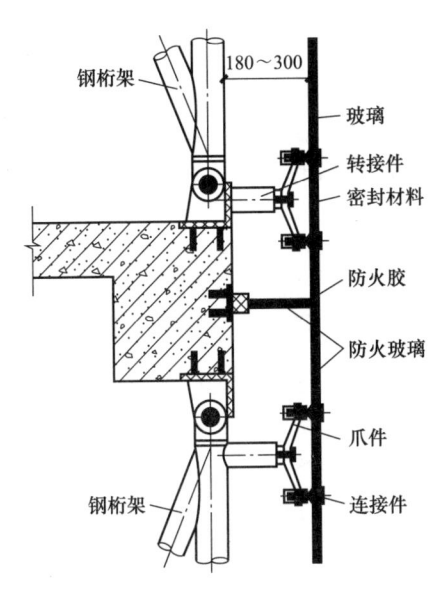

图 3-43 层间垂直节点

3.5.2 金属幕墙

金属幕墙是金属构架与金属板材组成的，不承担主体结构荷载与作用的建筑外围护结构。金属板一般包括单层铝板、铝塑复合板、蜂窝铝板、不锈钢板等。

金属幕墙构造与隐框玻璃幕墙构造基本一致。图 3-44 所示为饰面铝板与立柱和横梁的连接构造。

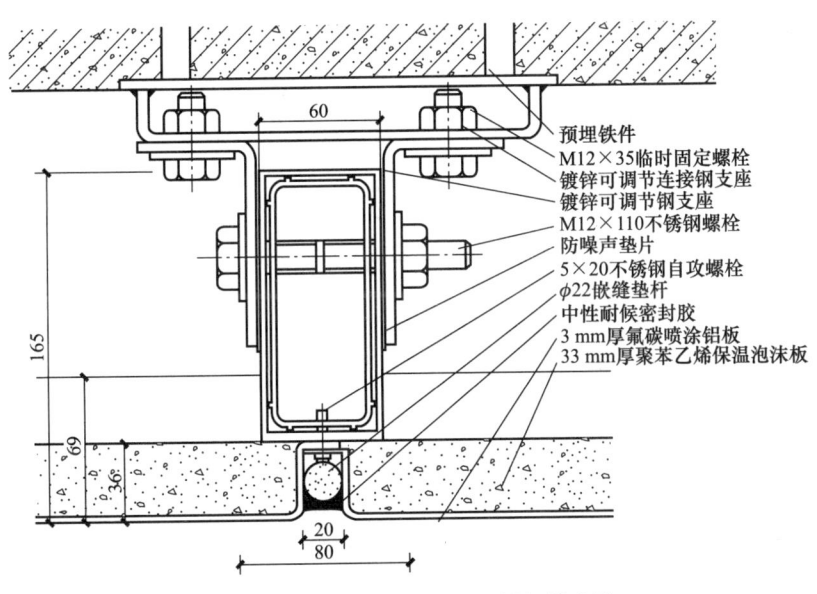

图 3-44 饰面铝板与立柱和横梁的连接

3.5.3 石材幕墙

石材幕墙是由金属构架与建筑石板组成的，不承担主体结构荷载与作用的建筑外围护结构。

石材幕墙由于石板（多为花岗石）较重，金属构架的立柱常用镀锌方钢、槽钢或角钢，横梁常采用角钢。立柱和横梁与主体的连接固定方法与玻璃幕墙的连接方法基本一致。

图 3-45 所示为石材幕墙立面，图 3-46 所示为石材与横梁采用连接件连接的构造，图 3-47 所示为石材用钢销与横梁连接构造。

图 3-45 石材幕墙立面　　　　图 3-46 石材用连接件与横梁连接

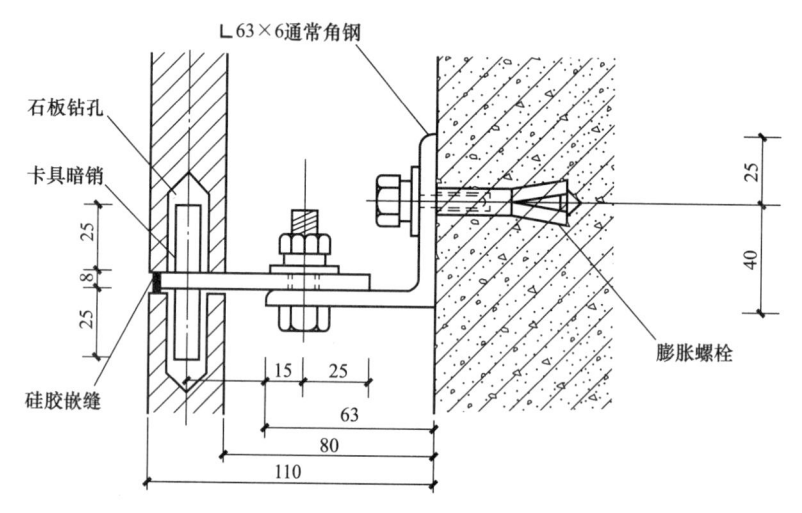

图 3-47 石材用钢销与横梁连接

素养课堂

砌体结构建筑

在我国，砌体结构有着悠久的发展历史，许多名胜古迹都采用砌体结构，这是先人留给我们的艺术瑰宝。经过多年的发展，我国砌体结构已经具有了独特的理论和技艺。

中国是砌体结构使用的大国，历史上闻名遐迩的万里长城，是两千多年前建造的砌体工程，是世界上最伟大的砌体结构工程之一（图 3-48）；在春秋战国时期就已经开始兴修水利，李冰父子修建的都江堰在今天仍然起着灌溉的作用（图 3-49）；1400 多年前用料石修建的赵县赵州桥（图 3-50），是世界上现存最早的敞肩式拱桥，该桥梁已被选入世界第 12 个土木工程里程碑，所有这些都是值得我们自豪和继承的。

图 3-48 万里长城

图 3-49 都江堰

图 3-50 赵州桥（建于隋朝，距今 1 400 多年）

模块小结

墙是建筑物的主要构件之一，起到承重和围护作用。砖墙是砌体的主要形式。墙体细部构造包括勒脚、散水、明沟、窗台、门窗、过梁、圈梁、构造柱等主要内容，在实际工作中这部分内容会经常用到，学习过程中需要熟练地掌握。

对于本模块的学习，必要时可到施工现场参观，以加强墙体的认知。

复习思考题

1．我国标准砖的规格是什么？其长、宽、厚之间有何关系？
2．勒脚坚固、防水和美观的常见做法有哪几种？
3．请详述常见的门窗过梁种类。
4．墙身加固的常见方法有哪几种？
5．为使隔墙与两端的承重墙或柱固接，隔墙两端的承重墙应如何做？
6．实训题
（1）结合实际结构施工图进行识图。
（2）绘出你家里卧室的外墙身剖面图。要求沿外墙窗纵剖，从楼板以下至基础以上绘制。

1）重点表示清楚以下部位：
①墙脚构造（包括勒脚、散水或明沟、墙身水平防潮层及室内外地面的构造处理等）；
②窗及窗台、过梁或圈梁的构造。

2）绘制要求：
①图中必须标明材料、构造做法、尺寸标注等。图中线条、材料符号等，按建筑制图标准表示。字体应工整，线型粗细分明。
②比例为1∶10。用张竖向A3号图纸完成，注写图名和比例。

模块 4　楼 地 层

知识目标

1. 掌握楼地层的构造组成、类型及设计要求。
2. 掌握常见楼板的类型、构造与适用范围。
3. 熟悉常见地坪层、楼地面的构造及适用范围。
4. 了解顶棚的分类及各类型的构造。

能力目标

1. 能分析常见楼地层的构造层次。
2. 能判断不同类型的钢筋混凝土楼板。
3. 能根据情况选择合适的地坪层。
4. 能分析常见的吊顶的施工工艺。

素养目标

1. 意识到为适应建筑行业的发展变化，不断更新知识和技能的重要性。
2. 认识到在建筑实践中遵循环保、可持续发展原则的重要性。

楼板层和地坪层是房屋的重要组成部分。楼板层是房屋楼层间分隔上、下空间的构件，除起水平承重作用外，还应具有一定的隔声、保温、隔热等能力。地坪层（又称为地面）是建筑物底部与地表连接处的构造层次。楼板层和地坪层的面层称为楼地层。楼地层直接承受其上的人和设备的各种物理、化学作用，楼面上的荷载通过楼板传递给墙或柱，最后传递给墙或柱的基础，地面上的荷载则通过垫层传递给其下部的地基。

4.1　楼地层的类型及组成

4.1.1　地坪层的类型及组成

1. 地坪层的类型

地坪层按面层所用材料和施工方式的不同可分为以下几类地面：

（1）整体地面。如水泥砂浆地面、细石混凝土地面、沥青砂浆地面等。

（2）块材地面。如砖铺地面、墙地砖地面、石板地面、木地面等。

（3）卷材地面。如塑料地板、橡胶地毯、化纤地毯、手工编织地毯等。

（4）涂料地面。如多种水溶性、水乳性、溶剂性涂布地面等。

2. 地坪层的组成

地坪层的基本组成部分有面层、垫层、基层等部分，如图4-1所示。

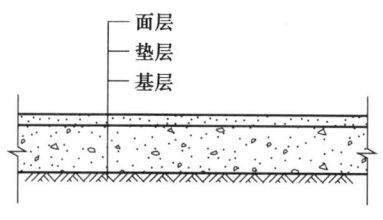

图4-1 地坪层的基本组成

（1）面层。面层是地坪层的上表面部分，起着保护下层、承受并传递荷载的作用，同时，对室内装饰和清洁起着重要作用。

（2）垫层。垫层是地坪中起承重和传递荷载作用的主要构造层次，按其所处位置及功能要求的不同，通常有三合土、素混凝土、毛石混凝土等几种做法。

（3）基层。基层是地坪层的承重层，也称为地基。当其土质较好、上部荷载不大时，一般采用原土夯实或填土分层夯实；否则，应对其进行换土或夯入碎砖、砾石等处理。

4.1.2 楼板层的类型及组成

1. 楼板层的类型

按所使用的材料，楼板可分为木楼板、砖拱楼板、钢筋混凝土楼板和钢衬板组合楼板。

（1）木楼板，如图4-2（a）所示。木楼板的构造简单、自重轻、保温性能好，但防火、耐久性差，而且木材消耗量大，目前应用极少。

（2）砖拱楼板，如图4-2（b）所示。砖拱楼板节约钢材、水泥、木材，但自重大，结构占用空间大，顶棚不平整，抗震性能差，且施工复杂，工期长，目前已基本不使用。

（3）钢筋混凝土楼板，如图4-2（c）所示。钢筋混凝土楼板具有强度高、刚度大、耐久性好、防火及可塑性能好、便于工业化施工等特点，是目前采用极为广泛的一种楼板。根据施工方法的不同，钢筋混凝土楼板又可分为现浇整体式、预制装配式、装配整体式三种类型。

（4）钢衬板组合楼板，如图4-2（d）所示。钢衬板组合楼板是利用压型钢板代替钢筋混凝土楼板中的一部分钢筋、模板（同时兼起施工模板作用）而形成的一种组合楼板，具有强度高、刚度大、施工快等优点；缺点是钢材用量较大，是目前正在推广的一种楼板。

2. 楼板层的组成

楼板层主要由面层、结构层和顶棚层等组成，还可按使用需要增设附加层，如图4-3所示。另外，当楼板层的基本构造不能满足使用或构造要求时，可增设结合层、隔离层、填充层、找平层等其他构造层。

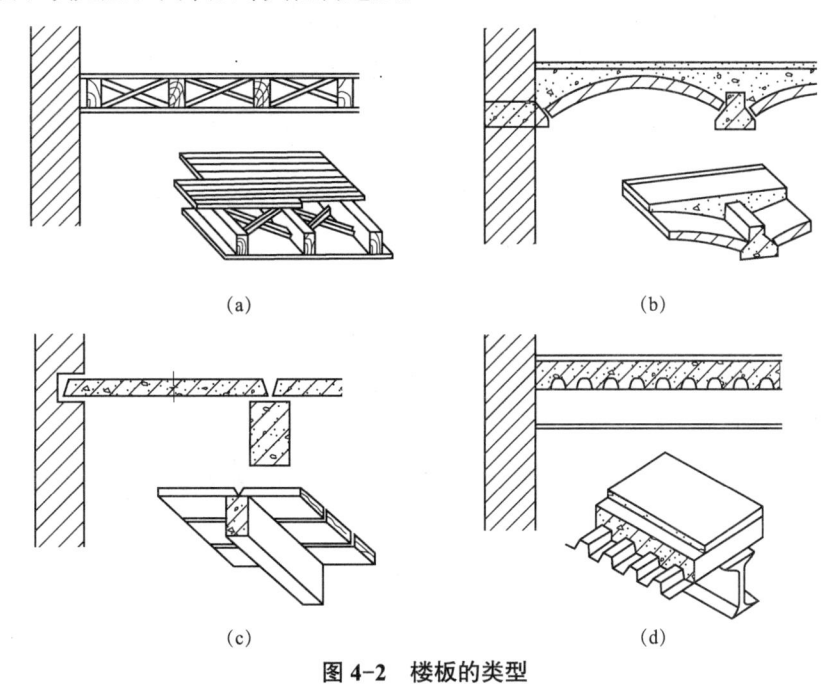

图4-2 楼板的类型

(a) 木楼板；(b) 砖拱楼板；(c) 钢筋混凝土楼板；(d) 钢衬板组合楼板

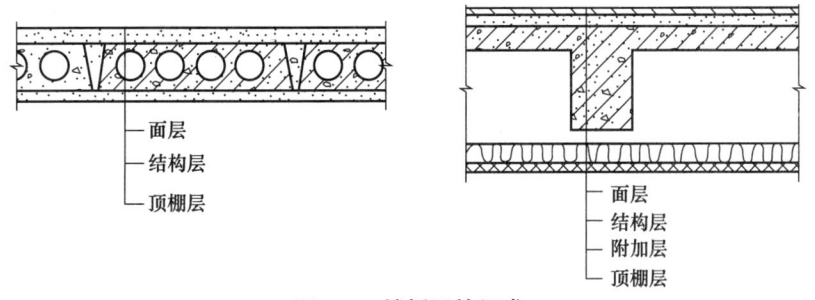

图4-3 楼板层的组成

（1）面层。面层是楼板层的上表面部分，起着保护楼板、承受并传递荷载的作用，同时，对室内装饰和清洁起着重要的作用。

（2）结构层。结构层是楼板层的承重部分，包括板和梁。它承受楼层上的全部荷载及自重并将其传递给墙或柱，同时，对墙身起着水平支撑作用，以加强建筑物的整体刚度。

（3）附加层。附加层是为满足隔声、防水、隔热、保温等使用功能要求而设置的功能层。

（4）顶棚层。顶棚层是楼层的装饰层，起到保护楼板、方便管线敷设、改善室内光照条件和装饰美化室内环境的作用。

4.1.3 楼地层的设计要求

1. 具有足够的强度和刚度

楼地层应保证在自重和荷载作用下平整光洁、安全可靠，不发生破坏以满足具有足够强度的要求；楼地层应在一定荷载作用下不发生过大的变形和磨损，以满足具有足够刚度的要求，并做到不起尘、易清洁，以保证正常使用和美观。

2. 具有一定的隔声能力

为保证上、下楼层使用时相互影响较小，楼板层应具有一定的隔声能力。通常提高楼板层隔声能力的措施有采用空心楼板、板面铺设柔性地毯、做弹性垫层和在板底做吊顶棚等。

3. 具有一定的热工及防火能力

楼地层一般应具有一定的蓄热性，以保证人们使用时的舒适感；同时，还应具有一定的防火能力，以保证火灾时人们逃生的需要。

4. 具有一定的防潮、防水能力

对于卫生间、厨房和化学实验室等地面潮湿、易积水的房间应做好防潮、防水、防渗漏和耐腐蚀处理。

5. 满足管线敷设要求

楼地层应满足各种管线的敷设要求，以保证室内平面布置更加灵活，空间使用更加完整。

6. 满足经济要求，适应建筑工业化

在结构选型、结构布置和构造方案确定时，应按建筑质量标准和使用要求，尽量减少材料消耗，降低成本，以满足建筑工业化的需要。

4.2 钢筋混凝土楼板

根据施工方法的不同，钢筋混凝土楼板可分为现浇整体式钢筋混凝土楼板、预制装配式钢筋混凝土楼板、装配整体式钢筋混凝土楼板三种类型。

4.2.1 现浇整体式钢筋混凝土楼板

现浇整体式钢筋混凝土楼板是经现场支设模板、绑扎钢筋、浇灌并振捣混凝土、养护等施工工序而制成的楼板，具有整体性好、抗震性强、防水抗渗性好，适应各种建筑平面形状等优点；但仍存在模板用量多、现场湿作业量大、施工受季节影响等不足。目前，在施工中采用大规格模板，组织好施工流水作业等方法逐步改善了其不足之处，所以被广泛采用。现浇整体式钢筋混凝土楼板可分为板式楼板、梁板式楼板、无梁楼板等。

1. 板式楼板

板式楼板是直接支承在墙上、厚度相同的平板。楼板上的荷载直接由板传递给墙体，不需另设梁。由于现采用大规格模板，板底平整，有时顶棚可不另做抹灰，目前采用较多。

2. 梁板式楼板

当房间开间、进深尺寸较大时，如果仍然采用板式楼板，必然要加大板的厚度、增加板内配筋，使楼板自重加大，也不经济。在此情况下可在楼板下设梁，以减小板的跨度，使楼板上的荷载先由板传递给梁，再由梁传递给墙或柱，形成梁板式楼板。梁有主梁、次梁之分，如图4-4所示。

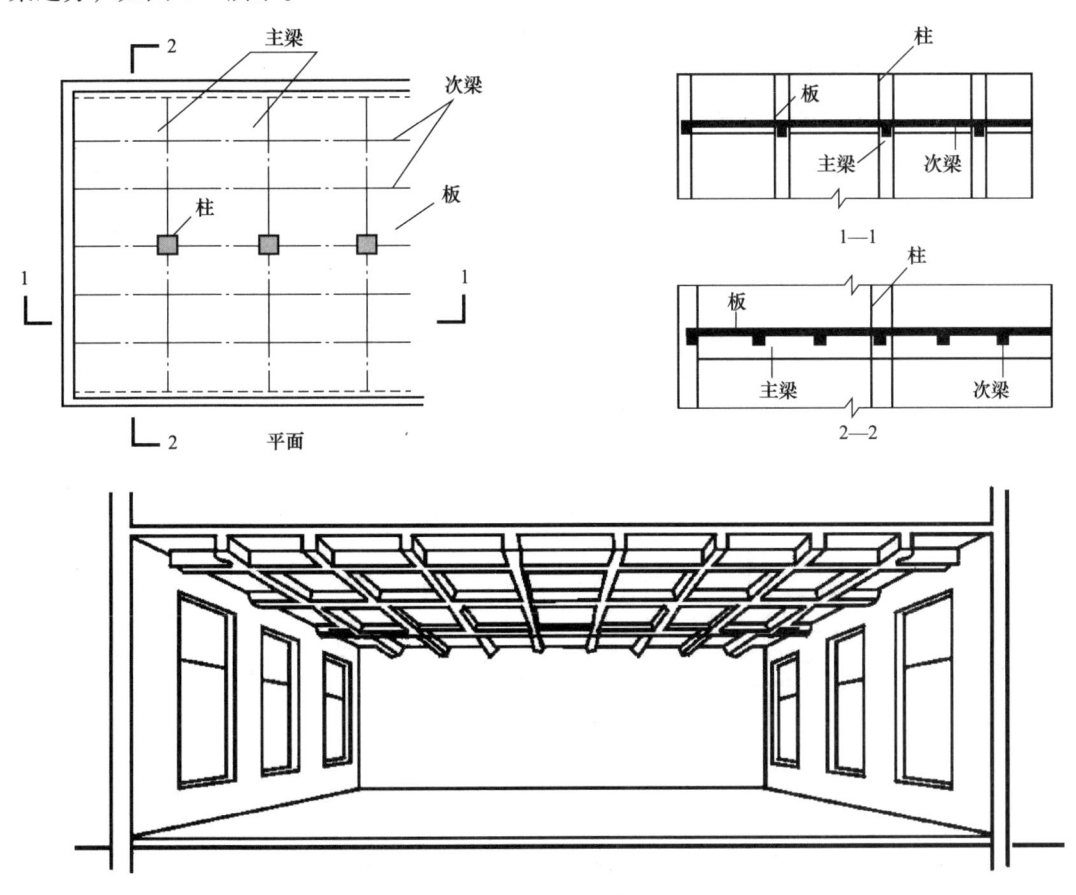

图4-4 梁板式楼板

为了充分发挥楼板结构的效力，合理选择构件的截面尺寸至关重要。梁板式楼板常用的经济尺寸有主梁的跨度一般为5～9 m，最大可达12 m，主梁高为跨度的1/14～1/8；次梁的跨度即主梁的间距，一般为4～6 m，次梁高为跨度的1/18～1/12。主、次梁的宽高之比均为1/3～1/2；板的跨度即次梁的间距，一般为1.8～3.6 m，根据荷载的大小和施工要求，板厚一般为60～180 mm。

井式楼板是梁板式楼板的一种特殊形式。其特点是不分主梁、次梁，梁双向布置、断面等高且同位相交，梁之间形成井字格，如图4-5所示。梁的布置既可正交正放，也可正交斜放，其跨度一般为10～30 m，梁间距一般为3 m左右。这种楼板的外形规则、美观，而且梁的截面尺寸较小，相应提高了房间的净高。井式楼板适用于建筑平面为方形或近似方形的大厅。

3．无梁楼板

无梁楼板是将现浇钢筋混凝土板直接支承在柱上的楼板结构。为了增大柱的支撑面积和减小板的跨度，常在柱顶增设柱帽和托板，如图4-6所示。无梁楼板顶棚平整，室内净空大，采光、通风好。其经济跨度为6 m左右，板厚一般为120 mm以上，多用于荷载较大的商店、仓库、展览馆等建筑中。

· 75 ·

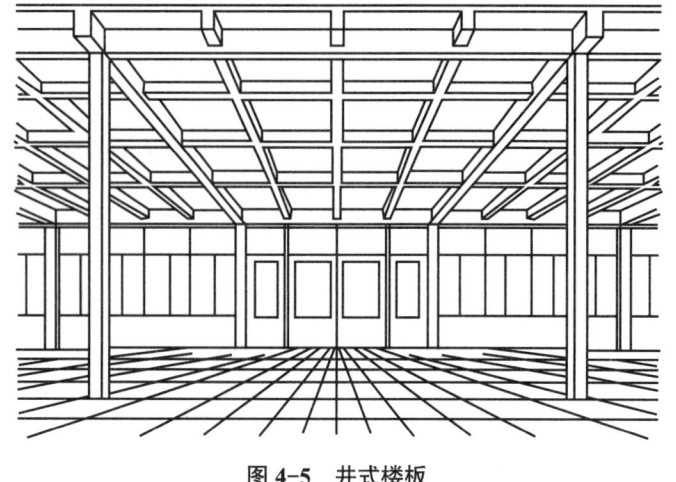

图 4-5 井式楼板

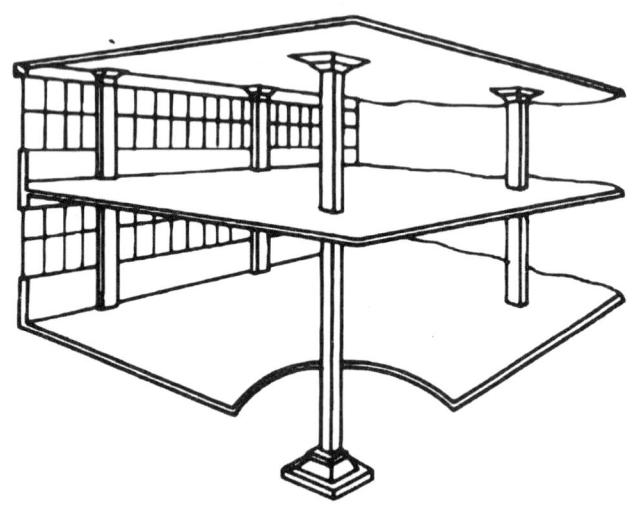

图 4-6 无梁楼板

4.2.2 预制装配式钢筋混凝土楼板

预制装配式钢筋混凝土楼板是先将楼板分成若干个构件，在预制加工厂或施工现场外预先制作，然后运输到施工现场进行安装的钢筋混凝土楼板。这样可节省模板、缩短工期，但该楼板整体性较差，一些抗震要求较高的地区不宜采用。

预制构件可分为预应力和非预应力两种。采用预应力构件可推迟裂缝的出现和限制裂缝的开展，从而提高了构件的抗裂度和刚度。预应力与非预应力构件相比较，可节省钢材 30%～50%，可节省混凝土 10%～30%，减轻自重，降低造价。

预制板可分为实心平板、槽形板、空心板三种类型。

1. 实心平板

实心平板制作简单，一般用作走廊或小开间房屋的楼板，也可作架空搁板、管沟盖板等，如图 4-7 所示。实心平板的板跨一般 ≤2.4 m，板宽为 600～900 mm，板厚为 50～80 mm。

2. 槽形板

槽形板是一种梁板结合的构件，即在实心板的两侧设有纵肋，构成Ⅱ形截面。荷载主要由板侧的纵肋承受，因此板可做得较薄。当板跨较大时，应在板纵肋之间增设横肋加强其刚度，为了便于搁置，常将板两端用端肋封闭，如图4-8所示。

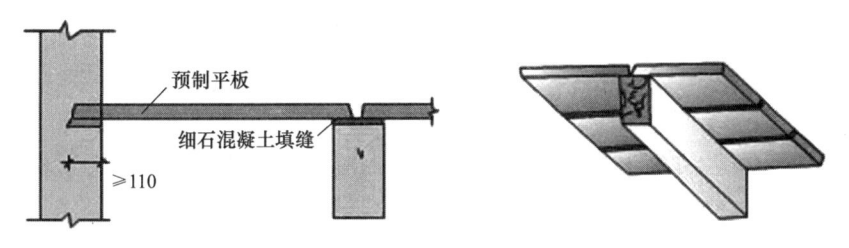

图4-7 预制钢筋混凝土实心平板

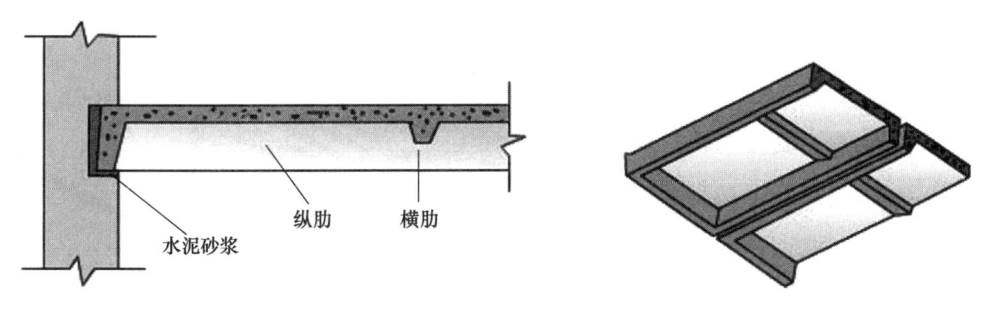

图4-8 预制钢筋混凝土槽形板

槽形板的板跨度为3～7.2 m，板宽为600～1 200 mm，板厚为25～30 mm，肋高为120～300 mm。

槽形板的搁置有正置与倒置两种。正置板的板底不平，多作吊顶；倒置板的板底平整，但需另做面板，可利用其肋间空隙填充保温或隔声材料。

3. 空心板

空心板的受力特点与槽形板类似，荷载主要由板纵肋承受，但由于其传力更合理，自重小，且上下板面平整，因而应用广泛，如图4-9所示。其中，图4-9（a）所示为纵剖面，图4-9（b）所示为横剖面。

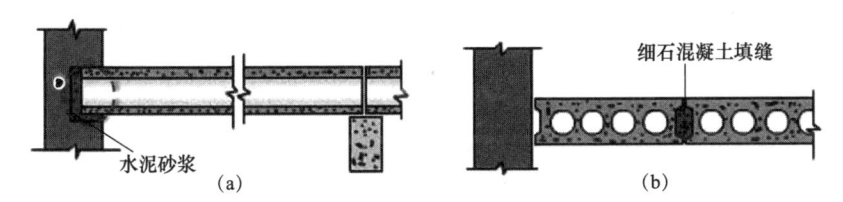

图4-9 预制钢筋混凝土空心板
（a）纵剖面；（b）横剖面

空心板有中型板与大型板之分。中型空心板的板跨≤4.2 m，板宽为500～1 500 mm，板厚为90～120 mm，圆孔直径为50～75 mm，上表面板厚为20～30 mm，下表面板厚为15～20 mm；大型空心板的板跨为4～7.2 m，板宽为1 200～1 500 mm，板厚为180～240 mm。

为避免支座处板端压坏，板端孔内常用砖块、砂浆块、专制填块塞实。

4.2.3 装配整体式钢筋混凝土楼板

装配整体式钢筋混凝土楼板是一种预制装配和现浇相结合的楼板类型，兼有现浇与预制的双重优越性，目前常用的有预制薄板叠合楼板、压型钢板组合楼板。

由于现浇钢筋混凝土楼板要耗费大量模板，故经济性差，施工工期长，而预制装配式楼板整体性差；结合前两者的优点采用预制薄板或压型钢板，与现浇混凝土面层叠合而成的装配整体式钢筋混凝土楼板极大地提高了房屋的刚度和整体性，既节约了模板，又加快了施工进度。

1. 预制薄板叠合楼板

预制薄板叠合楼板是指将预制薄板吊装就位后再现浇一层钢筋混凝土，将其浇结成一个整体，如图4-10所示。预制薄板既可作为永久性模板承受施工荷载，其内配有受力钢筋，又可作为整个楼板结构的受力层；现浇层内只需配置少量的支座负弯矩筋和构造筋即可。

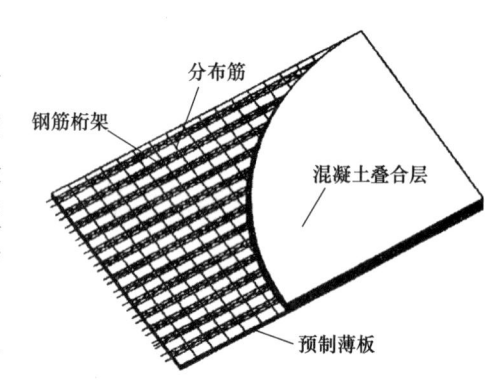

预制薄板的板宽为1.1～1.8 m，板厚为50～70 mm。板面上常作刻槽或露三角形结合钢筋以加强连接。现浇叠合层采用C20混凝土，厚度一般为70～120 mm。叠合楼板的经济跨度一般为4～6 m，最大可达9 m。叠合楼板总厚度以大于或等于预制薄板厚度的两倍为宜，一般为150～250 mm。

图4-10 预制薄板叠合楼板

2. 压型钢板组合楼板

压型钢板组合楼板是利用压型钢衬板与现浇钢筋混凝土一起，支承在钢梁上形成的整体式楼板结构，如图4-11所示。其主要用于大空间、高层民用建筑、大跨工业厂房中。

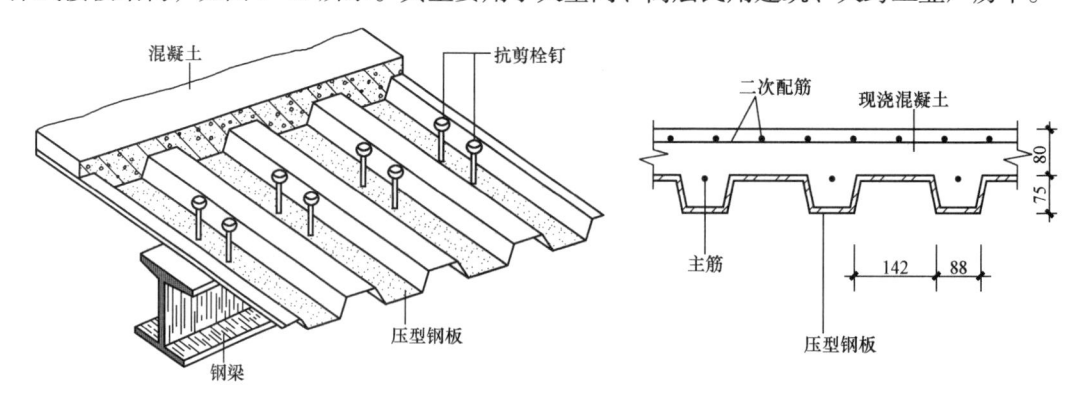

图4-11 压型钢板组合楼板

压型钢板组合楼板能够适应主体钢结构快速施工的要求，可不再采用施工速度较慢的木模或钢模支模施工。压型钢板可快速就位，还可以采用多个楼层铺设压型钢板，分层浇筑混凝土板的流水施工方法；便于铺设板内各类管线，并可在压型钢板凹槽内埋置建筑装修用的吊顶挂钩；用圆柱头焊钉穿透压型钢板焊接在钢梁的翼缘后，可以对钢梁起支撑作用，确保施工安全。压型钢板作为混凝土板的受拉钢筋，提高了楼板的刚度；宜采用镀锌量较少的压型 0.75 板底涂刷防火涂料，压型钢板厚度不应小于 0.75 mm，浇筑混凝土的波槽平均宽度不应小于 50 mm，当在槽内设置栓钉连接时，压型钢板的总高度不应小于 80 mm。

4.3 顶棚构造

楼板层的最底部构造即顶棚。顶棚应表面光洁、美观，特殊房间还要求顶棚有隔声、保温、隔热等功能。顶棚按构造做法可分为直接式顶棚和吊式顶棚两种。

4.3.1 直接式顶棚

直接式顶棚是直接在钢筋混凝土楼板下表面喷刷涂料、抹灰或粘贴装修材料的一种构造形式。直接式顶棚不占据房间的净空高度、造价低、效果好，但不适于需要布置管网的顶棚，且易剥落、维修周期短。采用大规格模板的现浇混凝土楼板，其板底平整时，可直接喷刷大白浆或乳胶漆等，不平整时可在板底抹灰后装修。有时为使室内美观，在顶棚与墙面交接处通常做木制、金属、塑料、石膏线脚加以装饰。有特殊要求的房间，可以在板底粘贴墙纸、吸声板、泡沫塑料板等装饰材料。直接式顶棚构造如图 4-12 所示。

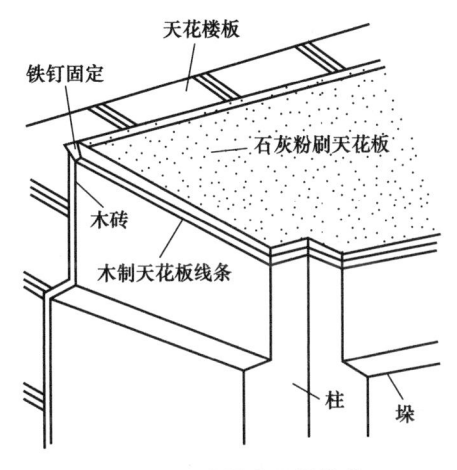

图 4-12 直接式顶棚构造

4.3.2 吊式顶棚

当房间顶部不平整或楼板底部需敷设导线、管线、其他设备或建筑本身要求平整、美观时，在屋面板（或楼板）下，通过设吊杆将主、次龙骨所形成的构架固定，在构架下固定各类装饰面板组成吊式顶棚，是一种广泛采用的中、高级顶棚形式，构造较复杂。

根据其结构构造形式不同，吊顶可分为整体式吊顶、活动式吊顶、隐蔽式装配吊顶和开敞式吊顶等。根据其使用材料不同，吊顶可分为板式吊顶、轻钢龙骨吊顶、金属吊顶等。具体选材应依据装修标准及防火要求设计而定。其构造组成如图4-13所示。吊式顶棚一般由吊杆、基层、面层三个基本部分组成。

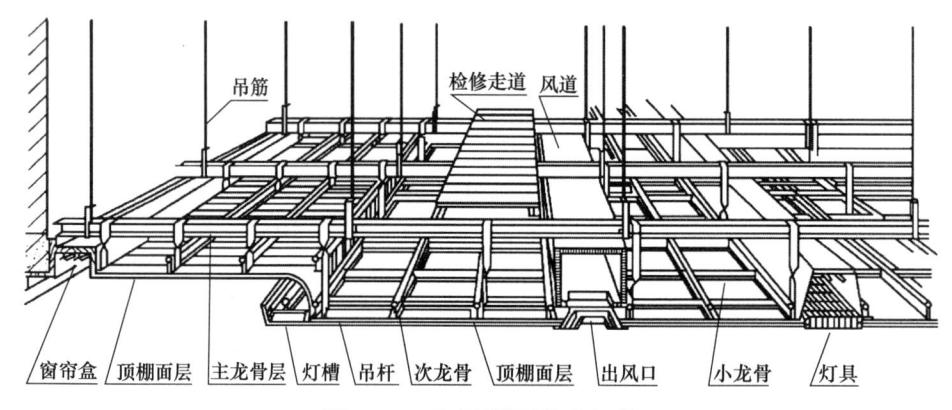

图 4-13 吊式顶棚的构造组成

1. 吊杆（吊筋）

吊杆是顶棚基层与承重结构之间的连接传力杆件，通过它可以将顶棚的质量传递给楼板（屋面板）、屋架等结构构件，还可以调整、确定吊式顶棚的空间高度，适应各种装饰要求。吊杆通常有方木、钢筋、型钢、轻钢型材等，具体选择应考虑基层骨架的类型、顶棚及其附属物件（如灯具、附设的轻型管件等）的质量等因素。

方木吊杆可采用40 mm×40 mm断面的方木，与木龙骨、木梁（用钢钉或膨胀螺栓固定在结构构件上的方木）的钉接处每处不少于2个钢钉；钢筋吊杆一般选用Φ6或Φ8的钢筋，通常与固定在结构构件上的连接角钢焊接或穿孔缠绕；型钢、轻钢型材吊杆的规格要通过具体结构计算来确定。

吊杆与承载龙骨端部距离不应超过300 mm，否则必须增设吊杆，以免龙骨下坠，吊杆长度大于1.5 m时，应设置反支撑。

2. 基层（顶棚骨架）

基层是由主龙骨、次龙骨（或称主搁栅、次搁栅）所形成的网格骨架体系，主要用于承受饰面面层质量，并连同自重通过吊杆传递到结构层上。基层可分为木制基层和金属基层两种。

（1）木制基层。主龙骨断面尺寸一般采用50 mm×70 mm，钉接或栓接在吊杆上，间距为0.9～1.2 m，次龙骨断面尺寸一般为50 mm×50 mm或40 mm×40 mm，其间距由面层板材规格及板材间隙大小而定，多用于造型复杂的吊式顶棚。主龙骨在上层，次龙骨在下层，用40 mm×40 mm的方木吊挂钉牢在主龙骨底部，也可以将主龙骨与次龙骨同层布置，并依其间距开槽，凹槽对凹槽钉接牢固，如图4-14所示。木龙骨必须进行防腐、防火处理，涂刷防腐剂、防火涂料。

（2）金属基层。根据防火规范要求，顶棚宜采用不燃材料或难燃材料构造。在一般大型公共建筑中，金属龙骨吊顶已广泛被采用。吊杆与主龙骨、主龙骨与次龙骨之间的连接构造，如图4-15所示。

· 80 ·

图 4-14 木龙骨

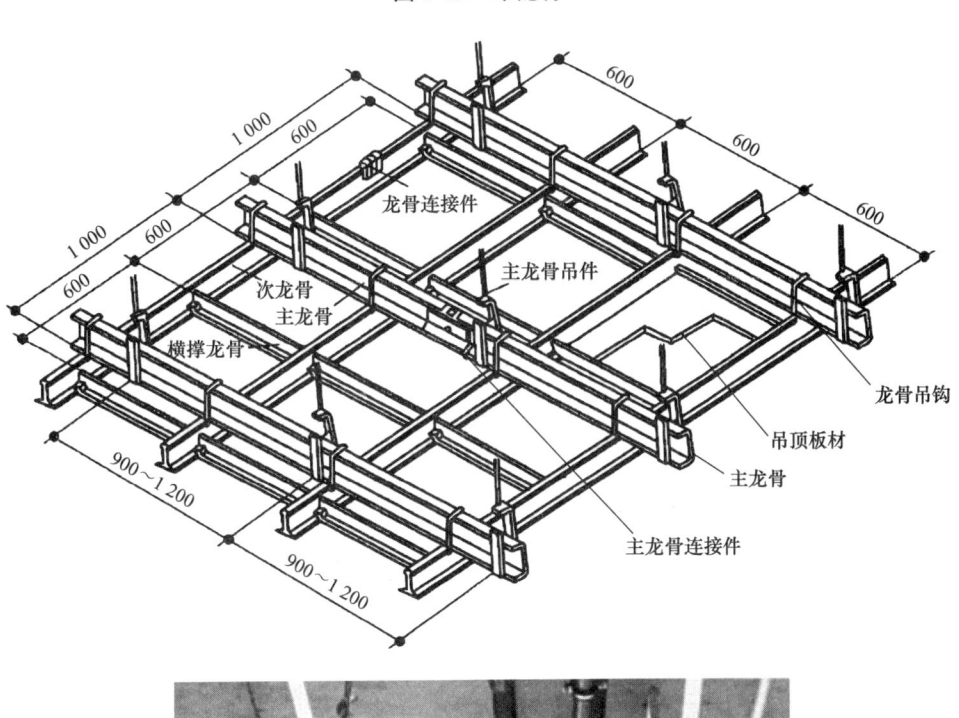

图 4-15 金属龙骨

3. 面层

顶棚饰面面层不仅用于装饰室内空间,而且有时还要求兼有吸声、反射、隔热等特定功能。一般有抹灰类面层、板材类面层、格栅类面层。

(1) 抹灰类面层。在龙骨上铺钉木板条、钢丝网、钢板网,再进行抹灰,通常有板条抹灰、板条钢板网抹灰、钢板网抹灰三种做法。

板条抹灰是一种传统做法,一般采用木龙骨,其构造简单、造价低、抹灰层易脱落,防火能力差,适用于装修要求较低的建筑;板条钢板网(钢丝网)抹灰是在板条抹灰的基层上加钉一层钢板网,以防止抹灰层开裂脱落;钢板网抹灰吊顶一般采用钢龙骨,将钢板网固定在钢龙骨上,具有防火、耐久、抗裂、防脱落性能好的特点,适用于公共建筑的大厅顶棚及防火要求较高的建筑,其构造如图4-16所示。

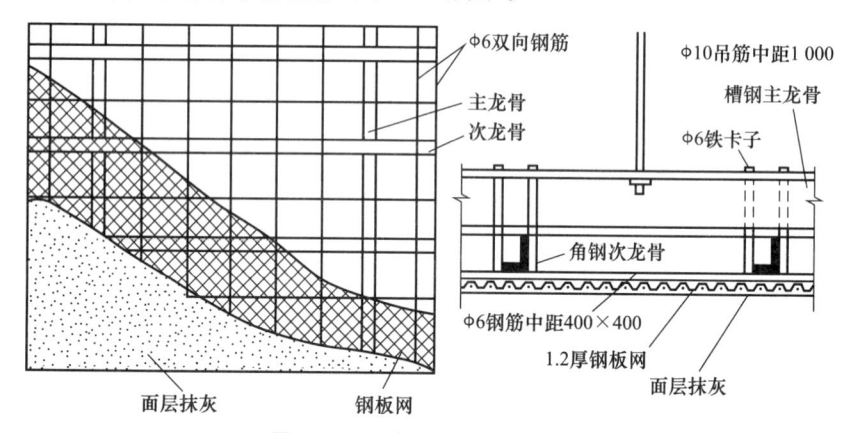

图4-16 钢板网抹灰吊顶构造

(2) 板材类面层。常用的板材有实木板、胶合板、矿棉装饰吸声板、石膏板、木丝板、金属微穿孔吸声板等。

板材固定可以采用以下几种方法:采用钢钉、螺钉固定在龙骨上,其钉距视板材材质而定,钉帽必须埋入板内以避免锈蚀;采用各种胶粘剂将板材粘贴在龙骨上;采用面板直接搁置在倒T形断面的金属龙骨上,并采用夹具夹住以免被风吹掀起;采用特制卡具将面板卡固定在龙骨上。

(3) 格栅类面层。常用的有木制格栅、金属格栅、塑料格栅等,通过若干个单体构件组合而成,并与照明设施布置有机结合,会使人视觉上产生一定的韵律感,形成一种特殊的艺术效果。但其上部空间的一些设备管线要处理成深色,与其向下反射的灯光形成亮度反差,以免影响观瞻。

4.4 地坪构造

在设计地坪时,一定要根据房间的使用功能选择有针对性的材料和适宜的构造措施。对于有特殊功能要求的房间,除应满足一般地坪层要求外,还应满足防潮、防水、防火、耐酸碱及化学腐蚀等要求。

微课:地坪与楼地面构造

4.4.1 整体类地面

1. 水泥砂浆地面

水泥砂浆地面简称水泥地面，构造简单，坚固耐磨，防潮、防水，造价低，是目前使用普遍的一种低档地面，如图4-17所示。但水泥砂浆地面导热系数大，对不采暖的建筑，在冬季走上去感到冰冷。另外，它吸水性差、容易返潮；还存在容易起灰等问题。

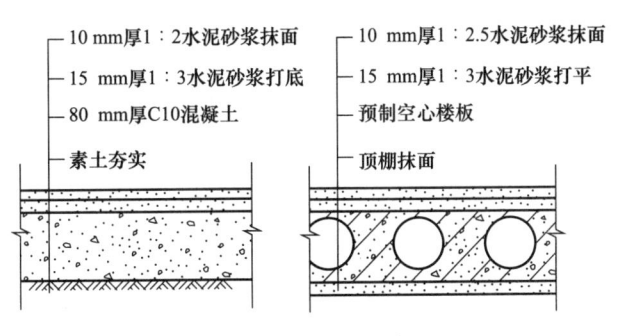

图 4-17 水泥砂浆地面

水泥砂浆地面的做法有双层构造和单层构造之分。双层做法可分为面层和底层，常以15～20 mm厚1:3水泥砂浆打底，找平，再用5～10 mm厚1:1.5或1:2的水泥砂浆抹面；单层构造是在结构层上抹水泥砂浆结合层一道后，直接抹15～20 mm厚1:2或1:2.5的水泥砂浆一道，抹平，终凝前用铁板压光。采用双层构造做法的地面质量较好。

2. 细石混凝土地面

为了增强楼板层的整体性和防止楼面产生裂缝和起砂，在做楼板面层之前，铺30～40 mm厚细石混凝土一层，在初凝时用铁辊压出浆，抹平，终凝前再用铁板压光做成地面。

3. 水磨石地面

水磨石地面又称为磨石子地面，其优点是表面光洁、美观、不易起灰，如图4-18所示；其缺点是造价较水泥地面高，在梅雨季节容易反潮。水磨石地面常用作公共建筑的大厅、走廊、楼梯及卫生间的地面。

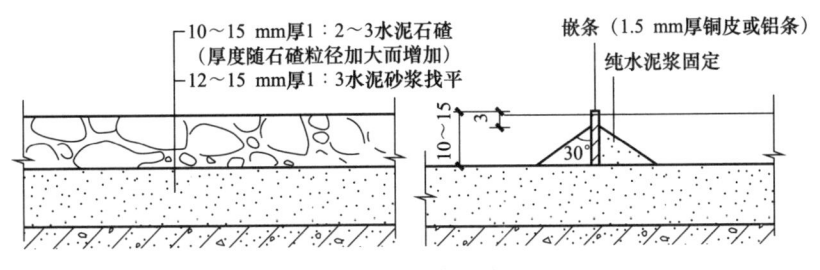

图 4-18 水磨石地面

水磨石地面的构造是分层构造：在结构层上用10～15 mm厚1:3水泥砂浆打底，10 mm厚1:1.5～1:2水泥石碴粉面。石碴要求颜色美观，中等硬度，易磨光。多用白云石或彩色大理石石碴，粒径为 3～20 mm。水磨石有水泥本色和彩色两种。后者是采用彩色水泥或白水泥加入颜料以构成美术图案，颜料的掺入量以水泥重的 4%～5% 为宜。颜料添加不宜太多，否则会影响地面强度。面层的做法是先在基底上按图案嵌固玻璃条（或铜条、铝条）进行分格。分格的作用一是为了分大面为小块，以防止面层开裂，地面在分块后，使用过程中如果有局部损坏，维修比较方便，局部维修不影响整体；二是可按设计图案分区，定出不同颜色，以增添美观。分格形状有正方形、矩形及多边形不等，尺寸为 400～1 000 mm，视需要而定。分格条高为 10 mm，用 1∶1 水泥砂浆嵌固，然后将拌和好的石碴浆浇入，石碴浆应比分格条高出 2 mm。最后洒水养护 6～7 d 后用磨石机磨光，最后打蜡保护。

整体地面采用的材料主要是密实的水泥砂浆或混凝土，地面的导热系数大，热惰性小，表面吸水性较差；因此，在空气湿度大的条件下，容易出现表面结露现象。为了解决这个问题，采取以下几个构造措施，将会有所改善：在面层与结构层之间加一层保温层；加一层炉渣；改换面层材料；在原地面上做架空层、加透气孔。

4.4.2 块材地面

块材地面是利用各种预制块材或板材镶铺在基层上的地面。

1. 地面砖、缸砖、陶瓷马赛克楼地面

地面砖、缸砖、陶瓷马赛克楼地面表面质密光洁、耐磨、防水、耐酸碱，一般用于有防水要求的房间。其做法是在基层上用 15～20 mm 厚 1∶3 水泥砂浆打底、找平；再用 5 mm 厚的 1∶1 水泥砂浆粘贴地面砖、缸砖、陶瓷马赛克，用橡胶锤锤击，以保证黏结牢固，避免空鼓；最后用素水泥擦缝。对于陶瓷马赛克地面还应用清水洗去牛皮纸，用白水泥浆擦缝。

2. 花岗石、大理石、预制水磨石楼地面

花岗石、大理石、预制水磨石楼地面的块材自重较大。其做法是在基层上洒水润湿，刷一层水泥浆，随即铺 20～30 mm 厚 1∶3 干硬性水泥砂浆的结合层，用 5～10 mm 厚的 1∶1 水泥砂浆铺粘在面层石板的背面，将石板均匀铺在结合层上，随即用橡胶锤锤击块材，以保证黏结牢固，最后用水泥浆灌缝（板缝应不大于 1 mm），待能上人后擦净。

3. 木制、竹制楼地面

木制、竹制楼地面是无防水要求房间采用较多的一类地面，具有易清洁、弹性好、热导率小、保温性能好、易与房间其他部位装饰风格融为一体等优点，是目前广泛采用的一种楼地面做法。木地面一般铺设的是长条企口地板，厚度为 20 mm，宽度为 50～150 mm，板缝具有凹凸企口，用暗钉钉于基层木搁栅上。

4.4.3 卷材地面

卷材地面是以卷材粘贴在基层上的地面。常用的卷材有塑料地毡、橡胶地毡及地毯。这些材料的表面美观、光滑、装饰效果好，具有良好的保温、消声性能，广泛应用于公共建筑和居住建筑。

1. 塑料地毡

塑料地毡是以聚乙烯树脂为基料，加入增塑剂、稳定剂、石棉绒等材料，经塑化热压而成的地面装修材料。其有卷材，也有片材，可以在现场拼花。卷材可以干铺，也可以同片材一样，用胶粘剂粘贴到水泥砂浆找平层上。它具有步感舒适、富有弹性、防滑、防水、耐磨、绝缘、防腐、消声、阻燃、易清洁等特点，颜色有灰色、绿色、橙色、黑色、米色等，有仿木、石及各种花纹图案等式样，美观大方，且价格低，是经济的地面铺材。

2. 橡胶地毡

橡胶地毡是以橡胶粉为基料，掺入软化剂，在高温、高压下解聚后，再加入着色补强剂，经混炼、塑化压延成卷的地面装修材料。其具有耐磨、柔软、防滑、消声、富有弹性、价格低、铺贴简便等特点。其可以干铺，也可用胶粘剂粘贴在水泥砂浆面层上。

3. 无纺织地毯

常见的无纺织地毯有化纤无纺织针刺地毯、黄洋麻纤维针刺地毯和纯羊毛无纺织地毯等。无纺织地毯加工精细，平整丰满、图案黄雅，色调宜人，具有柔软舒适、清洁吸声、美观适用等特点。无纺织地毯有局部、满铺和干铺、固定式等不同铺法。其中，固定式铺法一般用胶粘剂满贴或在四周用倒刺条挂住。

4.4.4 涂料地面

涂料地面主要是对水泥砂浆或混凝土地面的表面处理，解决水泥地面易起灰和不美观的问题。常见的涂料包括水乳型地面涂料、水溶型地面涂料和溶剂型地面涂料。水乳型地面涂料有氯-偏共聚乳液涂料、聚醋酸乙烯厚质涂料及SJ82-1地面涂料等；水溶型地面涂料有聚乙烯醇缩甲醛胶水泥地面涂层、109彩色水泥涂层及804彩色水泥地面涂层等；溶剂型地面涂料有聚乙烯醇缩丁醛涂料、H80环氧涂料、环氧树脂厚质地面涂层及聚氨醇厚质地面涂层等。

这些涂料与水泥表面的粘结力强，具有良好的耐磨、抗冲击、耐酸、耐碱等性能，水乳型涂料与溶剂型涂料还具有良好的防水性能。

涂料地面要求水泥地面坚实、平整；涂料与面层黏结牢固，不得有掉粉、脱皮、开裂等现象。同时，涂层的色彩要均匀，表面要光滑、洁净，给人以舒适的感觉。

4.4.5 踢脚线

在地面与墙面交接处，通常按地面做法进行处理，即作为地面的延伸部分，这部分称为踢脚线或踢脚板。踢脚线的主要功能是保护室内墙脚，防止墙面因受外界的碰撞而损坏，也可避免清洗地面时污损墙面。

踢脚线的高度一般为100~150 mm，材料基本与地面一致，构造也按分层制作，通常比墙面抹灰凸出4~6 mm。踢脚线构造如图4-19所示。

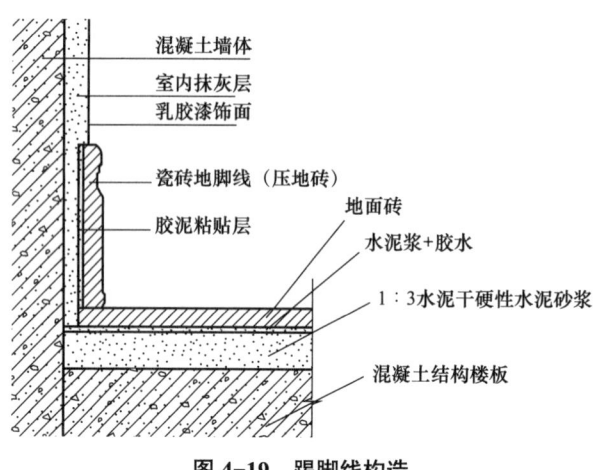

图 4-19 踢脚线构造

4.5 楼地面防水构造

有水侵蚀的房间，如厨房、卫生间、浴室等，且用水频繁，室内地面出现积水的概率高，容易发生渗漏现象。设计时需要对这些房间的楼地面、墙面采取有效的防水措施。

4.5.1 楼地面排水做法

要解决有水房间楼地面的防水问题，首先应保证楼地面排水路线通畅。为便于排水，有水房间的楼地面应设有 1%～2% 的坡度，将水导入地漏。如图 4-20 所示，为防止室内积水外溢，有水房间的楼地面标高应比其他房间或走廊低 20～30 mm；当有水房间的地面不便降低时，也可在门口处做出高为 20～30 mm 的门槛。

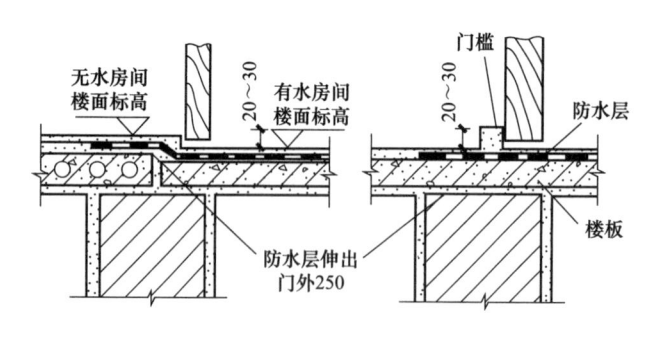

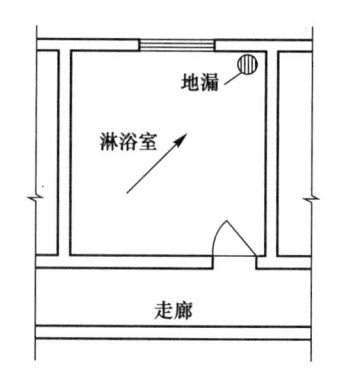

图 4-20 楼板层的防水与排水

4.5.2 楼地面防水构造

由于有水房间通常也会有较多的卫生洁具和管道，因此，楼地面防水构造主要以涂膜防水为主，也可使用卷材和防水砂浆。为防止水的渗漏，楼板宜采用现浇板，并在面层和结构层之间设置防水层，并将防水层沿房间四周向墙面延伸 100～150 mm。当遇到开门处，防水层应铺出门外不少于 250 mm，如图 4-20 所示。有水房间的地面常采用水泥地面、水磨石地面、马赛克地面、地板砖等，以减少水的渗透。

4.5.3 立管穿楼板处防水构造

立管穿楼板处的防水处理一般采用两种方法：一种是在管道周围用 C20 干硬性细石混凝土捣固密实，再用防水涂料做密封处理，如图 4-21（a）所示；另一种是当有热力管穿过楼板时，为防止由于温度变化，引起管壁周围材料胀缩变形，应在楼板穿管的位置预埋套管，以保证热水管能自由伸缩而不致造成混凝土开裂。套管应比楼面高出 30～50 mm，如图 4-21（b）所示。

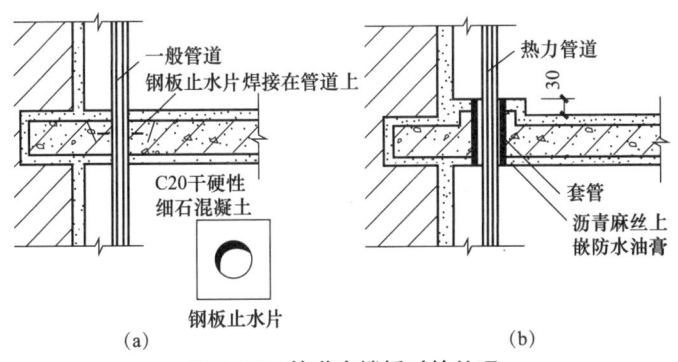

图 4-21 管道穿楼板时的处理

素养课堂

认识"空心楼盖"技术

混凝土楼板中按规则布置一定数量的预制永久性薄壁箱体而形成的新型空心楼盖体系，如图 4-22 所示。该技术不仅能提供灵活的应用空间，还具有减轻结构自重、增加楼板刚度、缩短施工工期、节约层高、减少土石方开挖量等优点，经济技术指标相对于传统结构技术有明显的提高，且有广泛的运用前景。

"空心楼盖"技术特别适用于大跨度、大空间的建筑，常用于多层的工业与民用建筑，如车库、商场、厂房、写字楼和地下车库等。

图 4-22 空心楼盖

模块小结

楼地层是水平方向分隔房屋空间的承重构件。楼板层主要由面层、楼板、顶棚三部分组成,楼板层的设计应满足建筑的使用(防火、隔声、保温、隔热、防潮、防水等)、结构安全(足够的强度与刚度)、施工方便,以及经济合理等方面的要求。地坪层由面层、垫层和素土夯实层构成。

根据其施工方法不同钢筋混凝土楼板可分为现浇式、装配式和装配整体式三种。装配式钢筋混凝土楼板常用的板型有平板、槽形板、空心板。为加强楼板的整体性,应注意楼板的细部构造;现浇钢筋混凝土楼板有现浇板式楼板、肋梁楼板、井式楼板、无梁楼板、钢衬板组合楼板等;装配整体式楼板有实心平板、密肋填充块楼板和叠合式楼板等。

地坪层按其材料和做法可分为四大类,即整体地面、块料地面、塑料地面和木地面。

复习思考题

1. 楼板层和地坪层的构造组成、设计要求有哪些?
2. 楼板有哪几类?现浇钢筋混凝土楼盖的特点及结构形式有哪些?
3. 预制装配式钢筋混凝土楼板的特点及结构形式有哪些?
4. 绘制常用楼地面、顶棚的构造图。
5. 楼地面可分为哪几种类型?

模块 5　楼梯和电梯

知识目标

1. 了解楼梯的组成、类型，掌握楼梯的尺度要求。
2. 了解几种常见楼梯的平面布局特点和适用条件，掌握楼梯的组成和尺度要求。
3. 了解钢筋混凝土楼梯的基本类型，掌握现浇钢筋混凝土、预制钢筋混凝土楼梯的构造特点，掌握楼梯的细部构造，特别是防滑处理的方法。
4. 了解台阶与坡道的设置形式，掌握其构造做法。

能力目标

1. 能按照要求进行楼梯和电梯设计。
2. 能合理地处理楼梯施工中的构造问题。
3. 能正确识读台阶与坡道标准图。

素养目标

1. 培养良好的职业操守和劳动精神、认真负责的工作态度、传承工匠精神。
2. 培养严谨的工作态度，具有集体意识和团队合作精神。
3. 树立独立、客观、公正、细心的职业态度，以及能利用信息技术解决实际问题的信息素养。

在建筑中，为解决层与层之间，以及同一层次的标高变化处和室内外的竖向联系，需要设置一些垂直交通设施。这些设施按坡度从大到小依次排列如下：

（1）爬梯：消防和检修时用，使用频率低。

（2）自动扶梯：用于人流量大且使用要求高的公共建筑，如商场等。

（3）电梯：用于层数较多或有特殊需要的建筑物中。

（4）楼梯：用于楼层之间和高差较大时的交通联系，多高层建筑使用。

（5）台阶：多设置在建筑物出入口外面，用以解决室内外高差。

（6）坡道：多用于多层车库、医疗建筑中的无障碍交通设施。

楼梯作为竖向交通和人员紧急疏散的主要交通设施，使用最为广泛。楼梯的宽度、坡度和踏步级数都应满足人们通行和搬运家具、设备的要求。楼梯的数量取决于建筑物的平面布置、用途、大小及人流的多少。楼梯应设置在明显易找和通行方便的地方，以便在紧急情况下能迅速安全地将室内人员疏散到室外。

5.1 楼梯的组成和类型

5.1.1 楼梯的组成

楼梯通常由楼梯梯段、楼梯平台、栏杆（板）扶手三部分组成，如图5-1所示。

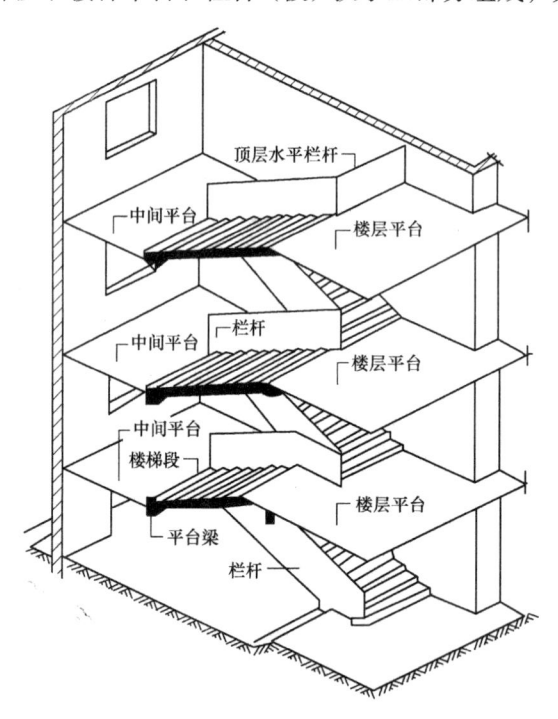

图 5-1 楼梯的组成

1. 楼梯梯段

楼梯梯段是楼梯的主要使用和承重部分，由踏步和斜梁构成。踏步的水平面称为踏面，其宽度为踏步宽。踏步的垂直面称为踢面，其数量称为级数，高度称为踏步高。为了消除或减轻疲劳，每一楼梯梯段的级数一般不应超过18级。同时，考虑人们行走的习惯性，楼梯梯段的级数不应少于3级。

2. 楼梯平台

楼梯平台是指连接两梯段之间的水平部分。楼梯平台的作用是楼梯转折、连通某个楼层或供使用者稍作休息。楼梯平台的标高有时与某个楼层一致，有时介于两个楼层之间。与楼层标高一致的楼梯平台称为楼层平台，介于两个楼层之间的楼梯平台称为休息平台或中间平台。楼梯梯段净高不宜小于2.20 m，楼梯平台过道处的净高不应小于2 m。

3. 栏杆（板）扶手

栏杆是设置在楼梯梯段和平台边缘处起安全保障的围护构件。扶手一般设置在栏杆顶部也可附设于墙上,称为靠墙扶手。

楼梯作为建筑空间竖向联系的主要构件,其位置应明显,起到引导人流的作用,既要充分考虑其造型美观、人流通行顺畅、行走舒适、结构安全、防火可靠,又要满足施工和经济条件要求。因此,需要合理地选择楼梯的形式、坡度、材料、构造做法,精心处理好其细部构造。

5.1.2 楼梯的类型

楼梯的形式根据使用要求、在房屋中的位置、楼梯间的平面形状而定。

(1)按楼梯的形式可分为单跑式、双跑式、双分式、三跑式、四跑式、转角式、螺旋式、剪刀式、圆形式等。

(2)按楼梯的材料可分为木楼梯、钢筋混凝土楼梯、钢楼梯、组合材料楼梯等。

(3)按楼梯的位置可分为室内楼梯和室外楼梯两种。

(4)按楼梯的使用性质可分为主要楼梯、辅助楼梯、疏散楼梯、消防楼梯等。

(5)按楼梯间的平面形式可分为开敞楼梯间、封闭楼梯间、防烟楼梯间(图 5-2)。

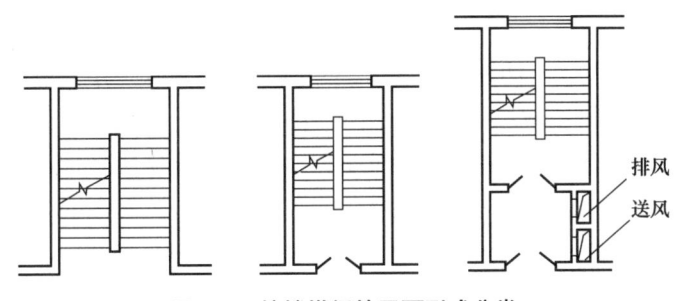

图 5-2 按楼梯间的平面形式分类

5.2 楼梯的尺度与设计

5.2.1 楼梯的尺度

1. 楼梯坡度

楼梯坡度是指梯段中各级踏步前缘的假定连线与水平面形成的夹角。楼梯的坡度大小应适中,坡度过小,楼梯占用的建筑面积增加,不经济;坡度过大,行走易疲劳。普通楼梯的坡度为 25°~45°,最适宜的坡度为 30° 左右。坡度较小时(小于 10°)可将楼梯改为坡道。坡度大于 45° 为爬梯。楼梯、爬梯、坡道等的坡度范围如图 5-3 所示。

楼梯坡度应根据使用要求和行走舒适性等方面来确定。公共建筑的楼梯一般人流较多,坡度应较平缓,常在 26°34′(1∶2)左右。住宅中的公用楼梯通常人流较少,坡度可稍陡些,多为 1∶2~1∶1.5。楼梯坡度一般不宜超过 38°,供少量人员通行的内部专用楼梯其坡度可适当加大。

用角度表示楼梯的坡度虽然准确、形象，但是不宜在实际工程中操作，因此，经常用踏步的尺寸来表述楼梯的坡度。

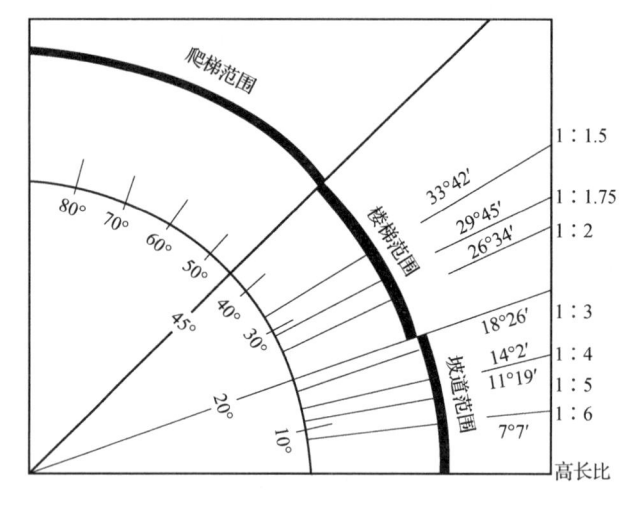

图 5-3 楼梯、爬梯、坡道的坡度

2. 踏步尺寸

踏步由踏面和踢面组成。楼梯的坡度取决于踏步的高度和宽度之比。踏面（踏步宽度）与成年男子的平均脚长相适应，一般不宜小于 260 mm。为了适应人们上下楼时脚的活动情况，踏面宜适当宽一些，常用 260～320 mm。在不改变梯段长度的情况下，为加宽踏面，可将踏步的前缘挑出，形成突缘，挑出长度一般为 20～30 mm，也可将踢面做成倾斜面，使踏步的实际宽度大于其水平投影宽度。踢面的高度取决于踏面的宽度，一般宜为 140～175 mm，各级踏步高度均应相同。

在通常情况下踏步尺寸可根据下列经验公式确定：

$$2h + b = 600～620 \text{ mm}$$

或

$$h + b = 450 \text{ mm}$$

式中　h——踏步高度（mm）；

　　　b——踏步宽度（mm）。

踏步的尺寸应根据建筑的功能、楼梯的通行量及使用者的情况进行选择，具体规定见表 5-1。

表 5-1　常用适宜踏步尺寸　　　　　　　　　　　　　　　　　　　　　　　mm

名称	住宅	幼儿园	学校、办公楼	医院	剧院、会堂
踏步高 h	150～175	120～150	140～150	120～160	120～160
踏步宽 b	260～300	260～280	260～320	280～350	280～350

3. 楼梯段尺度

楼梯段的尺度包括楼梯段宽度和楼梯段长度。楼梯段的宽度是指梯段边缘或与墙面之间垂直于行走方向的水平距离，取决于同时通过的人流股数及家具、设备搬运所需空间尺寸。供单人通行的楼梯净宽度应不小于 900 mm，双通行为 1 100～1 400 mm，多人通行为 1 650～2 100 mm，如图 5-4 所示。另外，还要考虑建筑物的使用性质，住宅不小于 1 100 mm，公共建筑不小于 1 300 mm。

梯段的长度 L 是指梯段始末两踏步前边缘之间的水平距离。其长度取决于梯段的踏步数及其踏面宽度。如果梯段踏步数为 N 步，则该梯段的长度为 b×(N-1)，b 为踏面水平投影宽度。为施工方便，楼梯的两梯段之间应有一定的距离，这个宽度称为梯井。为安全起见，其宽度一般为 0～200 mm。

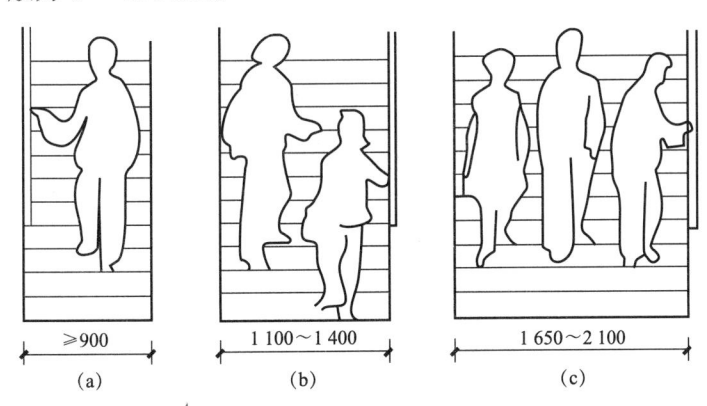

图 5-4 楼梯段的宽度
(a) 单人通行；(b) 双人通行；(c) 多人通行

4. 平台的尺寸

平台的长度一般等同于楼梯间的开间尺寸，宽度应不小于梯段的净宽度，以保证通行与楼梯相同的人流股数。另外，在下列情况下应适当加大平台深度，以防止碰撞。

（1）楼层平台通向多个出入口或有门向平台方向开启时。

（2）有凸出的结构构件影响到平台的实际深度时，如图 5-5 所示。

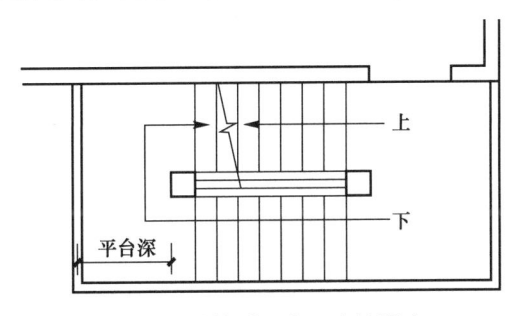

图 5-5 结构对平台深度的影响

5. 楼梯井宽度

两段楼梯之间的空隙，称为楼梯井。楼梯井一般为楼梯施工方便和安置栏杆扶手而设置，其宽度一般在 100 mm 左右。但公共建筑楼梯井的净宽一般不应小于 150 mm。有儿童经常使用的楼梯，当楼梯井净宽大于 200 mm 时，须采取安全措施，防止儿童坠落。

楼梯井从顶层到底层贯通，在平行多跑楼梯中，可不设置楼梯井。但为了楼梯段安装和平台转弯缓冲，也可设置楼梯井。为安全考虑，楼梯井宽度应小些。

6. 楼梯栏杆扶手的尺寸

楼梯栏杆扶手的高度是指从踏步前缘至扶手上表面的垂直距离。一般室内楼梯栏杆扶手的高度不宜小于900 mm（通常取900 mm）。室外楼梯栏杆扶手的高度（特别是消防楼梯）应不小于1 100 mm。在幼儿建筑中，需要在500～600 mm高度再增设一道扶手，以适应儿童的身高，如图5-6所示。另外，与楼梯有关的水平护身栏杆（长度大于500 mm）应不低于1 050 mm。当楼梯段的宽度大于1 650 mm时，应增设靠墙扶手。当楼梯段宽度超过2 200 mm时，还应增设中间扶手。

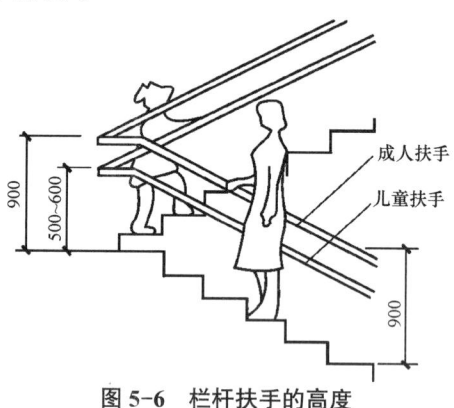

图5-6 栏杆扶手的高度

7. 楼梯净空高度

楼梯各部分的净高关系到行走安全和通行的便利，是楼梯设计中的重点也是难点。楼梯的净高包括梯段部位和平台部位的净高。其中，梯段部位净高不应小于2 200 mm，平台下净高应不小于2 000 mm，如图5-7所示。

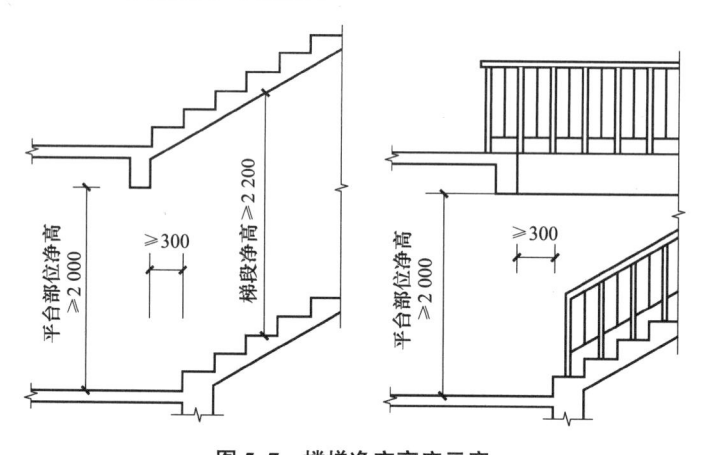

图5-7 楼梯净空高度示意

当底层休息平台下做出入口时，为使平台下净高满足要求，可以采用以下几种处理方法：

（1）采用长短跑梯段，增加底层楼梯第一跑的踏步数量。使底层楼梯的两个梯段形成长短跑，以此抬高底层休息平台的标高，如图5-8（a）所示。当楼梯间进深不足以布置加长后的梯段时，可以将休息平台外挑。

（2）局部降低平台下地坪标高，充分利用室内外高差，将部分室外台阶移至室内。为防止雨水流入室内，应使室内最低点的标高高出室外地面标高不小于0.1 m，如图5-8（b）所示。

（3）采用长短跑和降低平台下地坪标高相结合的方法，在实际工程中，经常将以上两种方法结合起来，统筹考虑解决楼梯平台下部通道的高度问题，如图5-8（c）所示。

（4）底层直跑，当底层层高较低（一般不大于3 000 mm）时可将底层楼梯由双跑改为直跑，二层以上恢复双跑。这样做可较好地解决平台下的高度问题，如图5-8（d）所示。但要注意踏步数量不应超过18步。这种做法多用于南方住宅建筑。

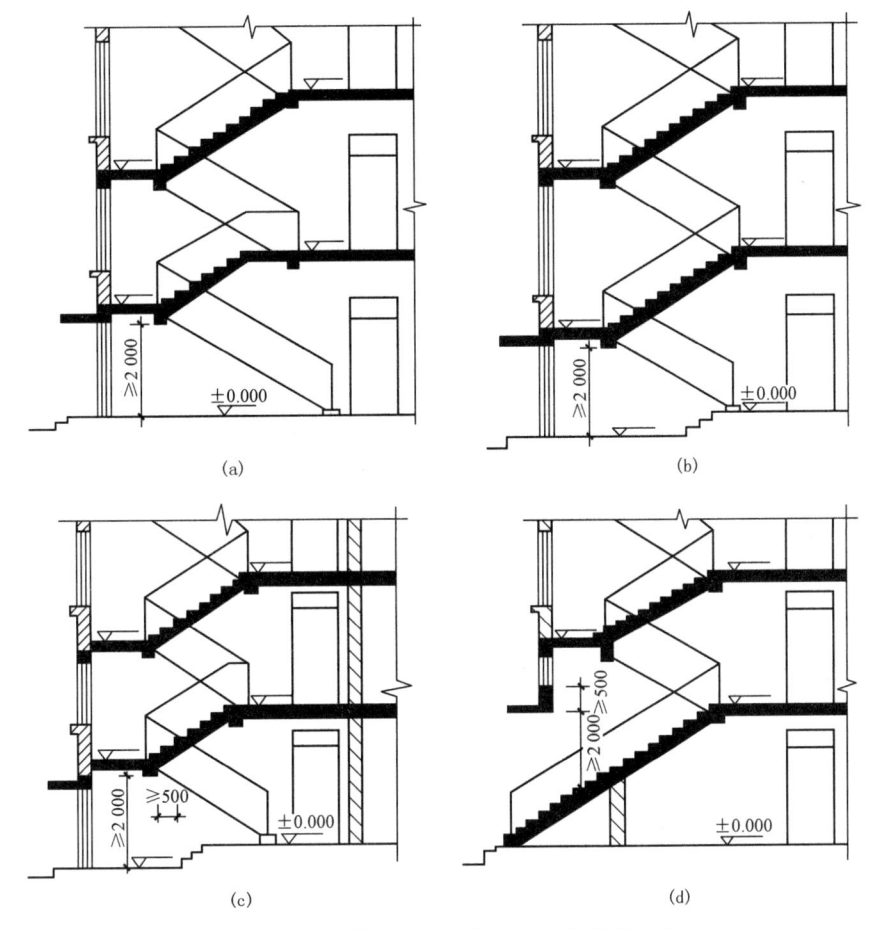

图5-8 底层休息平台下做出入口的处理方式

5.2.2 楼梯的设计

楼梯设计应根据建筑物的功能要求及人流情况，结合防火规范确定楼梯的总宽度及数量。根据使用情况将其布置在恰当位置，并选择合适的楼梯形式及楼梯间的开间、进深。下面介绍的楼梯设计是在已知楼梯间的层高、开间和进深的前提下进行的楼梯设计。

（1）根据建筑物的使用性质，初选踏步高 h，确定踏步数 N，$N=$层高$/h$。为减少构件的规格，一般尽量采用等跑楼梯，因此，N宜为偶数，如所求出的N为奇数或非整数。取N为偶数，反之调整步高。再根据公式 $2h+b=600\sim620$ mm，确定踏步宽度b。

（2）根据步数N和踏步宽b，计算梯段水平投影长度，$L=(0.5N-1)b$。

（3）根据楼梯间开间确定楼梯间净宽度A、梯段宽度B及梯井宽度C：$A=$开间—

墙厚，$B=$（开间$-C-$墙厚）$/2$，$C=60\sim200$ mm，儿童使用的楼梯井宽度不应大于 200 mm。

（4）确定中间平台宽 D_1，$D_1 \geqslant B$。

（5）根据中间平台宽度 D_1 及梯段长度 L，计算楼层平台宽度 D_2，$D_2=$ 进深$-D_1-L$。对于封闭平面的楼梯间，$D_2 \geqslant B$；对于开敞式楼梯，当楼梯间外为走廊时，D_2 可以略小一些。

（6）进行楼梯净高的验算，有时也会重新调整楼梯的踏步数及踏步的高、宽。

（7）绘制出楼梯的平面图及剖面图，如图 5-9 所示。

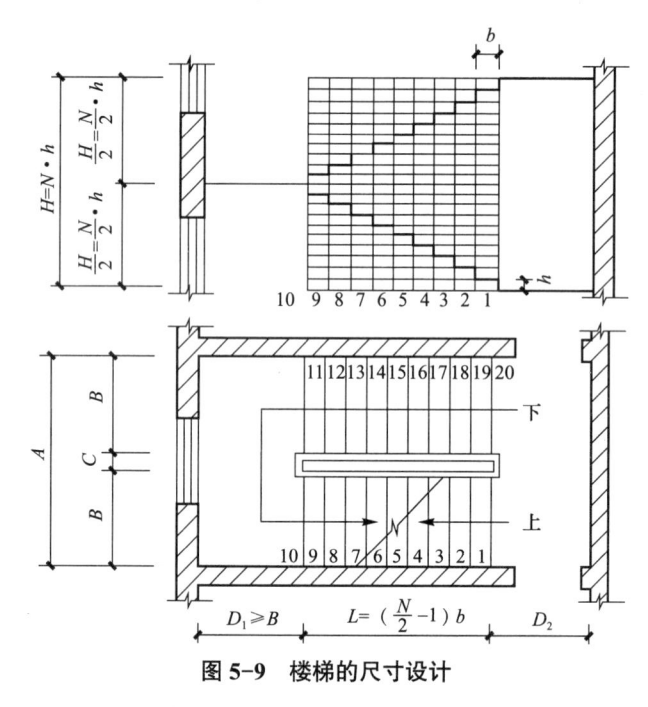

图 5-9 楼梯的尺寸设计

5.3 钢筋混凝土楼梯

钢筋混凝土楼梯按施工方法不同主要可分为现浇整体式和预制装配式两类。

5.3.1 现浇整体式钢筋混凝土楼梯

现浇整体式钢筋混凝土楼梯是在施工现场支模绑扎钢筋并浇筑混凝土而形成的整体楼梯。楼梯段与休息平台整体浇筑，因此，楼梯的整体刚性好，坚固而久。现浇整体式钢筋混凝土楼梯按楼梯段传力的特点可分为板式楼梯和梁式楼梯两种。

微课：现浇钢筋混凝土楼梯

1. 板式楼梯

板式楼梯的梯段是一块斜放的板，它通常由梯段板、平台梁和平台板组成。梯段板承受梯段的全部荷载，然后通过平台梁将荷载传递给墙体或柱子，如图 5-10（a）所示。必要时也可取消梯段板一端或两端的平台梁，使平台板与梯段板连接为一体，形成折线形的板直接支撑于墙或梁上，如图 5-10（b）所示。

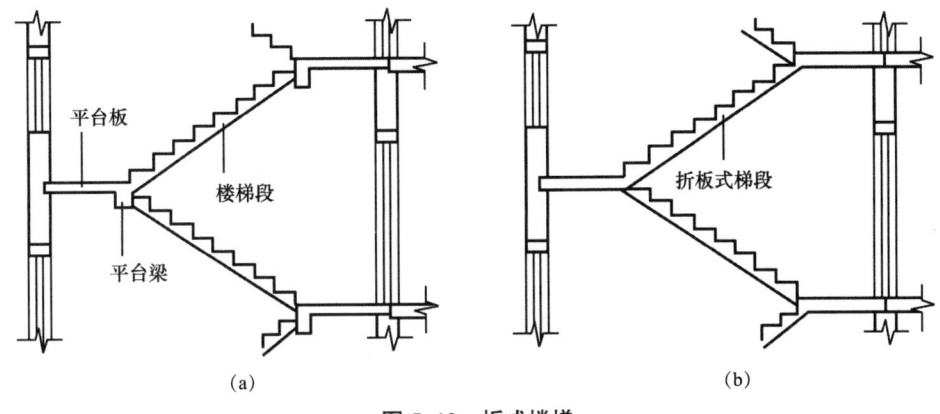

图 5-10 板式楼梯

板式楼梯的梯段底面平整，外形简洁，便于支撑施工。当梯段跨度不大时（一般不超过 3m）常采用。当梯段跨度较大时，梯段板厚度增加，自重较大，钢材和混凝土用量较多，经济性较差，这时常采用梁板式楼梯替代之。

2. 梁式楼梯

梁式楼梯的梯段由斜梁和踏步板组成。当楼梯踏步受到荷载作用时，踏步为一水平受力构造，踏步板将荷载传递给左右斜梁，斜梁将荷载传递给与之相连的上下休息平台梁，最后，平台梁将荷载传递给墙体或柱子。

梯梁通常设置两根，分别布置在踏步板的两端。梯梁与踏步板在竖向的相对位置有两种：一种为明步，即梯梁在踏步板之下，踏步外露，如图 5-11（a）所示；另一种为暗步，即梯梁在踏步板之上，形成反梁，踏步包在里面，如图 5-11（b）所示。梯梁也可以只设置一根，通常有两种形式：一种是踏步板的一端设梯梁，另一端搁置在墙上；另一种是用单梁悬挑踏步板。

当荷载或梯段跨度较大时，采用梁式楼梯比较经济。

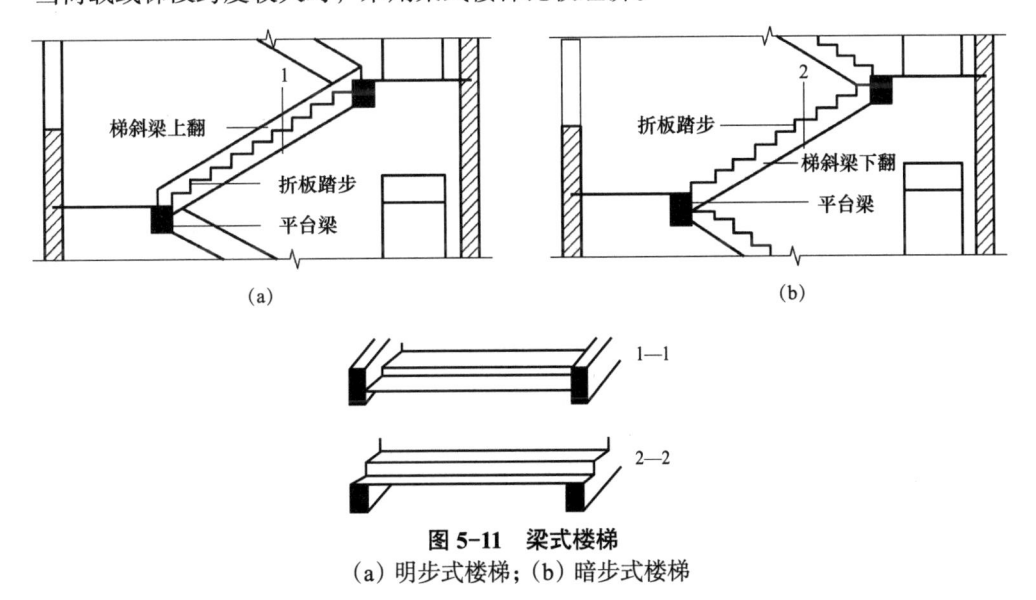

图 5-11 梁式楼梯
（a）明步式楼梯；（b）暗步式楼梯

5.3.2 预制装配式钢筋混凝土楼梯

预制装配式钢筋混凝土楼梯根据构件尺度的差别，大致可分为小型构件装配式楼梯、中型构件装配式楼梯和大型构件装配式楼梯。

1. 小型构件装配式楼梯

小型构件装配式楼梯是将梯段、平台分割成若干部分，分别预制成小构件装配。其按照预制踏步的支承方式可分为悬挑式、墙承式、梁承式三种。

（1）预制装配悬挑式钢筋混凝土楼梯：是指预制钢筋混凝土踏步板一端嵌固于楼梯间侧墙上，另一端凌空悬挑的楼梯形式，如图5-12所示。预制装配悬挑式钢筋混凝土楼梯无平台梁和梯斜梁，也无中间墙，楼梯间空间轻巧空透，结构占空间少，在住宅建筑中使用较多。但其楼梯间整体刚度极差，不能用于有抗震设防要求的地区。由于需要随墙体砌筑安装踏步板，并需要设置临时支撑，施工比较麻烦。

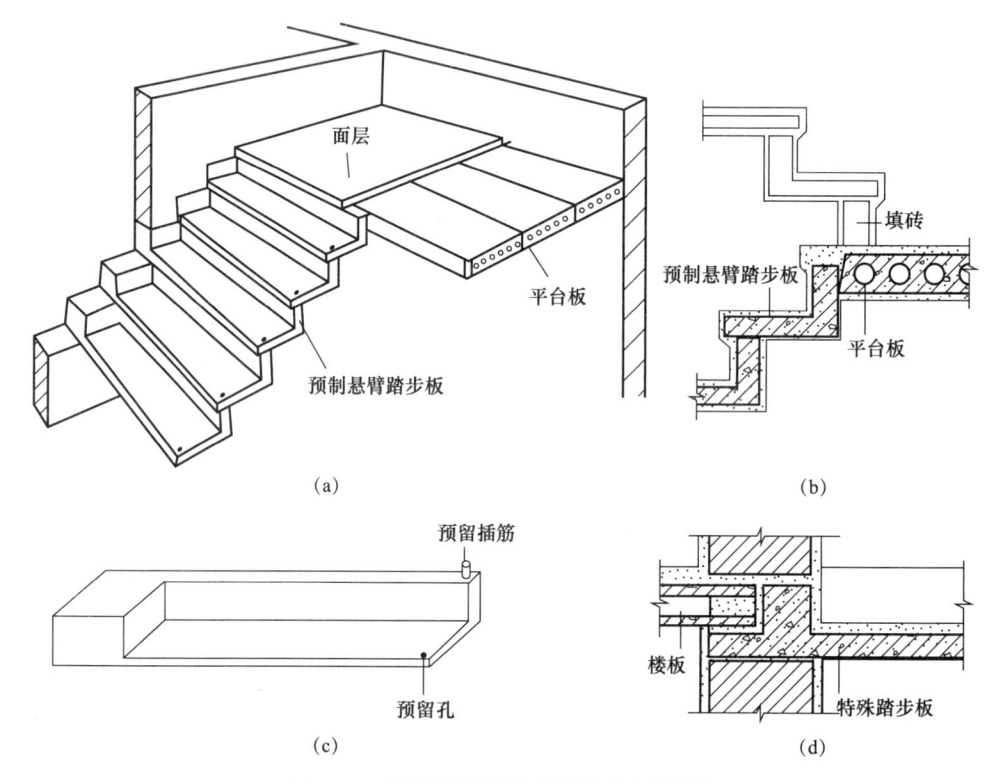

图5-12 预制装配悬挑式钢筋混凝土楼梯
(a) 遇楼板处构件；(b) 踏步构件；(c) 悬臂踏步楼梯示意；(d) 平台斜接处剖面

（2）预制装配墙承式钢筋混凝土楼梯：是指预制钢筋混凝土踏步板直接搁置在墙上的一种楼梯形式，如图5-13所示。其踏步板一般采用一字形、L形断面。

预制装配墙承式钢筋混凝土楼梯由于踏步两端均有墙体支承，不需设置平台梁和梯斜梁，也不必设置栏杆，需要时设置靠墙扶手，可节约钢材和混凝土。但由于每块踏步板直接安装入墙体，对墙体砌筑和施工速度影响较大。同时，踏步板入墙端形状、尺寸与墙体砌块模数不容易吻合，砌筑质量不易保证，影响砌体强度。

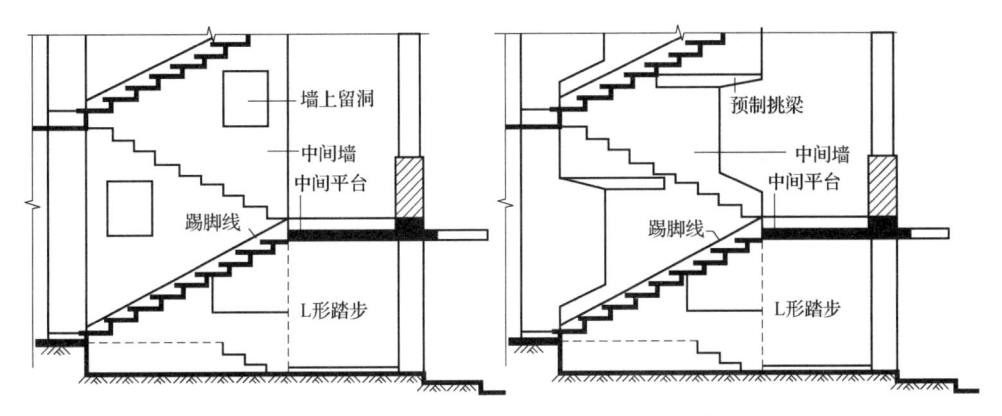

图 5-13 预制装配墙承式钢筋混凝土楼梯

（3）预制装配梁承式钢筋混凝土楼梯：是指梯段由平台梁支承的楼梯构造方式。由于在楼梯平台与斜向楼梯段交汇处设置了平台梁，避免了构件转折处受力不合理和节点处理的困难，在一般大量性民用建筑中较为常用。预制构件可按梯段（板式或梁板式梯段）、平台梁、平台板三部分进行划分，如图 5-14 所示。

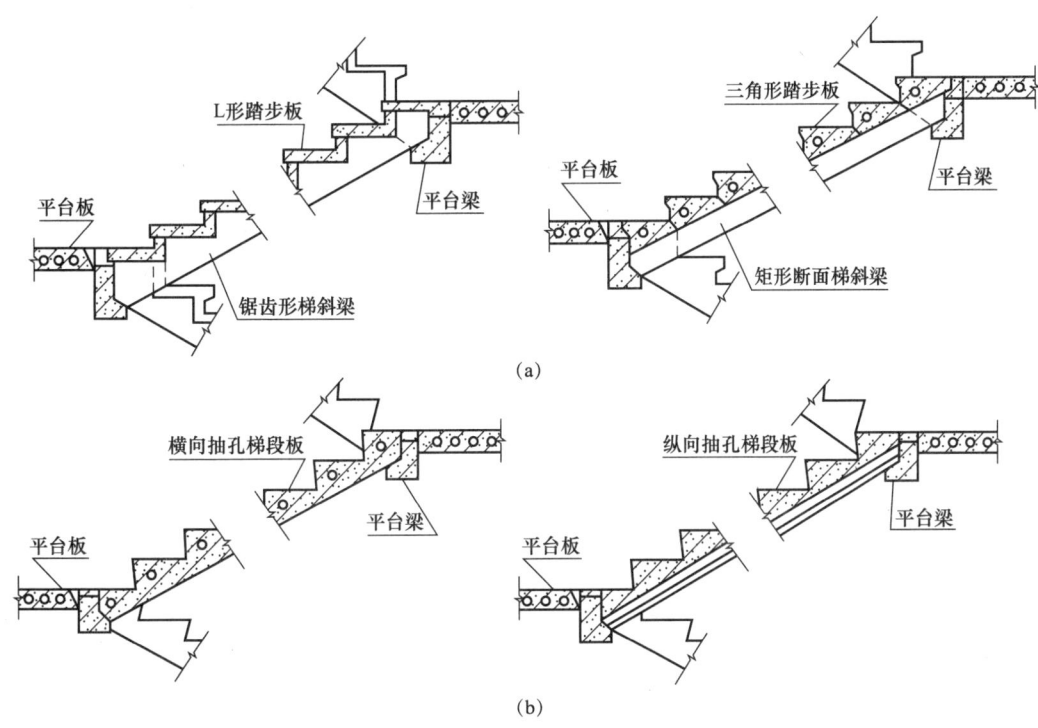

图 5-14 预制装配梁承式钢筋混凝土楼梯
(a) 梁板式梯段；(b) 板式梯段

2. 中型构件装配式楼梯

中型构件装配式楼梯一般由楼梯段和带有平台梁的休息平台板两大构件组合而成，楼梯段直接与楼梯休息平台梁连接，楼梯的栏杆与扶手在楼梯结构安装后再进行安装。带梁休息平台形成一类似槽形板构件，在支承楼梯段的一侧，平台板肋断面加大，并设计成L形断面以利于楼梯段的搭接。楼梯段与现浇钢筋混凝土楼梯类似，有梁板式和板式两种。

3. 大型构件装配式楼梯

大型构件装配式楼梯是将楼梯段与休息平台一起组成一个构件，每层由第一跑及中间休息平台和第二跑及楼层休息平台板两大构件组合而成。

5.4 楼梯的细部构造

5.4.1 踏步面层及防滑构造

楼梯的踏步面层应便于行走、耐磨、防滑并保持清洁。通常面层可以选用水泥砂浆、水磨石、缸砖和大理石或花岗石等，如图 5-15 所示。

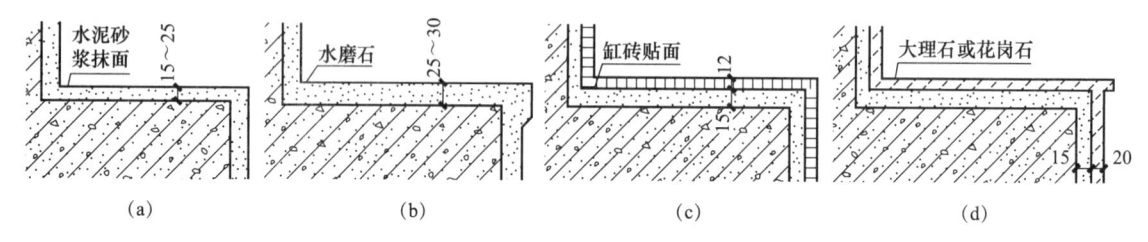

图 5-15 踏步面层构造

（a）水泥砂浆踏步面层；（b）水磨石踏步面层；（c）缸砖踏步面层；（d）大理石或花岗石踏步面层

为防止行人使用楼梯时滑倒，踏步表面应有防滑措施，表面光滑的楼梯必须对踏步表面进行处理，通常是在接近踏口处留 2~3 道凹槽或设置防滑条，防滑条的材料主要有金刚砂、马赛克、橡胶条、塑料条、缸砖、铸铁等，如图 5-16 所示。

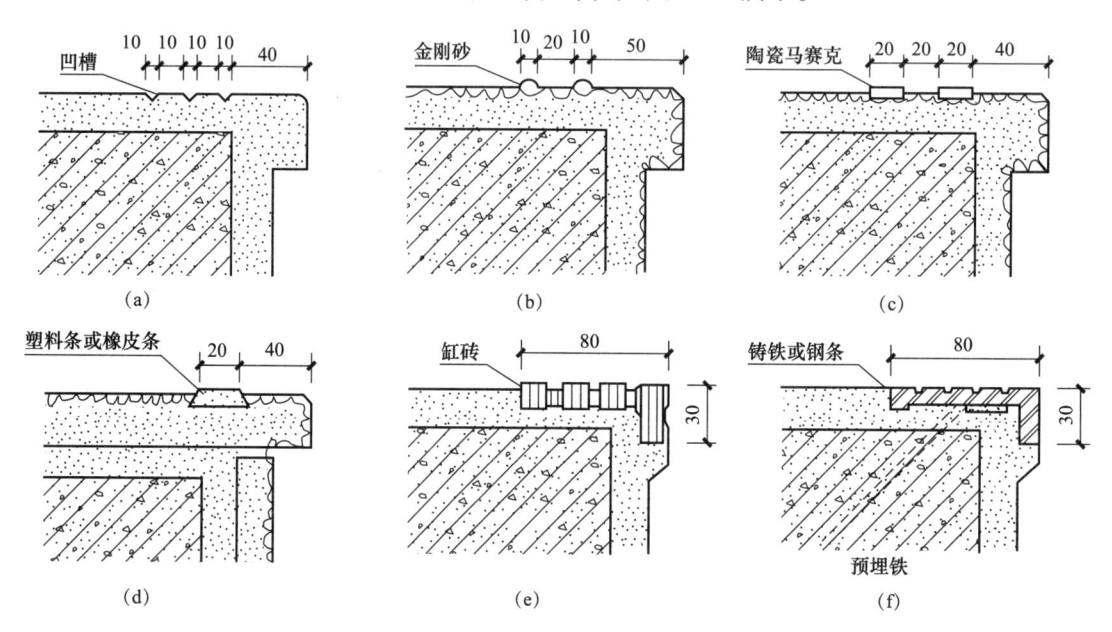

图 5-16 踏步防滑处理

（a）防滑凹槽；（b）金刚砂防滑条；（c）贴马赛克防滑条；（d）嵌塑料或橡胶防滑条；
（e）缸砖包口；（f）铸铁或钢条包口

5.4.2 栏杆、栏板和扶手

楼梯的栏杆、栏板是楼梯的安全防护设施，既具有安全防护作用，又具有装饰作用。

栏杆多采用方钢、圆钢、扁钢、钢管等金属型材焊接而成，下部与楼梯段锚固，上部与扶手连接。栏杆与梯段的连接方法有预埋铁件焊接、预留孔洞插接、螺栓连接。栏板多由现浇钢筋混凝土或加筋砖砌体制作，栏板顶部可另设扶手，也可直接抹灰作扶手。楼梯扶手可以用硬木、钢管、塑料、现浇混凝土抹灰或水磨石制作。采用钢栏杆、木制扶手或塑料扶手时，两者之间常用木螺钉连接；采用金属栏杆、金属扶手时，常采用焊接连接。

楼梯栏杆有空花栏杆、实心栏板和组合式栏板三种。

1. 空花栏杆

空花栏杆多为方钢、圆钢、扁钢和钢管等金属材料做成，常用断面尺寸为方钢15～25mm、圆钢$\phi16～\phi25$mm、扁钢（30～50）mm×（3～6）mm、钢管$\phi20～\phi50$mm。常见空花栏杆的形式如图5-17所示。

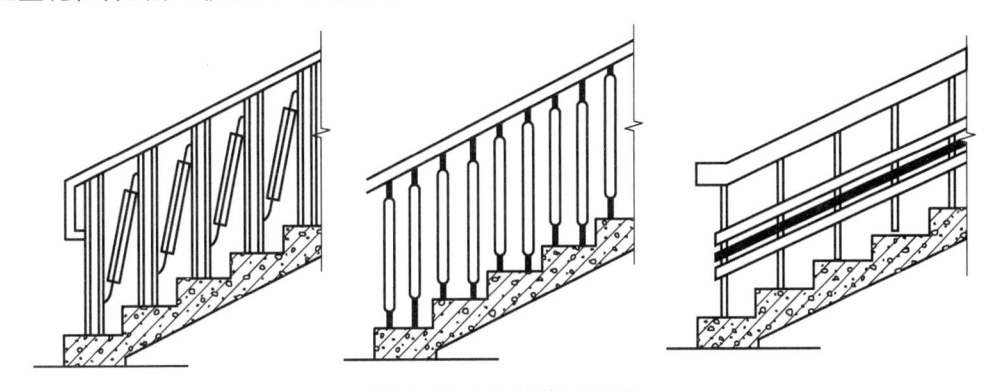

图5-17 空花栏杆的形式

栏杆与楼梯段应有可靠的连接，连接方法主要如下：

（1）预埋铁件焊接，将栏杆的立杆与楼梯段中预埋的钢板或套管焊接在一起，如图5-18（a）所示。

（2）预留孔洞插接，将栏杆的立杆端部做成开脚或倒刺插入楼梯段预留的孔洞内，用水泥砂浆或细石混凝土填实，如图5-18（b）所示。

（3）螺栓连接，用螺栓将栏杆固定在梯段上，固定方式有若干种，如用板底螺母栓紧贯穿踏板的栏杆等，如图5-18（c）所示。

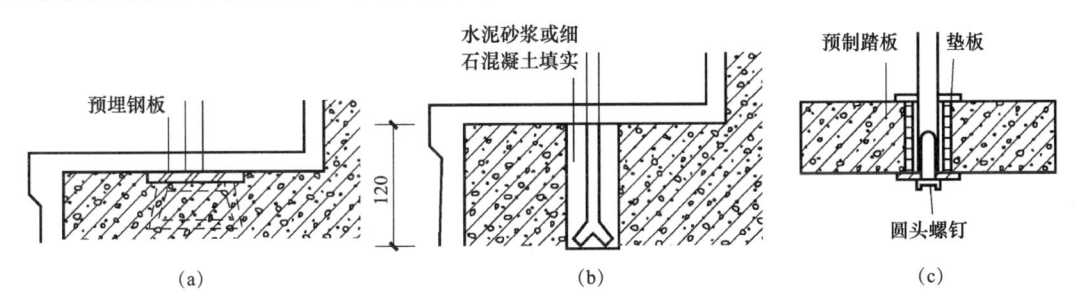

图5-18 栏杆与梯段的连接
（a）预埋铁件焊接；（b）预留孔洞插接；（c）螺栓连接

2. 实心栏板

实心栏板通常采用现浇或预制的钢筋混凝土板、钢丝网水泥板或砖砌栏板，也可采用具有较好装饰性的有机玻璃、钢化玻璃等作栏板。钢丝网水泥栏板是在钢筋骨架的侧面先铺钢丝网，后抹水泥砂浆而成，如图 5-19（a）所示。当栏板厚度为 60 mm 即砖砌栏板时，外侧要先用钢筋网加固，再用钢筋混凝土扶手与栏板连成整体，如图 5-19（b）所示。

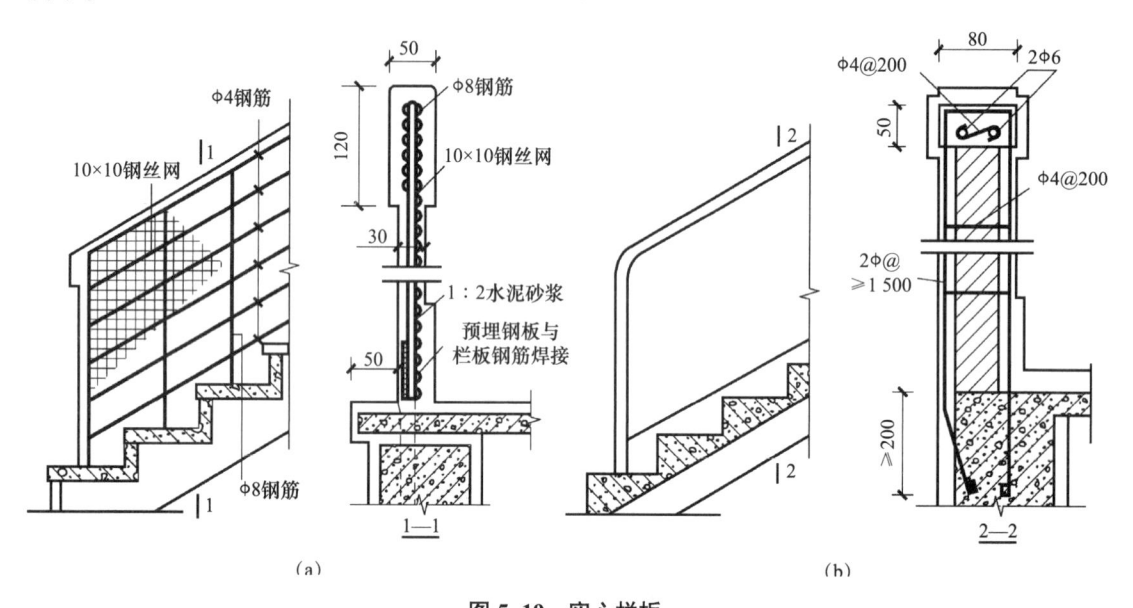

图 5-19 实心栏板
（a）钢丝网水泥栏板；（b）砖砌栏板（60 mm 厚）

3. 组合式栏板

组合式栏杆是将空花栏杆与栏板组合而成的一种栏板形式。空花栏杆多用金属材料制成，栏板部分可用砖砌栏板、钢筋混凝土板、有机玻璃等材料制成，如图 5-20 所示。

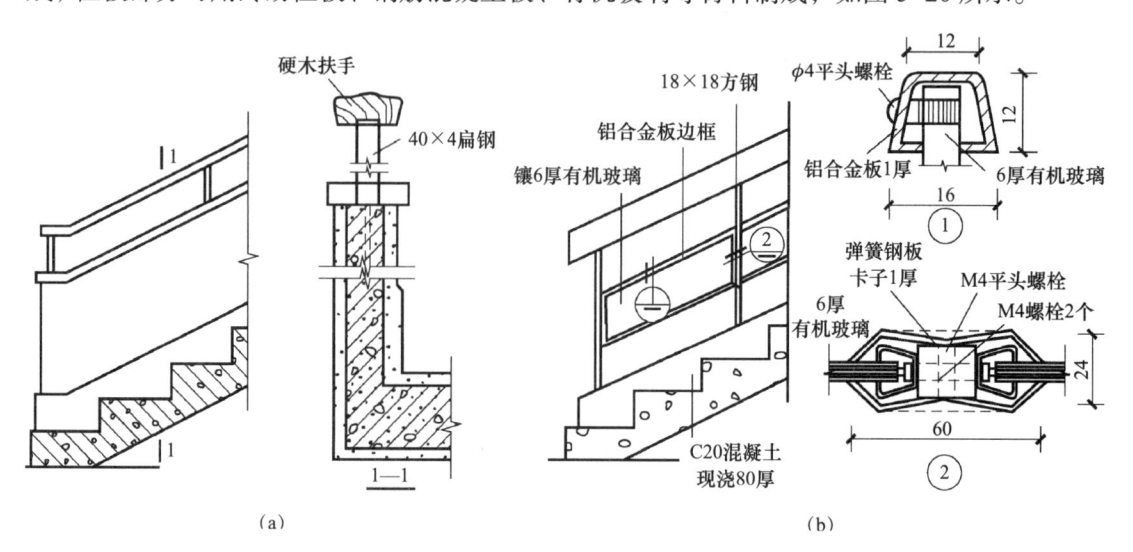

图 5-20 组合式栏板
（a）金属栏杆与钢筋混凝土栏板组合；（b）金属栏杆与有机玻璃组合

扶手位于栏杆顶部，一般采用硬木、塑料和金属材料制作。其中，硬木和金属扶手应用较为普遍。扶手的断面形式和尺寸应方便手握抓牢，扶手顶面宽一般为 40～90 mm。栏板顶部的扶手可用水泥砂浆或水磨石抹面而成，也可用大理石、水磨石板、木材贴面制成，如图 5-21 所示。

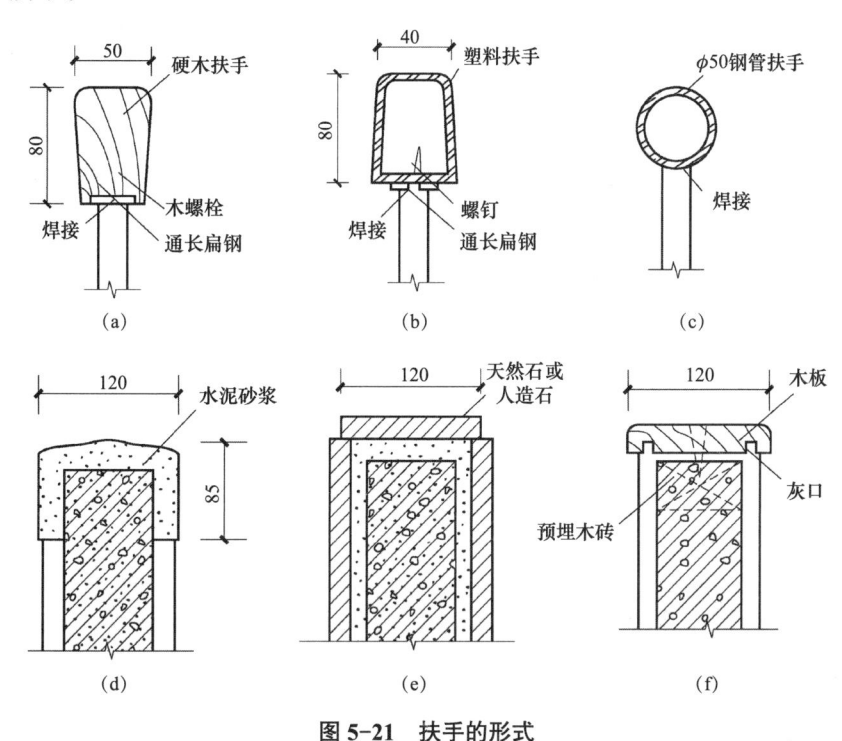

图 5-21 扶手的形式
(a) 硬木扶手；(b) 塑料扶手；(c) 金属扶手；(d) 水泥砂浆（水磨石）扶手；
(e) 天然石（或人造石）扶手；(f) 木板扶手

楼梯扶手与栏杆应有可靠的连接，连接方法视扶手和栏杆的材料而定。硬木扶手与金属栏杆的连接，通常是在金属栏杆的顶端先焊接一根带小孔的通长扁钢，然后用木螺钉通过扁钢上预留小孔与扶手连接成整体；塑料扶手与金属栏杆的连接方法和硬木扶手类似，金属扶手与金属栏杆多用焊接。

5.5 室外台阶与坡道

因建筑物构造及使用功能的需要，建筑物的室内外地坪有一定的高差，在建筑物的入口处可以选择台阶或坡道来衔接。

5.5.1 室外台阶

室外台阶一般包括踏步和平台两部分。台阶的坡度应比楼梯小，通常踏步高度为 100～150 mm，宽度为 300～400 mm。踏步有单面踏步、两面踏步或三面踏步等形式。当台阶高度超过 1.0 m 时，宜设置护栏设施，如图 5-22 所示。

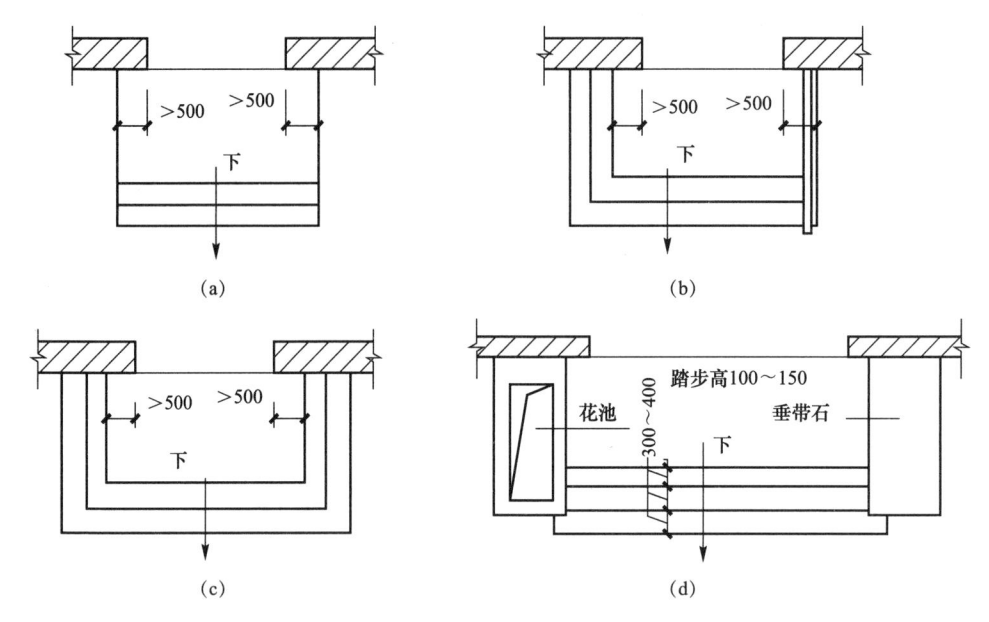

图 5-22 踏步的形式
(a) 单面踏步；(b) 两面踏步；(c) 三面踏步；(d) 单面踏步带花池

台阶可分为实铺和空铺两种，如图 5-23 所示。其一般由面层、垫层及基层组成。面层可选用水泥砂浆、水磨石、天然石材或人造石材等块材；垫层材料可选用混凝土、石材或砖砌体；基层为夯实的土壤或灰土。在严寒地区，为防止冻害，在基层与混凝土垫层之间应设置砂垫层。按结构层材料不同，有混凝土台阶、石台阶、钢筋混凝土台阶、砖台阶等，其中混凝土台阶应用最普遍。

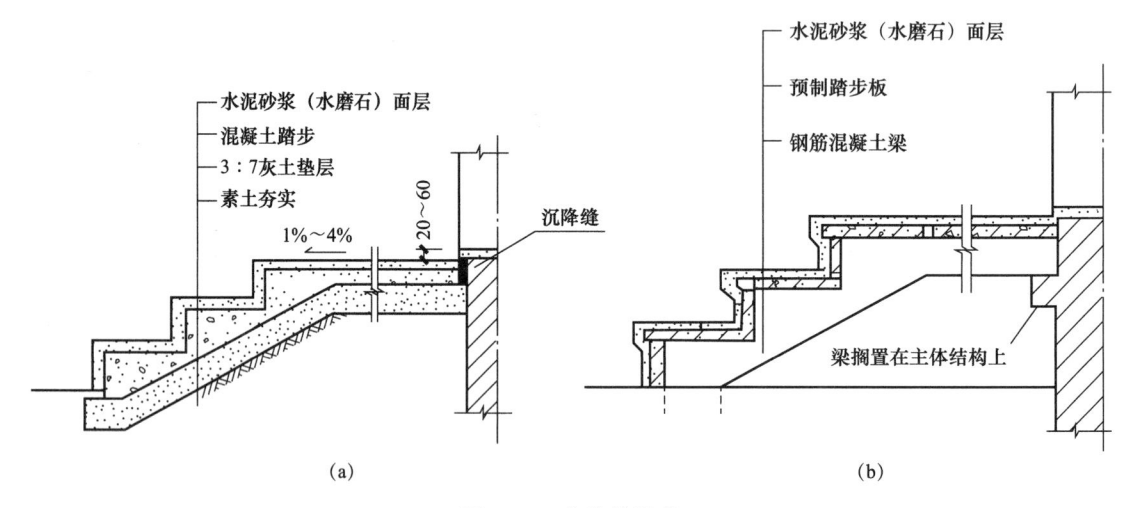

图 5-23 台阶的形式
(a) 实铺式台阶；(b) 空铺式台阶

5.5.2 坡道

考虑车辆通行或有特殊要求的建筑物室外台阶处，应设置坡道或用坡道与台阶组合。坡道可分为行车坡道和轮椅坡道，行车坡道又分为普通坡道和回车坡道。

考虑人在坡道上行走时的安全，坡道的坡度受面层做法的限制，光滑面层坡道不大于1：12，粗糙面层坡道不大于1：6，带防滑齿坡道不大于1：4。

坡道的构造与台阶基本相同，垫层的强度和厚度应根据坡道上的荷载来确定，坡道也应采用耐久、耐磨和抗冻性好的材料。坡道对防滑要求较高或坡度较大时可设置防滑条或做成锯齿形。季节冰冻地区的坡道需要在垫层下设置非冻胀层。坡道构造如图5-24所示。

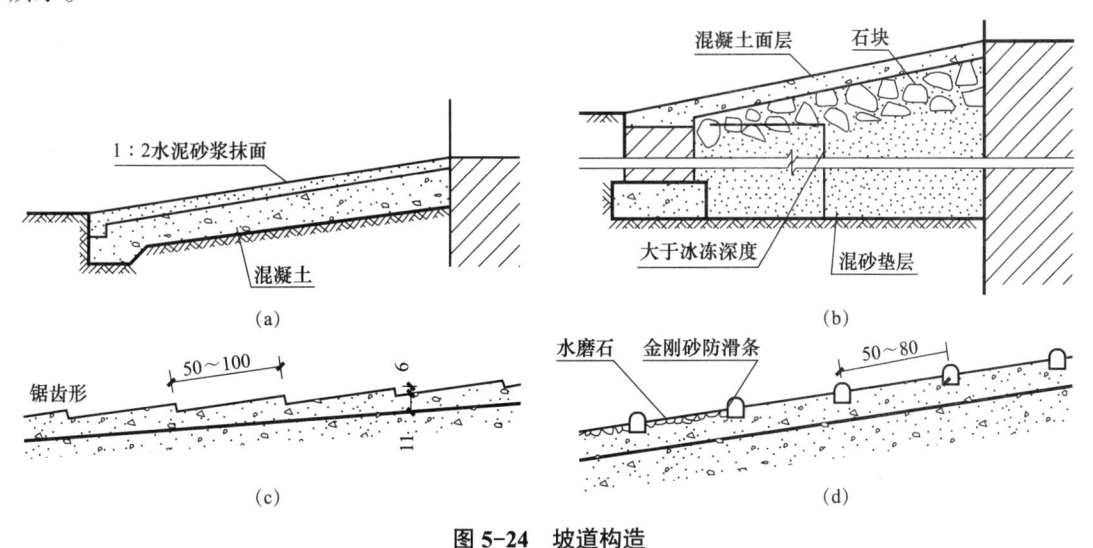

图 5-24 坡道构造
（a）混凝土坡道；（b）块石坡道；（c）防滑锯齿槽坡道；（d）防滑条坡道

5.6 有高差处无障碍设计构造

在建筑物室内外有高差的部位，虽然可以采用如坡道、楼梯、台阶等设施解决其高差的过渡，但是这些设施在为某些残疾人使用时仍然会造成不便，特别是下肢残疾和视觉残疾的人。下肢残疾的人往往会借助拐杖和轮椅代步，而视觉残疾的人则往往会借助导盲棍来帮助行走。无障碍设计中有一部分内容就是指为帮助上述两类残疾人顺利通过有高差部位的设计。下面主要将无障碍设计中一些有关坡道、楼梯、台阶等的特殊构造问题进行简要介绍。

5.6.1 无障碍设计坡道的坡度和宽度

坡道是适合残疾人的轮椅及挂拐杖和借助导盲棍者通过高差的途径，其坡度必须较为平缓，还必须有一定的宽度，同时，适合轮椅通行的坡道应为直线形或折线形，不宜设计成弧形。

（1）坡道的坡度。我国对便于残疾人通行的坡道的坡度标准定为不大于1/12，同时，还规定与之相匹配的每段坡道的最大高度为750 mm，最大坡段水平长度为9 000 mm，如图5-25所示。

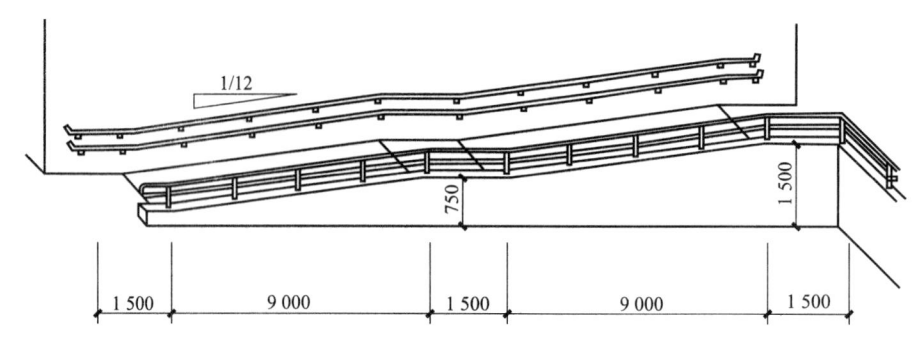

图 5-25 室外无障碍坡道的坡度

（2）坡道的宽度及平台宽度。为便于残疾人使用轮椅顺利通过，室内坡道的最小宽度应不小于 900 mm，室外坡道的最小宽度应不小于 1 500 mm，如图 5-26 所示。

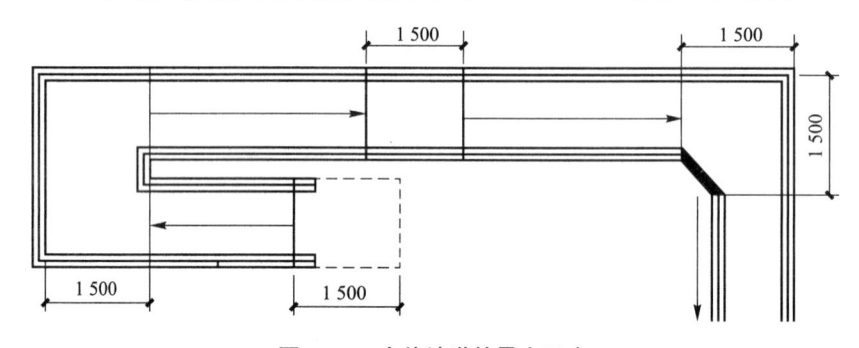

图 5-26 室外坡道的最小尺度

5.6.2 无障碍设计楼梯形式、坡度

供挂拐杖者及视力残疾者使用的楼梯，应采用有休息平台的直行形式楼梯，如直跑楼梯、对折的双跑楼梯或直角折行的楼梯等，如图 5-27 所示；不宜采用弧形梯段或在中间平台上设置扇步，如图 5-28 所示。

地面提示块

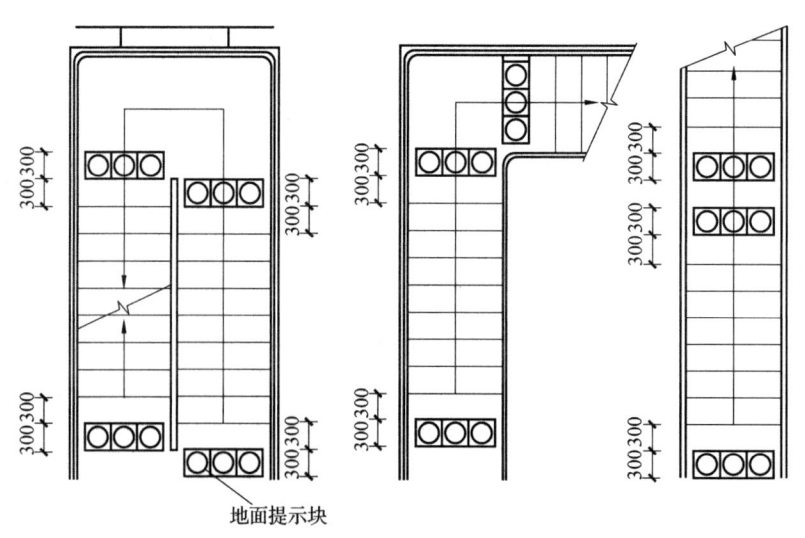

图 5-27 楼梯梯段宜采取直行方式

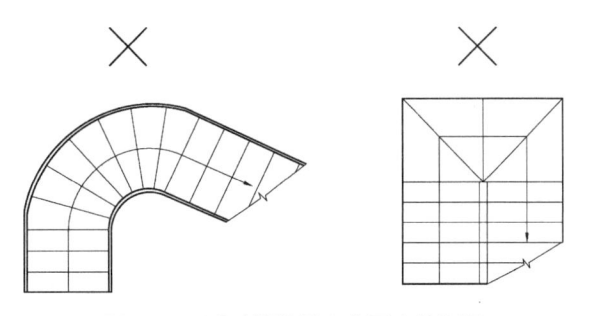

图 5-28 弧形楼梯及扇步不宜使用图

残疾人使用的楼梯度应尽量平缓，踢面高不大于 150 mm，踏面最小宽度：公共建筑为 280 mm、住宅为 260 mm、室外楼梯为 300 mm，且每步踏步应保持等高。楼梯的梯段宽度：公共建筑不小于 1 500 mm、居住建筑不小于 1 200 mm。

5.6.3 无障碍设计楼梯、坡道细部构造

供借助拐杖者及视力残疾者使用的楼梯踏步应选用合理的构造形式及饰面材料，注意无直角突沿，以防止发生勾绊行人或其助行工具的意外事故，如图 5-29 所示。踏步表面应防滑，不得有积水，防滑条不得高出踏面 5 mm 以上。

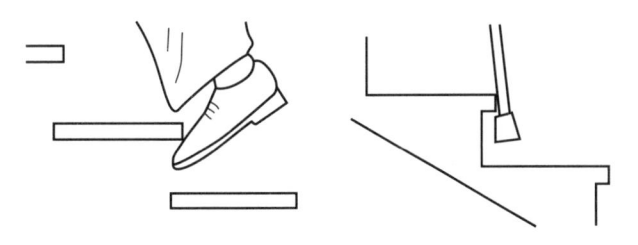

图 5-29 不符合无障碍设计的楼梯踏步形式

楼梯、坡道的扶手栏杆应坚固适用，且应在两侧都设有扶手。公共楼梯可设置上下双层扶手。在楼梯的梯段（或坡道的坡段）的起始处及终结处，扶手应自梯段或坡段前缘向前伸出 300 mm 以上，两个相邻梯段的扶手应该连通，扶手末端应向下或伸向墙面，如图 5-30 所示。扶手的断面形式应便于抓握，如图 5-31 所示。

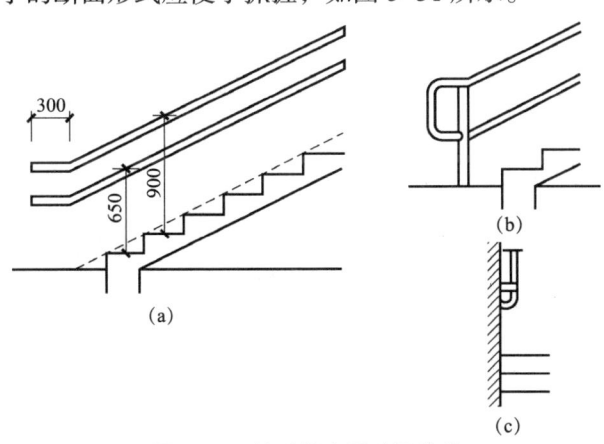

图 5-30 扶手基本尺寸及收头
(a) 扶手高度及起始处、终结处外伸尺寸；(b) 扶手末端向下；(c) 扶手末端伸向墙面

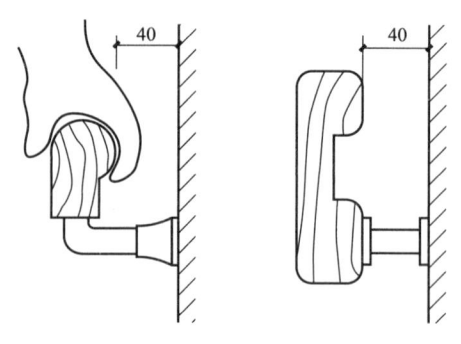

图 5-31 扶手断面形式

鉴于安全方面的考虑，凡有凌空处的构件边缘都应该向上翻起不低于 50 mm 的安全挡台，包括楼梯段和坡道的凌空一面、室内外平台的凌空边缘等。这样可以防止拐杖或导盲棍等工具向外滑出，对轮椅也是一种制约。构件边缘的处理如图 5-32 所示。

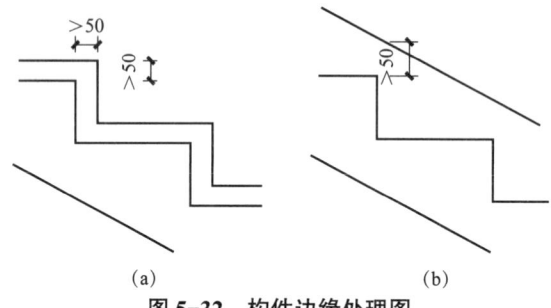

图 5-32 构件边缘处理图
（a）立缘；（b）踢脚板

5.6.4 地面提示块的设置

地面提示块又称为导盲块，一般设置在有障碍物、需要转折和存在高差等场所，利用其表面上的特殊构造形式，向视力残疾者提供触摸信息，提示行走、停步或需改变行进方向等。如图 5-33 所示为常用的地面提示块的两种形式。在楼梯中一般设置在距离踏步起点与终点 250～300 mm 的地方，如图 5-34 所示。

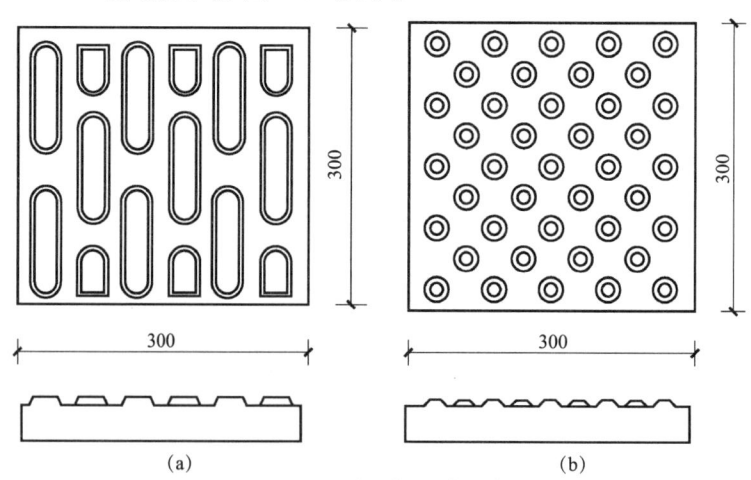

图 5-33 地面提示块示意
（a）地面提示行进块材；（b）地面提示停步块材

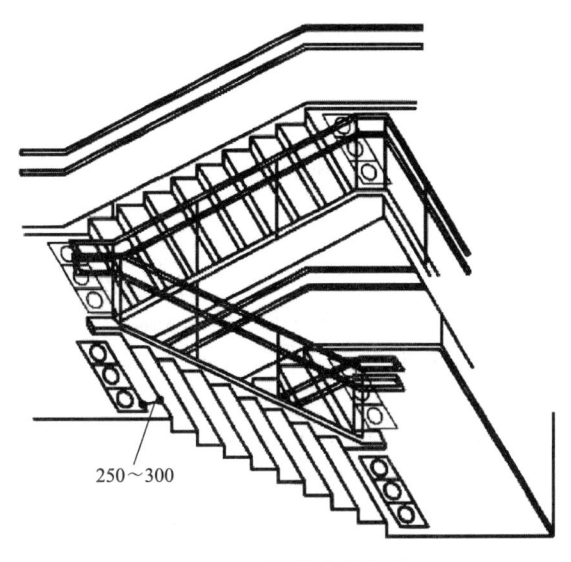

图 5-34 楼梯盲道位置

5.7 电梯与自动扶梯

5.7.1 电梯

在多层和高层建筑中，为了上下运行的方便、快速和实际需要，常设有电梯。电梯有乘客、载货两大类，除普通乘客电梯外，还有医院专用的病床电梯等。

1. 电梯的类型

（1）按使用性质分类。

1）客梯：主要用于人们在建筑物中的垂直联系。

2）货梯：主要用于运送货物及设备。

3）消防电梯：用于发生火灾、爆炸等紧急情况下作安全疏散人员和消防人员紧急救援使用。

（2）按电梯行驶速度分类。

1）高速电梯：速度大于 2 m/s，梯速随层数增加而提高，消防电梯常用高速。

2）中速电梯：速度在 2 m/s 之内，一般货梯，按中速考虑。

3）低速电梯：运送食物电梯常用低速，速度在 1.5 m/s 以内。

（3）其他分类：按单台、双台分类；按交流电梯、直流电梯分类；按轿厢容量分类；按电梯门开启方向分类等。

（4）观光电梯。观光电梯是将竖向交通工具和登高流动观景相结合的电梯。透明的轿厢使电梯内外景观相互沟通。

2. 电梯的组成

（1）电梯井道。电梯井道是电梯运行的通道，井道内包括出入口、电梯轿厢、导轨、导轨撑架、平衡锤及缓冲器等。不同用途的电梯，其井道的平面形式不同。如图5-35所示为电梯井内部透视示意。

（2）电梯机房。电梯机房一般设置在井道的顶部。机房和井道的平面相对位置允许机房任意向一个或两个相邻方向伸出，并应满足机房有关设备安装的要求。机房楼板应按机器设备要求的部位预留孔洞。如图5-36所示为机房平面预留孔示意。

（3）井道地坑。井道地坑在最底层平面标高下≥1.4 m，考虑电梯停靠时的冲力，作为轿厢下降时所需的缓冲器的安装空间。

（4）组成电梯的有关部件。

1）轿厢是直接载人、运货的厢体。电梯轿厢应造型美观，经久耐用，当今轿厢采用金属框架结构，内部用光洁有色钢板壁面或有色有孔钢板壁面，花格钢板地面，荧光灯局部照明及不锈钢操纵板等。入口处则采用钢材或坚硬铝材制成的电梯门槛。

2）井壁导轨和导轨支架是支承、固定厢上下升降的轨道。

3）牵引轮及其钢支架、钢丝绳、平衡锤、轿厢开关门、检修起重吊钩等。

4）有关电器部件：交流电动机、直流电动机、控制柜、继电器、选层器、动力、照明、电源开关、厅外层数指示灯和厅外上下召唤盒开关等。

3. 电梯与建筑物相关部位的构造

井道、机房建筑的一般要求如下：

（1）通向机房的通道和楼梯宽度不小于1.2 m，楼梯坡度不大于45°。

（2）机房楼板应平坦整洁，能承受6 kPa的均布荷载。

（3）井道壁多为钢筋混凝土井壁或框架填充墙井壁。井道壁为钢筋混凝土时，应预留150 mm见方、150 mm深孔洞，垂直中距2 m，以便安装支架。

（4）框架（圈梁）上应预埋铁板，铁板后面的焊件与梁中钢筋焊接牢固。每层中间加圈

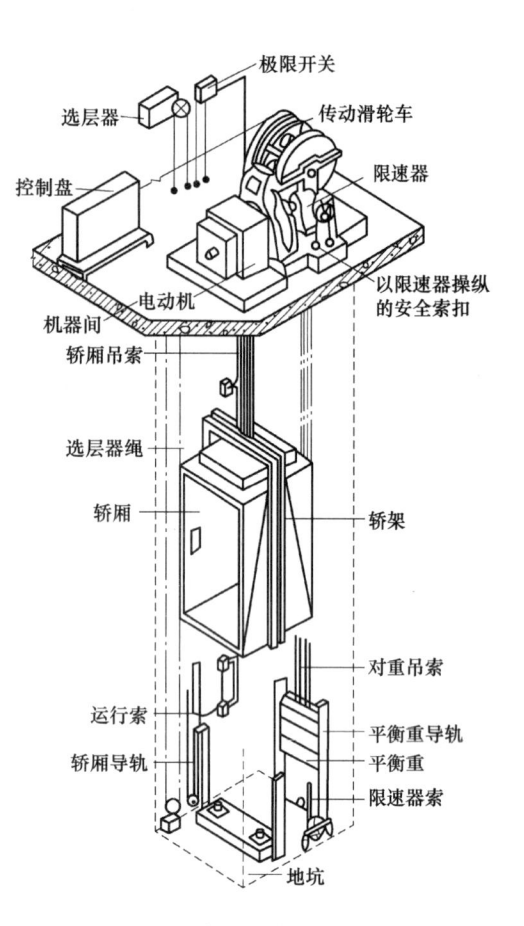

图5-35 电梯井内部透视示意

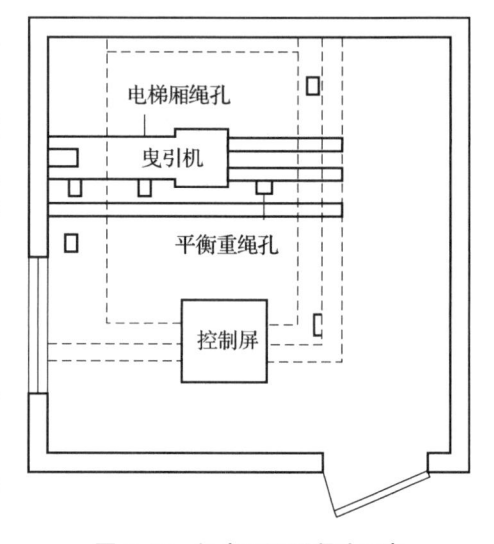

图5-36 机房平面预留孔示意

梁一道，并需设置预埋铁板。

（5）电梯为两台并列时，中间可不用隔墙而按一定的间隔放置钢筋混凝土梁或型钢过梁，以便安装支架。

【注意】电梯导轨支架的安装，安装导轨支架分为预留孔插入式和预埋铁件焊接式。

4．电梯井道构造

电梯井道的设计应满足以下要求：

（1）井道的防火。井道是建筑中的垂直通道，极易引起火灾的蔓延，因此，井道四周应为防火结构。井道壁一般采用现浇钢筋混凝土或框架填充墙井壁。同时，当井道内超过两部电梯时，需用防火围护结构予以隔开。

（2）井道的隔振与隔声（图5-37）。电梯运行时产生振动和噪声。一般在机房机座下设置弹性垫层隔振；在机房与井道间设置高为1.5 m左右的隔声层。

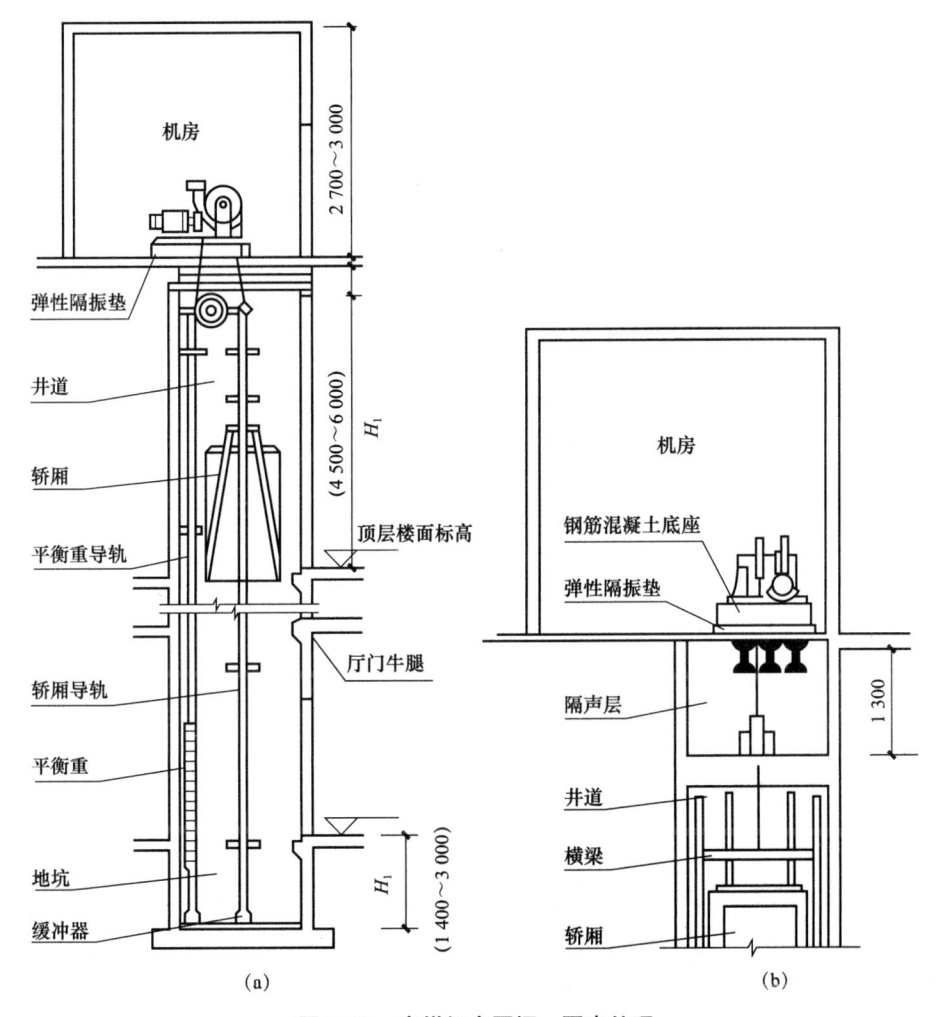

图5-37 电梯机房隔振、隔声处理
(a) 无隔声层（通过电梯门剖面）；(b) 有隔声层（平行电梯门剖面）

（3）井道的通风。为使井道内空气流通，火警时能迅速排除烟和热气，应在井道肩部和中部的适当位置（高层时）及地坑等处设置不小于300 mm×600 mm的通风口，上部可以与排烟口结合，排烟口面积不少于井道面积的 3.5%。通风口总面积的 1/3 应经常开启。通风管道可在井道顶板上或井道壁上直接通往外。

（4）其他。

1）地坑应注意防水、防潮处理，坑壁应设置爬梯和检修灯槽。

2）电梯井道细部构造包括厅门的门套装修及厅门的牛腿处理，导轨撑架与井壁的固结处理等。

3）电梯井道可用砖砌加钢筋混凝土圈梁，但大多为钢筋混凝土结构。井道各层的出入口即电梯间的厅门，在出入口处的地面应向井道内挑出牛腿。

4）由于厅门是人流或货流频繁经过的部位，故不仅要求做到坚固适用，而且还要满足一定的美观要求。具体的措施是在厅门洞口上部和两侧安装上门套。

5）门套装修可采用多种做法，如水泥砂浆抹面、贴水磨石板、大理石板及硬木板或金属板贴面。除金属板为电梯厂定型产品外，其余材料均是现场制作或预制。

5.7.2 自动扶梯

自动扶梯适用于大量人流上下的建筑物，如火车站、地下铁道站、大型百货商店及展览馆等。一般自动楼梯均可正逆方向运行，即可作为提升及下降使用。在机器停止运转时，并可作临时性的普通楼梯使用。

自动扶梯是电动机械牵动梯级踏步连扶手带上下运行。机房悬在楼板下面，因此，这部分楼板须做成活动的，如图 5-38、图 5-39 所示。

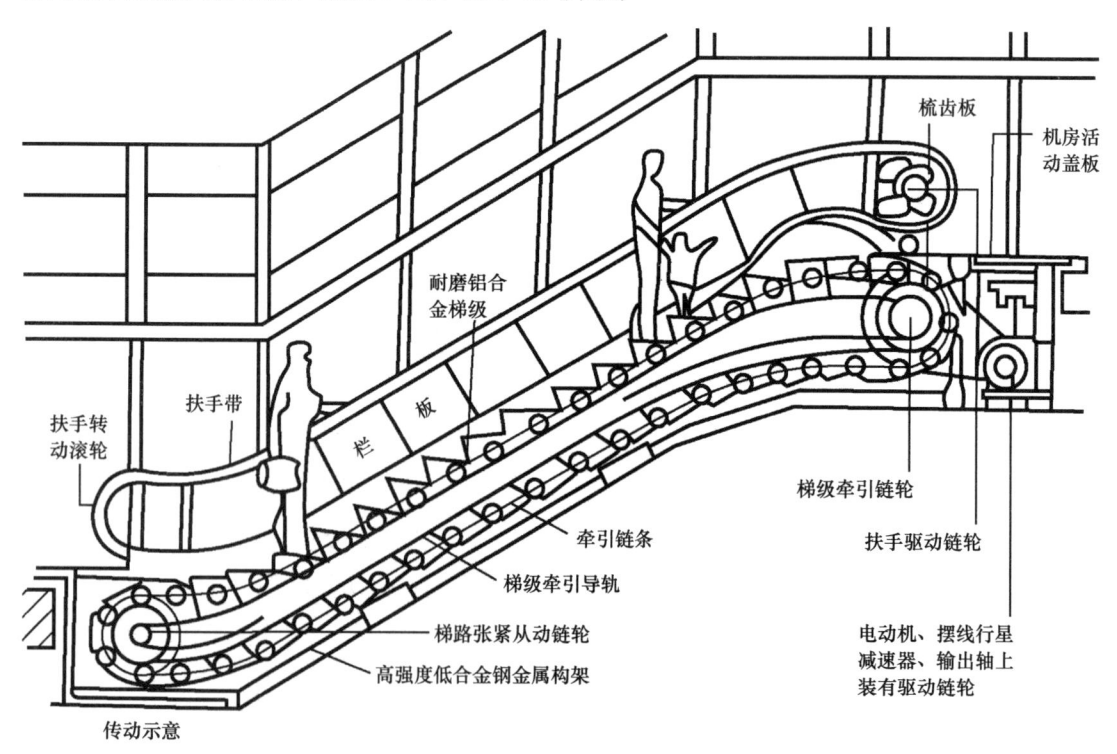

图 5-38　自动扶梯的组成

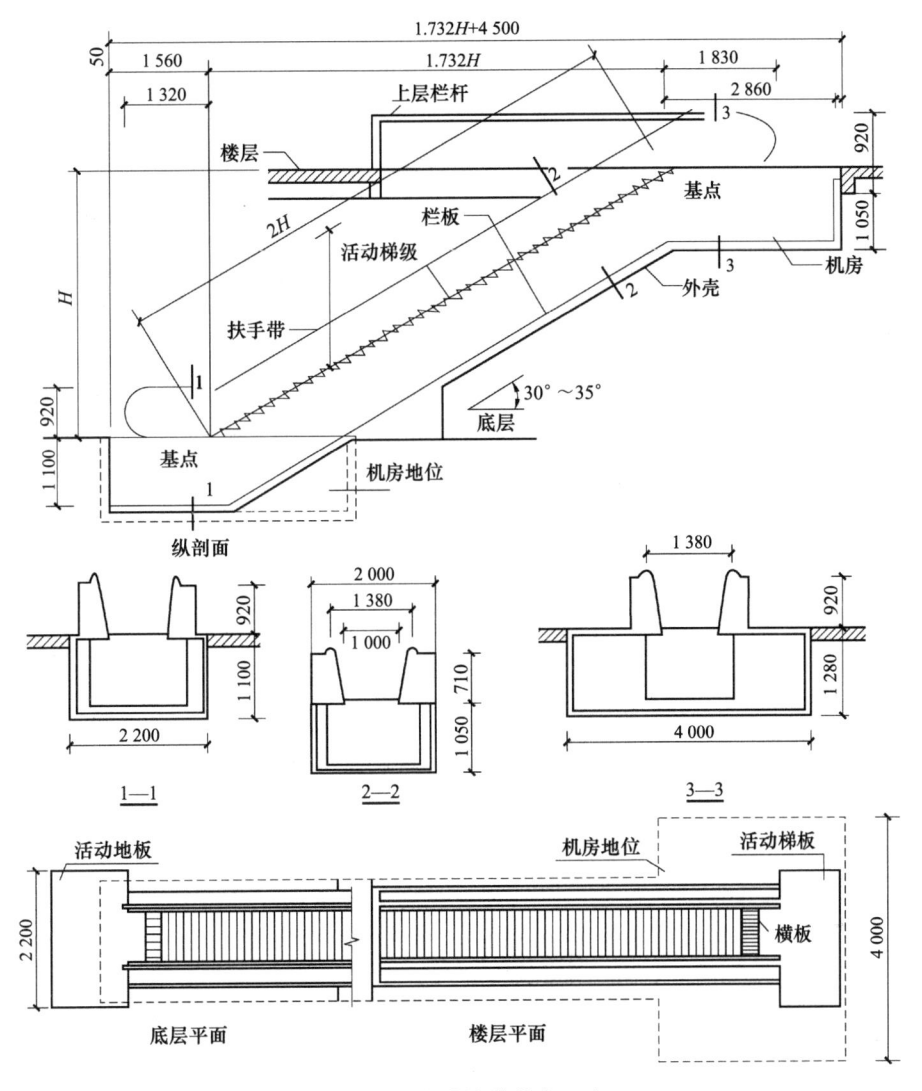

图 5-39 自动楼梯基本尺寸

建筑物设置自动扶梯,当上下层面积总和超过防火分区面积时,应按防火要求设置防火隔断或复合式防火卷帘封闭自动扶梯井,如图 5-40 所示。

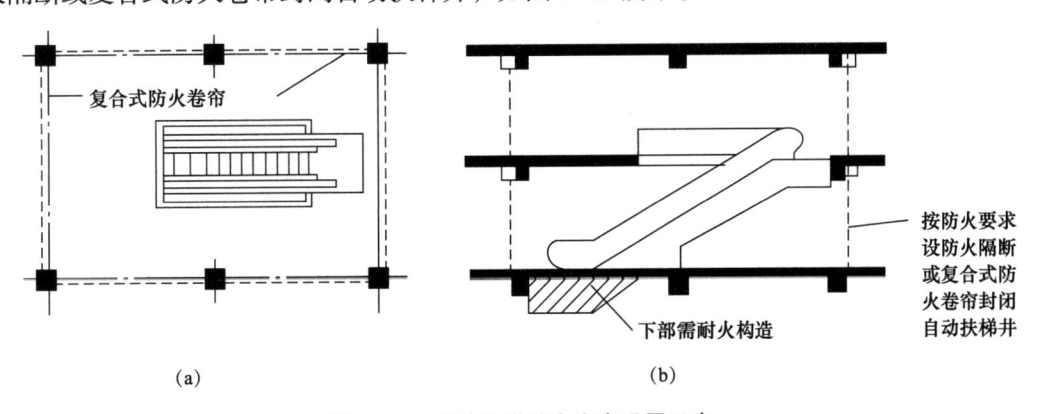

图 5-40 自动扶梯防火卷帘设置示意
(a)平面;(b)剖面

素养课堂

从一起高处坠落事故说起……

2005年1月17日上午10：45分左右，某厂的一个职工站在2.2 m高的管道上开过滤器的进水阀门时，不小心从上面摔下来，经抢救无效死亡。22岁的生命之花就这样凋谢了，工友们在扼腕叹息之余，都陷入了深深的思考之中。怎么会发生这样的事故呢？当然，该事故发生的原因是多方面的，原因之一就是：该阀门位于2 m以上高处，没有操作阀门的平台和相关设施。国家标准在这一方面有明确的规定：所有人孔及距离地面2 m以上的常用运转设备和需要操作的阀门，均应设置固定式平台。由此联想到在我们的生产现场，类似这样的事故隐患在某些区域还存在。例如，防护栏杆的高度标准为1 050 mm。然而在某现场，我们发现有的栏杆非常矮，栏杆矮了，就不能起到防护作用。产生这种情况的原因是在设计的时候，安全设施和生产设施没有统筹兼顾、通盘考虑。还有一些斜梯，人走在上面感到很不舒服，走上去有点累，走下去有点陡，双手要紧紧地抓住扶手。仔细一看，原来是斜梯的倾角太大了，超过了国家标准的要求。在某项目部安装的除尘设备上，在梯子走着走着，忽然之间，前方出现了障碍物，正好能碰到人的头部。万一职工在上下扶梯时没有注意，或者发生某些紧急情况，匆匆忙忙地爬上爬下，很容易引发撞伤或摔伤的事故。斜梯上方出现障碍物的原因是由于在设计的时候，斜梯的净空高度考虑不够，没有考虑斜梯踏板上站了人之后会不会有碰撞的危险。

从上面的分析可以清楚地看到，工程设计和安全生产之间的关系。安全生产管理任重道远，广大工程技术人员肩负着设计安全的重任，在设计项目时，应充分考虑安全生产的需要，严格遵循国家有关标准，使在建工程从立项设计时就能够达到"本质安全"的要求，以确保今后的安全生产不留丝毫隐患。

模块小结

在建筑中，各个不同楼层之间及不同高差之间需要有垂直交通设施，这些设施包括楼梯、电梯、自动扶梯、台阶、坡道等。楼梯是解决不同楼层之间垂直交通的重要设施。

楼梯主要由楼梯段、楼梯平台、栏杆扶手三部分组成。按楼梯形式来分主要有单跑楼梯、双跑楼梯、双分楼梯、三跑楼梯、四跑楼梯、折角楼梯、螺旋楼梯、剪刀楼梯、圆形楼梯等。

室外台阶和坡道是建筑物入口处室内外不同标高地面的交通联系构件。台阶由踏步和平台两部分组成。

电梯是重要的垂直交通设施，电梯设备主要包括轿厢、平衡重及其各自的垂直轨道与支架、提升机械和一些相关的其他设施。

复习思考题

1. 按楼梯的形式划分,楼梯可分为哪几种类型?
2. 梯段的宽度确定以什么为依据?
3. 什么是楼梯的净高?为保证人流和货物的顺利通行,要求楼梯净高一般是多少?
4. 当建筑物底层楼梯平台下做出入口时,为增加净高,常采取哪些措施?
5. 现浇钢筋混凝土楼梯常见的结构形式有哪些?它们各有何特点?
6. 简述无障碍设计楼梯、坡道细部构造,并绘图说明。
7. 楼梯踏面防滑措施有哪些?
8. 室外台阶的组成、形式、构造要求及做法如何?
9. 坡道如何防滑?
10. 电梯由哪几部分组成?电梯井道应满足哪些要求?

模块 6 窗 和 门

知识目标

1. 熟悉窗和门的作用。
2. 掌握窗和门按照制作材料及开启方式的分类。
3. 掌握常见门窗的构造与适用范围。
4. 了解遮阳的构造及门窗的节能。

能力目标

1. 能够描述常见门和窗的构造层次。
2. 能够掌握不同类型门和窗的构造、基本施工要求及适用范围。

素养目标

1. 感悟工匠精神，培养精益求精的工程品质。
2. 领悟中国传统文化的独特建筑魅力。

6.1 窗的作用与分类

6.1.1 窗的作用

窗在房屋建筑中最重要的作用是采光，还有通风、调节温度、房间保温、隔声及防止自然界各种不利因素侵袭的围护作用，通过窗口可以观察室外情况和传递物品作用，也有特殊作用，如防火作用等，外墙面上的窗的装饰对建筑立面形象风格起很重要的作用。

微课：门窗的概述

6.1.2 窗的分类

1. 按所使用的材料分类

窗按所使用材料可分为木窗、钢窗、铝合金窗、塑钢窗、玻璃钢窗等。

（1）木窗是用松、杉木制作而成，具有制作简单、经济、密封性能、保温性能好等优点，但透光面积小，防火性能差，耗用木材，耐久性低，易变

微课：门窗的类型及尺寸

形、损坏等。过去经常采用这种窗，随着窗材料的增多，现如今已基本上不再采用。

（2）钢窗是由型钢经焊接而成的。与木窗相比较，钢窗具有坚固、不易变形、透光率大的优点；缺点是易生锈、维修费用高，目前采用越来越少。

（3）铝合金窗是由铝合金型材用拼接件装配而成的，其成本较高，但具有轻质高强、美观耐久、耐腐蚀、刚度大、变形小、开启方便等优点，目前应用较多。

（4）塑钢窗是由塑钢型材装配而成的，其成本较高，但密闭性好、保温、隔热、隔声、表面光洁、便于开启。该窗与铝合金窗同样是目前应用较多的窗。

（5）玻璃钢窗是由玻璃钢型材装配而成的，具有耐腐蚀性强、质量轻等优点；缺点是表面粗糙度较大，通常用于化工类工业建筑。

2. 按开启方式分类

窗的开启方式主要取决于窗扇铰链安装的位置和转动方式，一般可分为固定窗、平开窗、悬窗、立转窗、推拉窗、百叶窗等，如图 6-1 所示。

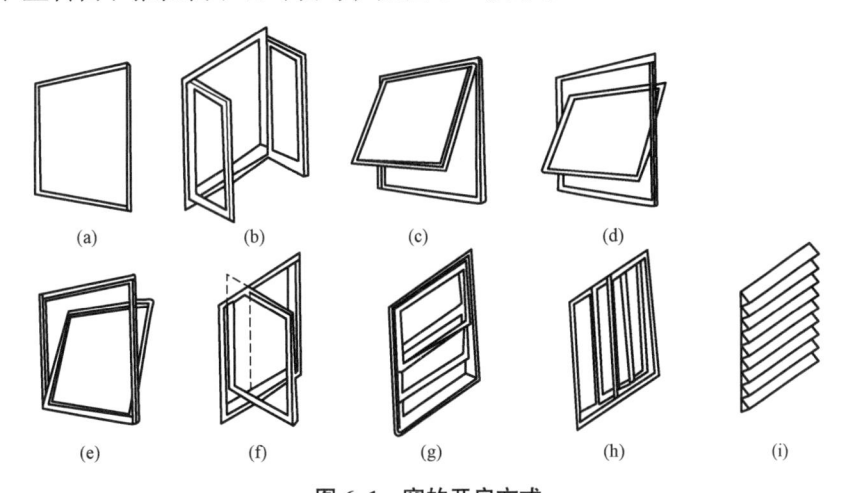

图 6-1 窗的开启方式
(a) 固定窗；(b) 平开窗；(c) 上悬窗；(d) 中悬窗；(e) 下悬窗；(f) 立转窗；
(g) 垂直推拉窗；(h) 水平推拉窗；(i) 百叶窗

（1）固定窗。无窗扇、不能开启的窗为固定窗。固定窗的玻璃直接嵌固在窗相上，可供采光和眺望之用。

（2）平开窗。平开窗的铰链安装在窗扇一侧与窗框相连，向外或向内水平开启。有单扇、双扇、多扇及向内开与向外开之分。其构造简单，开启灵活，制作与维修均方便，是民用建筑中采用最广泛的窗。

（3）悬窗。悬窗因铰链和转轴的位置不同，可分为上悬窗、中悬窗和下悬窗。

（4）立转窗。立转窗引导风进入室内效果较好，防雨及密封性较差，多用于单层厂房的低侧窗。因密闭性较差，不宜用于寒冷和多风沙的地区。

（5）推拉窗。推拉窗可分为垂直推拉窗和水平推拉窗两种。它们不多占使用空间，窗扇受力状态较好，适宜安装较大玻璃，但通风面积受到限制。

（6）百叶窗。百叶窗主要用于遮阳、防雨及通风，但采光差。百叶窗可用金属、木材、钢筋混凝土等制作，有固定式和活动式两种。

6.2 窗的构造

6.2.1 窗的尺度

窗的尺度主要取决于房间的采光、通风、构造做法和建筑造型等要求，并应符合《建筑模数协调标准》（GB/T 50002—2013）的规定。为使窗坚固耐久，一般平开木窗的窗扇高度为 800～1 200 mm，宽度不宜大于 500 mm；上悬窗、下悬窗的窗扇高度为 300～600 mm；中悬窗的窗扇高度不宜大于 1 200 mm，宽度不宜大于 1 000 mm；推拉窗的高宽均不宜大于 1 500 mm。对一般民用建筑用窗，各地均有通用图，各类窗的高度与宽度尺寸通常采用扩大模数 3M 数列作为洞口的标志尺寸，需要时只要按所需类型及尺度大小直接选用即可。

6.2.2 平开木窗的组成与构造

平开木窗主要由窗框、窗扇、玻璃和五金零件等组成，如图 6-2 所示。窗框是由边框、上框、中横框等榫接而成的。若有亮子，则设中横框，若有三扇以上的窗扇，则加设中竖框。窗扇是由边梃、上冒头、下冒头、窗棂等榫接而成的。

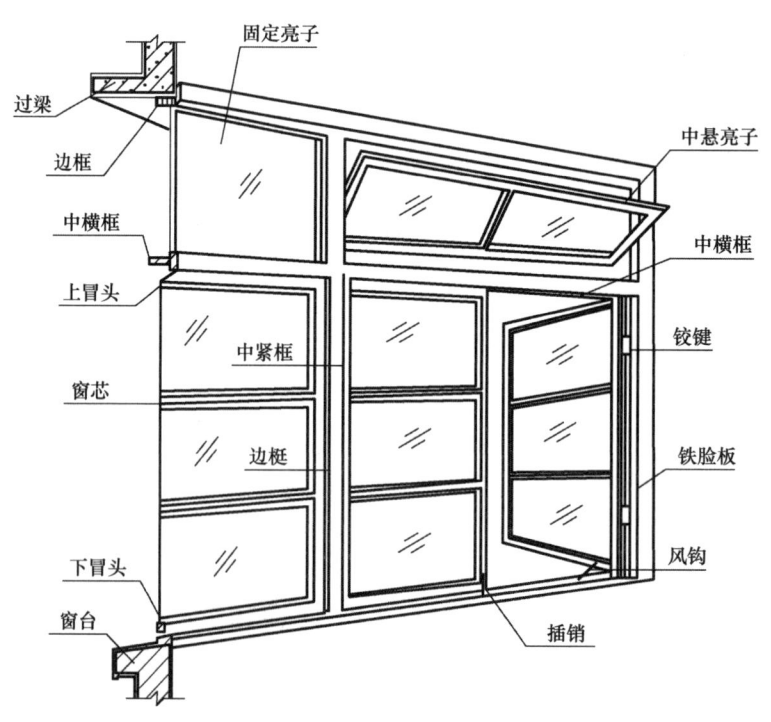

图 6-2 平开木窗构成

1. 窗框

（1）窗框的安装。窗框位于墙和窗扇之间。木窗窗框的安装方式有两种：一种是窗框和窗扇分离安装；另一种是成品窗安装。分离安装也有两种方法：一种是立口法，即先立窗框，后砌墙，为使窗框与墙体连接得紧固，应在窗口的上下框各伸出 120 mm 左右的端头，俗称"羊角"或"走头"；另一种是先砌筑墙体，预留窗洞，然后将窗框塞入洞口内，即塞口法。无论是立口法还是塞口法，都要等墙体建完后再进行窗扇的整修和安装。

成品窗的安装方式是窗框和窗扇在工厂中生产，预先装配成完整的成品窗，然后将成品窗塞口就位固定，将周边缝隙密封。

窗框在墙洞口中的安装位置有三种（图 6-3）：一是与墙内表面平（内平）；二是位于墙厚的中部（居中），在北方墙体较厚，窗框的外缘多距离外墙外表面 120 mm（1/2 砖）；三是与墙外表面平（外平），外平多在板材墙或外墙较薄时采用。

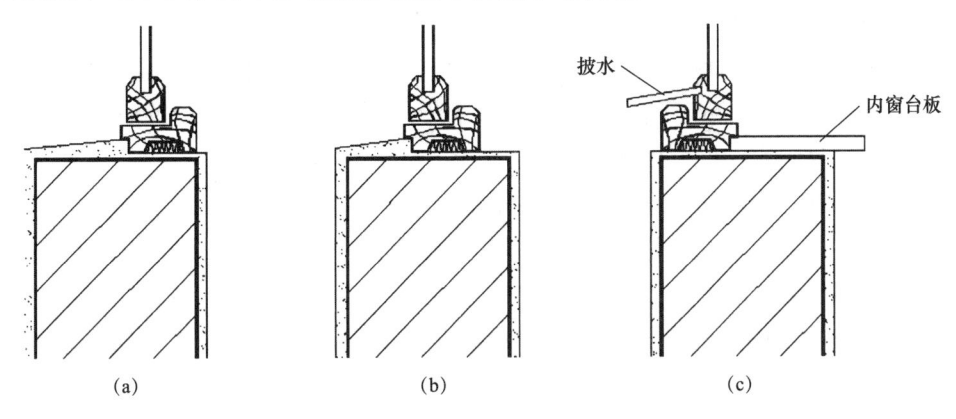

图 6-3 窗框在洞口中的安装位置
(a) 窗框内平；(b) 窗框居中；(c) 窗框外平（内开窗用）

（2）窗框的断面形状和尺寸。常用木窗框的断面形状和尺寸主要应考虑横框、竖框连接和受力的需要；框与墙、扇结合封闭（防风）的需要，防变形和最小厚度处的劈裂等。一般窗扇与窗框之间既要开启方便，又要关闭紧密，通常在窗框上做裁口，深度为 10～12 mm，为了提高防风雨的能力，可以适当提高裁口深度（约为 15 mm），或在裁口处订密封条，或在窗框背面留槽，形成空腔。

木窗的用料采用经验尺寸，南北各地略有差异。单层窗窗框用量较小，一般为（40～60）mm×（70～95）mm；双层窗窗框用料稍大，一般为（45～60）mm×（100～120）mm。

（3）墙与窗框的连接。墙与窗框的连接主要应解决固定和密封问题，温暖地区墙洞口边缘采用平口，施工简单；在寒冷地区的有些地方常在窗洞两侧外缘做高低口（图 6-4），以增强密闭效果。木窗框的两侧外角做裁口，可以增强窗框与抹灰的结合与密封，框墙间可填塞松软弹性材料，增强密封程度，如防风毛毡、麻丝或聚乙烯泡沫棒材、管材等封闭型弹性材料。木窗框靠墙面可能受潮变形，且不宜干燥，所以，当窗框宽超过 120 mm 时，背面应做凹槽，以防止卷曲并做沥青防腐处理。木窗框与墙体之间的固定方法视墙体的材料而异，砖墙常用预埋木砖固定窗框；先立口施工法也可以先在窗框外固定钢脚；混凝土墙体常用预埋木砖或预埋螺栓、钢件固定窗框。

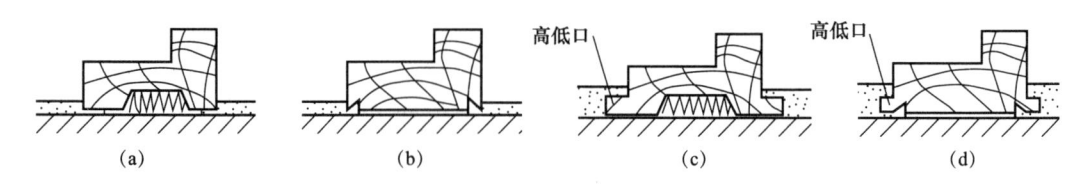

图 6-4 墙与窗框的连接

（a）平口、背面开槽；（b）平口、边缘裁口；（c）高低口、背面开槽；（d）高低口、边缘裁口

2. 窗扇

常见的平开窗扇种类有玻璃窗扇、纱窗扇、百叶窗扇等。其中，玻璃窗扇应用最为普遍。

（1）玻璃窗扇的断面形式与尺寸。玻璃窗扇的窗梃和冒头断面尺寸约为 40 mm×55 mm，窗芯断面尺寸约为 40 mm×30 mm。窗扇也要有裁口，以便安装玻璃，裁口宽度不小于 14 mm，高度不小于 8 mm。为减少挡光，在裁口的另一侧做成有一定坡度的线脚，为了使窗扇关闭紧密，两窗扇的接缝处一般做高低缝盖口，必要时加钉盖缝条。内开的窗扇为防止雨水流入室内，在下冒头处应设置披水条，同时，窗框上应设置积水槽和排水孔，披水条板常用木材制作，也可用镀锌钢板。

（2）玻璃的选择及安装。多层建筑风压不大，单块玻璃面积可以控制在 0.8 m² 以内，若尺寸过大时，应采用 4 mm 或 5 mm 的较厚玻璃，同时，应加大窗扇各杆件用料的断面尺寸，以增强窗扇刚度。

窗玻璃可根据不同要求，选择磨砂玻璃、压花玻璃、夹丝玻璃、吸热玻璃镜面反射玻璃等各种不同特有色玻璃。玻璃用富有弹性的玻璃密封膏在玻璃外侧密封，有利于排除雨水和防止渗漏。

3. 窗用五金配件

平开木窗常用五金配件有合页（铰链）、插销、撑钩、拉手和铁三角等，采用品种根据窗的大小和装修要求而定。

合页又称为铰链或折页，是连接窗扇与窗框的零件，借助于合页，窗扇可以固定在窗框上自由开启。合页有普通合页、抽心合页及长脚合页之分，抽心合页易于装卸窗扇，便于擦洗和维修；长脚合页开启角度大，能贴平墙身。

插销和撑钩为固定窗扇的零件，拉手为开关窗扇用，铁三角则用于加固窗扇冒头与边梃的连接处。

6.3 门的作用与分类

6.3.1 门的作用

门在房屋建筑中最重要的作用是室内外和各房间的通行及紧急情况发生时的安全疏散，另外，还有房间保温、隔声及防止自然界各种不利因素侵袭时的围护作用，辅助采光作用，通风作用，对安全有特殊要求的房间防盗、防火作用，以及美观作用。

6.3.2 门的分类

1. 按所使用的材料分类

门按使用材料的不同可分为木门、钢门、铝合金门、塑钢门、玻璃钢门、无框玻璃门等。木门质量轻，制作简单，保温隔热性好，但防腐性差，且耗费大量木材，因而常用于房屋的内门；钢门是采用型钢和钢板等焊接而成的，具有强度高、不易变形等优点，但耐腐蚀性差，多用于有防盗要求的门；铝合金门是采用铝合金型材作为门框及门扇边框，一般用玻璃作为门板，也可用铝板作为门板，它具有美观、光洁、耐久、不需油漆等优点，但价格较高，目前应用较多，一般在门洞口较大时使用；玻璃钢门、无框玻璃门多用于公共建筑的出入口，美观大方，但成本较高，为安全起见，门扇外一般还要设置如卷帘门等安全门。

2. 按开启方式分类

门按开启方式可分为平开门、推拉门、弹簧门、旋转门、折叠门、卷帘门、翻板门等，如图6-5所示。

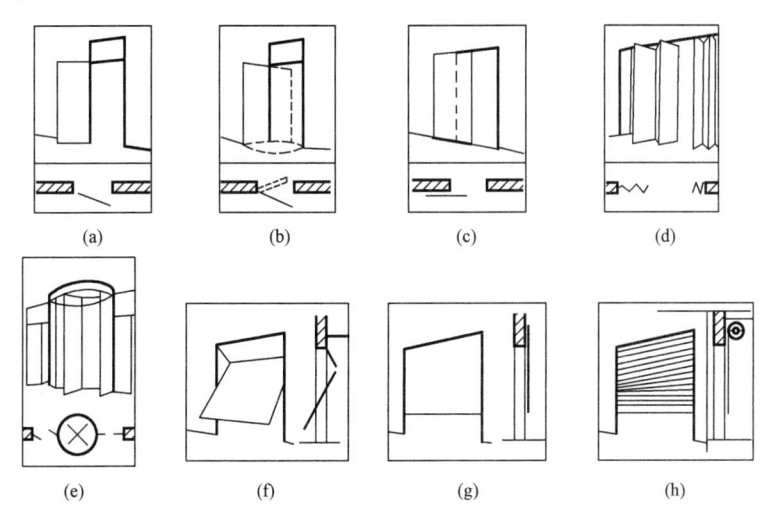

图 6-5 门的开启方式

(a) 平开门；(b) 弹簧门；(c) 推拉门；(d) 折叠门；(e) 旋转门；(f) 翻板门；(g) 升降门；(h) 卷帘门

（1）平开门。平开门可分为内开和外开，单扇和双扇。其构造简单，开启灵活，密封性能好，制作和安装较方便，但开启时占用空间较大。此种门在居住建筑及学校、医院、办公楼等公共建筑的内门中应用比较多。

（2）推拉门。推拉门可分为单扇和双扇，能左右推拉且不占空间，但密封性能较差，可手动，可自动。自动推拉门多用于办公、商业等公共建筑，门的开启多采用光控。手动推拉门多用于房间的隔断和卫生间等处。

（3）弹簧门。弹簧门多用于公共建筑人流多的出入口。开启后可自动关闭，密封性能差。

（4）旋转门。旋转门是由四扇门相互垂直组成的十字形、绕中竖轴旋转的门。其密封性能及保温隔热性能比较好，且卫生方便，多用于宾馆、饭店、公寓等大型公共建筑的正门。

（5）折叠门。折叠门多用于尺寸较大的洞口。开启后门扇相互折叠，占用空间较少。

（6）卷帘门。卷帘门有手动和自动、正卷和反卷之分。开启时不占用空间。

（7）翻板门。翻板门外表平整，不占用空间，多用于仓库、车库等。

6.4 门的构造

6.4.1 门的尺度

门的尺度通常是指门洞的高宽尺寸。门作为交通疏散通道，其尺度取决于人的通行要求、家具器械的搬运及与建筑物的比例关系等，并应符合《建筑模数协调标准》（GB/T 50002—2013）的规定。

（1）门的高度不宜小于 2 100 mm。如门设有亮子时，亮子高度一般为 300～600 mm，则门洞高度为 2 400～3 000 mm。公共建筑大门高度可视需要适当提高。

（2）门的宽度：单扇门为 700～1 000 mm，双扇门为 1 200～1 800 mm。宽度在 2 100 mm 以上时，则做成三扇门、四扇门或双扇带固定扇的门，因为门扇过宽易产生翘曲变形，同时，也不利于开启。辅助房间（如浴厕、储藏室等）门的宽度可窄一些，一般为 700～800 mm。

6.4.2 平开木门的组成与构造

门一般由门框、门扇、亮子、五金零件及其附件组成（图 6-6）。门扇按其构造方式不同，有镶板门、夹板门、拼板门、玻璃门和纱门等类型。亮子又称为腰头窗，在门上方，为辅助采光和通风之用，有平开、固定及上悬、中悬、下悬几种。门框是门扇、亮子与墙的联系构件。五金零件一般有铰链、插销、门锁、拉手、门碰头等。附件有贴脸板、筒子板等。

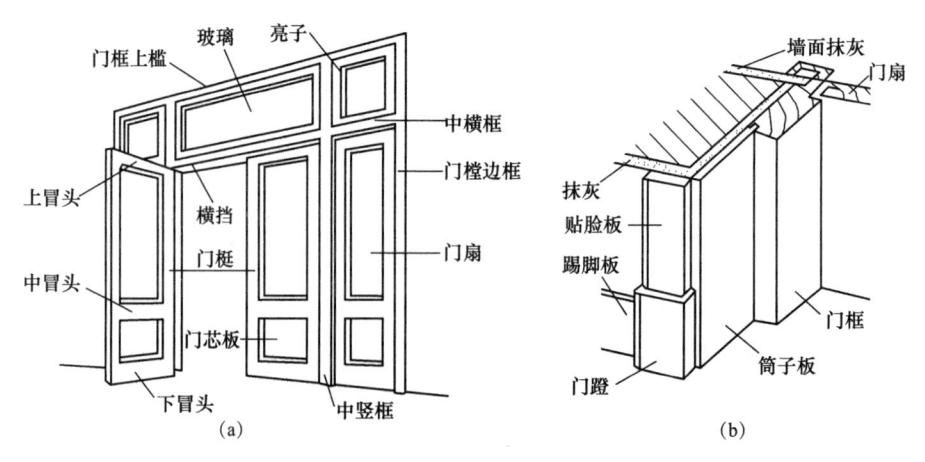

图 6-6 门的组成

1. 门框

门框一般由两根竖直的边框和上框组成。当门带有亮子时，还有中横框，多扇门还有中竖框。

（1）门框断面。门框的断面形式与门的类型、层数有关，同时，应利于门的安装，并应具有一定的密闭性。门框的断面形式与尺寸如图6-7所示。

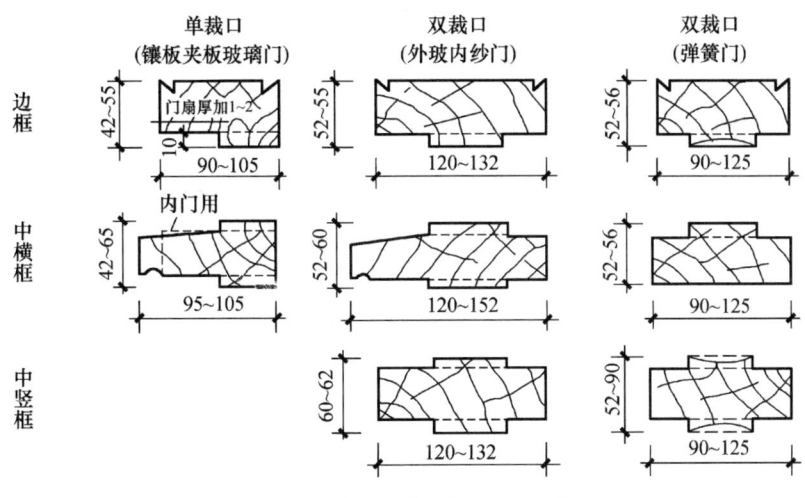

图6-7 门框的断面形式与尺寸

（2）门框安装。门框的安装根据施工方式可分为后塞口和先立口两种。门框的安装方式如图6-8所示。

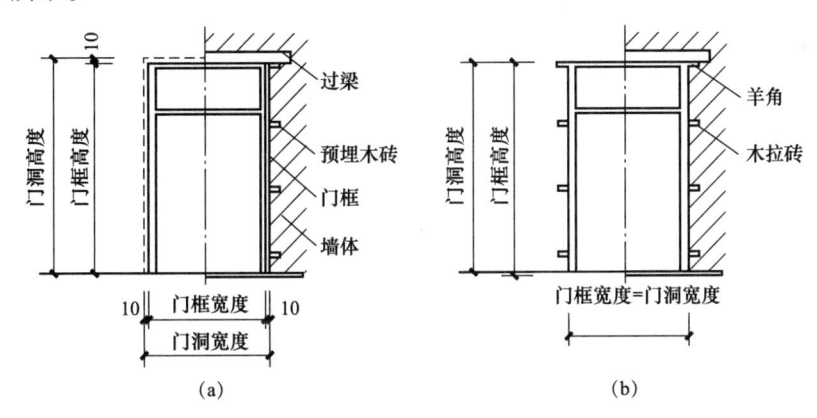

图6-8 门框的安装方式
（a）后塞口；（b）先立口

（3）门框在墙中的位置。门框可在墙的中间或与墙的一边平。一般多与开启方向一侧平齐，尽可能使门扇开启时贴近墙面。门框位置、门贴脸板及筒子板如图6-9所示。

2. 门扇

常用的木门门扇有镶板门（包括玻璃门、纱门）、夹板门和拼板门等。

（1）镶板门。镶板门是广泛使用的一种门，门扇由边梃、上冒头、中冒头（可做数根）和下冒头组成骨架，内装门芯板而构成。构造简单，加工制作方便，适用于一般民用建筑作内门和外门。

（2）夹板门。夹板门是用断面较小的方木做成骨架，两面粘贴面板而成。门扇面板可用胶合板、塑料面板和硬质纤维板，面板不再是骨架的负担，而是和骨架形成一个整体，共同抵抗变形。夹板门的形式可以是全夹板门、带玻璃或带百叶夹板门。

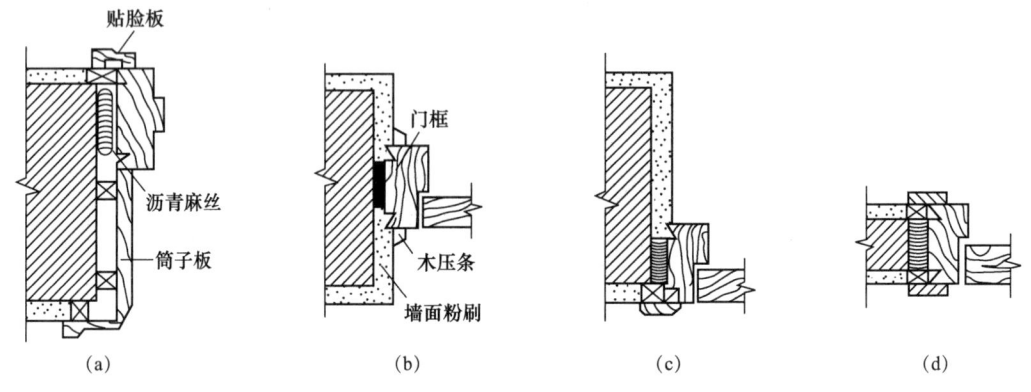

图 6-9 门框位置、门贴脸板及筒子板
(a) 外平；(b) 立中；(c) 内平；(d) 内外平

由于夹板门的构造简单，可利用小料、短料，自重轻，外形简洁，便于工业化生产，故在一般民用建筑中广泛应用。

（3）拼板门。拼板门的门扇由骨架和条板组成。有骨架的拼板门称为拼板门；无骨架的拼板门称为实拼门。有骨架的拼板门又分为单面直拼门、单面横拼门和双面保温拼板门三种。

6.5 遮阳与门窗的节能

6.5.1 遮阳

炎热的夏季，阳光会直接射入室内使室内温度升高，并且产生眩光，室内的过高温度及眩光将直接影响人们的正常工作、学习和生活，遮阳设施是为防止阳光直接进入室内而采取的一种建筑措施。

在窗外设置遮阳设施对室内通风和采光均会产生不利影响，对建筑造型和立面设计也会产生影响，因此，遮阳构造设计时应结合采光、通风、遮阳、美观等统一考虑。

1. 遮阳的类型

建筑遮阳是采用建筑构件或安置设施遮挡进入室内的太阳辐射的措施。遮阳方法很多，如室外绿化、室内窗帘、设置百叶窗等均为有效方法，但对于太阳辐射强烈的地区，特别是朝向不利的墙面上的门、窗等洞口，应采用专用遮阳措施。

（1）简易式遮阳。简易式遮阳包括在窗前植树或种植攀缘植物、窗口悬挂窗帘、置百叶窗、挂苇席帘、支撑遮阳篷布等措施（图 6-10）。

此外，还可利用雨篷、挑檐、阳台、外廊及墙面花格进行遮阳。

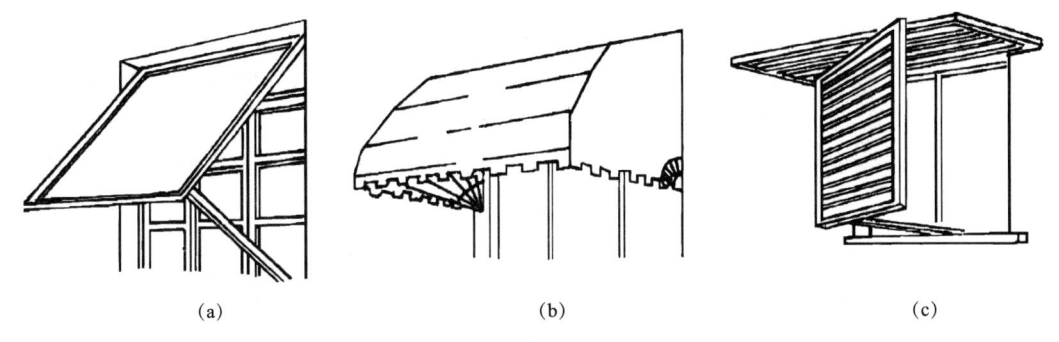

图 6-10 简易遮阳方式
(a) 苇席遮阳；(b) 篷布遮阳；(c) 旋转百叶遮阳

（2）构件式遮阳。结合窗过梁等构件，在窗前设置遮阳板进行遮阳，形成构件式遮阳。构件式遮阳根据其形状和位置可分为水平遮阳、垂直遮阳、综合遮阳及挡板遮阳四种基本形式，如图 6-11 所示。

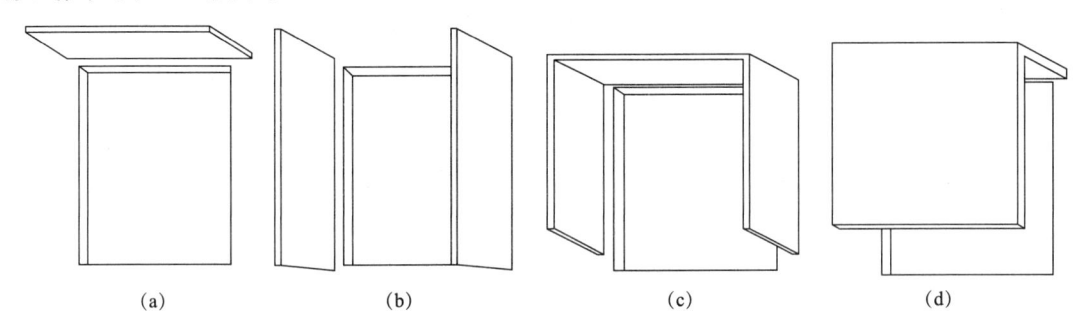

图 6-11 构件式遮阳
(a) 水平遮阳；(b) 垂直遮阳；(c) 综合遮阳；(d) 挡板遮阳

1）水平遮阳。水平遮阳是指在窗上方设置一定宽度的水平方向的遮阳板，能够遮挡从窗口上方照射的阳光。水平遮阳适用于南向及偏南向的窗口、北回归线以南的低纬度地区的北向及偏北向的窗口。水平遮阳板可做成实心板也可做成网格板或百叶板。

2）垂直遮阳。垂直遮阳是在窗口两侧设置垂直方向的遮阳板，能够遮挡从窗口两侧斜射过来的阳光。根据阳光的来向可采取不同的做法，如垂直遮阳板可垂直墙面，也可以与墙面形成一定的垂直夹角。垂直遮阳适用于偏东、偏西的南向或北向窗口。

3）综合遮阳。综合遮阳是水平遮阳和垂直遮阳的综合形式，能够遮挡从窗口两侧及窗口上方射进的阳光，遮阳效果比较均匀，综合遮阳适用于南向、东南向及西南向的窗口。

4）挡板遮阳。挡板遮阳是在窗口前方离窗口一定距离设置与窗口平行的垂直挡板，该挡板可以有效地遮挡高度角较小的正射窗口的阳光。挡板遮阳主要适用于西向、东向及其附近的窗口。挡板遮阳遮挡了阳光，但也遮挡了通风和视线，所以，遮阳挡板可以做成格栅式或百叶式挡板。

以上四种基本遮阳形式，还可以组合成各种各样的样式，设计时应根据不同的纬度地区、不同的窗口朝向、不同的房间使用要求和建筑立面造型等来选用具体的形式。

2. 遮阳的构造设计

遮阳的构造设计原则。遮阳的效果与遮阳形式、构造处理、安装位置、材料与颜色等因素有很大关系。

（1）遮阳板在满足阻挡直射阳光的前提下，可以考虑不同的板面组合，选择对通风、采光、视野、构造和立面处理等要求更为有利的形式。

（2）遮阳板的安装位置对防热和通风的影响很大，因此应减少遮阳构件的挡风作用，最好还能起导风入室的作用。

（3）为了减轻自重，遮阳构件宜采用轻质材料，活动遮阳板要轻便灵活，以便调节或拆除，材料的外表面对太阳辐射的吸收系数及内表面辐射系数都要小。遮阳构件的颜色对隔热效果也有影响。遮阳板向阳面应涂以浅色发光涂层，而背光面应涂以较暗的无光泽油漆，避免炫光。

（4）活动遮阳的材料现在常用铝合金、塑料制品、玻璃钢和吸热玻璃等。活动遮阳可采用手动控制或机械控制等方式。

3．水平遮阳构造

（1）由于阳光照射后将产生大量辐射热会影响到室内温度，为此可将水平遮阳板做在距离窗口上方 180 mm 处，这样可减少遮阳板上的热空气被风吹入室内（图6-12）。

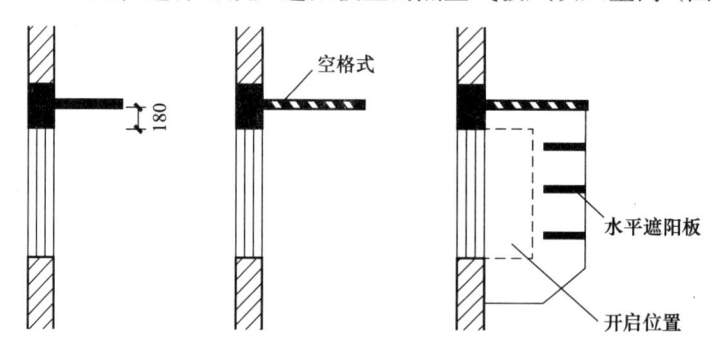

图 6-12 水平遮阳构造

（2）为减轻水平遮阳板的质量和使热量能随着气流上升散发，可将水平遮阳板做成空格式百叶板。百叶板格片与太阳光线垂直。

（3）实心水平遮阳板与墙面交接处应注意防水处理，以免雨水渗入墙内。

（4）当设置多层悬挑式水平遮阳板时，应留出窗扇开启时所占空间，避免影响窗户的开启使用。

6.5.2 门窗的节能

在建筑围护结构的门窗、墙体、屋面、地面四大围护部件中，门窗的绝热性能最差，是影响室内热环境质量和建筑节能的主要因素之一。提高门窗的保温隔热性能，减少门窗能耗，是改善室内热环境质量和提高建筑节能水平的重要环节。

门窗的节能主要体现在门窗保温隔热性能的改善，一般从以下4个方面考虑提高门窗的保温隔热性能。

1．加强门窗的隔热性能

门窗的隔热性能主要是指在夏季门窗阻挡太阳辐射热射入室内的能力。影响门窗隔热性能的主要因素有门窗材料、镶嵌材料（通常指玻璃）的热工性能和光物理性能等。门窗框材料的热导率越小，则门窗的传导系数也越小。对于窗户来说，采用各种特殊的热反射玻璃或热反射薄膜有很好的效果，特别是选用对太阳光中红外线反射能力强的反射材料更理想，如低辐射玻璃。但在选用这些材料时要考虑到窗的采光问题，不能以损失窗的透光性来提高隔热性能，否则它的节能效果会适得其反。

2. 加强窗户内外的遮阳措施

在满足建筑里面设计要求的前提下，增设外遮阳板、遮阳篷及适当增加南向阳台的调处长度都能起到一定的遮阳效果。在窗户内侧设置镀有金属膜的热反射织物窗帘，正面具有装饰效果，在玻璃和窗帘之间构成约为 50 mm 厚的流动性较差的空间气层。这样可取得很好的热反射隔热效果，但直接采光差，应做成活动式。另外，在窗户内侧安装具有一定热反射作用的百叶窗帘，也可获得一定的隔热效果。

3. 改善门窗的保温性能

改善建筑外门窗的保温性能主要是指提高门窗的热阻。由于单层玻璃窗的热阻很小，内、外表面的温差只有 0.4 ℃，因此，单层窗的保温性能很差。采用双层或多层玻璃窗，或中空玻璃，利用空气间层热阻大的特点，能显著提高窗的保温性能。另外，选用热导率小的门窗框材料，如塑料、断热处理过的金属框材等，均可改善外门窗的保温性能。一般来说，这一性能的改善也同时提高了隔热性能。

4. 提高门窗的气密性

提高门窗的气密性可以减少对该换热所产生的能耗。目前，建筑外门窗的气密性较差，应从门窗的制作、安装和加设密封材料等方面提高其气密性。对于北方地区的建筑来说，增强门窗的气密性对降低冬季采暖能耗的影响是非常大的。

素养课堂

中国江南明清门窗格子

世界文明古国的建筑文化大多以石头为主要内容，如埃及的金字塔、古罗马的斗兽场等名胜古迹。唯独中国的建筑艺术，以木头文化传世，目前遗存的明清古建筑是木头文化的最好例证。远的不说，我们现在能够看到的精致的汉唐木胎漆器、恢宏的明清木结构建筑、美轮美奂的明式家具，无不表现出木文化艺术在中国文化中的重要地位。江南明清建筑中的门窗格子艺术，有着独树一帜的内涵，形象地显示了中国艺术的内涵与精神。河姆渡文化的干栏式建筑已有了栅栏应用。汉代殉葬品中的陶制房屋使我们看到当时门窗格子的基本式样。北魏石刻中的住宅，说明当时的民居已出现直格窗。东晋顾恺之《女史箴图》中的床更是大面积地使用了类似于明代柳叶式的横直格子。在我们有幸能看到的唐代建筑中，山西省五台县佛光寺大殿的天花顶格是由平压榫制作的木格子，这是目前存世最早的门窗格子实物遗存。到了宋代，《营造法式》在总结前人建筑成果的基础上对当时的建筑制度进行规范，其中记录了一些门窗格子图样（图 6-13）。从这些样式中可以看出，宋代的门窗形式已经相当丰富，装饰已经相当华美。

图 6-13 《营造法式》中的门窗格子图样

　　江南明清建筑的门窗是由门窗格子和门窗腰板、透顶板及裙板构成的整体，而门窗格子是明清建筑主要的装饰之一。在建筑居住需要开门关窗，夏天需要通风采光，而冬天需要阻隔寒风，却不能遮挡光线。古老发明中的宣纸承担了这个功能。但由于宣纸的强度无法承载门窗大面积的空间，便以木条将门窗的空间分隔成宣纸能够承载的小空间，于是就有了门窗格子。冬天，在门窗格子的背面糊上宣纸，以挡寒风并可以采光，夏天则用清水洗去宣纸，春夏秋冬，门窗格子在季节变化中交替着，伴着主人的生活。丰富多样的门窗格子的线条构成的图案，与不同形式书写的书法在神韵上似乎有异曲同工之妙，其线条有的柔软如狂草，有的刚劲如隶书，有的精致如小楷。成功的门窗格子就像是章法不乱、疏密相间的书家笔法，每件优秀的门窗格子都可用相同的书家术语加以评说。有骨有肉，有曲有直，骨肉相连，曲直相通，这样的门窗格子方算上品。何谓骨肉？直线为骨，曲线、委角、圆边为肉。书法强调笔法神韵，诗词追求含蓄抒情，绘画寄托意境，而门窗格子与书法、诗论、画理隐约相通。门窗格子艺术的高峰之作，其图案往往无法说明但似曾相识，一角一线耐人寻味，整体图案抽象而含蓄，仁者见仁，智者见智，说不明白、道不清楚的几何线条组成的美好构图，使人们产生更多的艺术的联想，反映了我国古代建筑技法的精妙，以及古人卓越的审美。

　　图 6-14 所示为万事如意窗格，图 6-15 所示为花卉窗格。

图 6-14　万事如意窗格　　　　　　　图 6-15　花卉窗格

模块小结

门和窗作为建筑物的围护构件，在保持了建筑空间完整性的同时，更多地体现了其功能性，如交通出入、分隔、联系建筑空间及通风和采光作用等。根据不同的使用条件，还可具有保温、隔热、隔声、防水、防火、防尘及防盗等功能要求。设计门和窗时应考虑其大小比例、尺度、造型、组合方式，并应满足坚固耐用、开启方便、关闭紧密、功能合理、便于维修等要求。遮阳作为门和窗的附属功能，其设计的功能性主要受到地域、气候、文化及建筑的装饰性限制。

复习思考题

1. 门和窗各有哪几种开启方式？它们各有哪些特点？使用范围是什么？
2. 安装木窗框的方法有哪些？它们各有哪些特点？
3. 铝合金门窗和塑钢门窗有哪些特点？

模块 7　阳台与雨篷

知识目标

1. 掌握阳台与雨篷的结构及构造方法。
2. 了解常见阳台和雨篷的类型、构造设计要求。
3. 了解阳台和雨篷的构造特点。

能力目标

1. 能绘制阳台和雨篷的构造图。
2. 能根据施工要求进行实际施工操作。

素养目标

1. 培养识图与动手能力。
2. 培养自信心及创新能力。
3. 培养争当"大国工匠"的思想态度。

7.1　阳　　台

阳台是悬挑于建筑物每一层的外墙上,连接室内与室外的平台,它具有永久性顶盖,可供使用者进行活动和晾晒衣物。阳台是近在咫尺的户外活动空间,对丰富居住者的生活无疑是非常难得的。对于居住建筑,阳台还可以起到丰富建筑立面的艺术效果,每套住宅都应设置阳台。

微课:阳台

阳台的结构及构造设计应注意坚固和安全问题、排水和渗水问题、节能保温问题。

阳台的悬挑长度一般为 1.2～1.5 m,阳台宽度通常等于一个开间,方便结构处理。

7.1.1　阳台的类型

阳台由阳台板和栏板组成。按阳台与外墙的相对位置可分为凸阳台、半凸阳台和凹阳台三类。凸阳台是指全部阳台挑出墙外;凹阳台是指整个阳台凹入墙内;半凸阳台则是指阳台部分挑出墙外,部分凹入墙内,如图 7-1 所示。

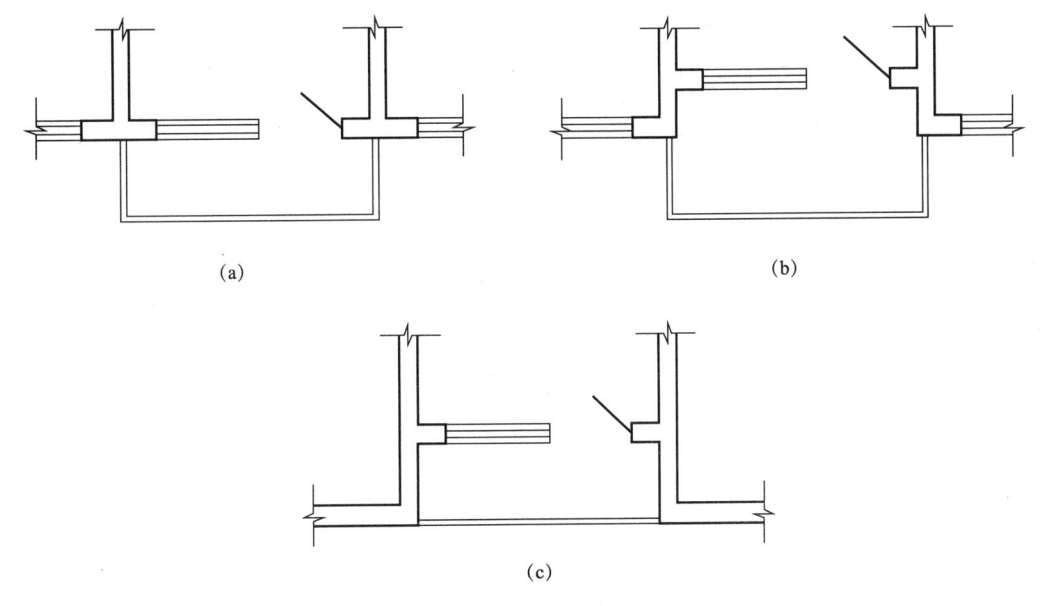

图 7-1 阳台的类型
(a) 凸阳台；(b) 半凸阳台；(c) 凹阳台

7.1.2 栏杆和栏板

栏杆和栏板是阳台沿外围设置的竖向围护构件，其作用是承受人们倚扶时的侧向推力，同时对整个房屋有一定的装饰作用。因此，栏杆和栏板的构造要求是坚固、安全和美观。为了倚扶舒适和安全，阳台栏杆应满足人体重心稳定和心理要求，6层及6层以下房屋的阳台栏杆净高不应低于1.05 m；7层及7层以上房屋的阳台栏杆净高不应低于1.10 m。栏杆高度应按从楼地面或屋面至栏杆扶手顶面垂直高度计算，如底部有宽度大于或等于0.22 m，且高度低于或等于0.45 m的可踏部位，应从可踏部位顶面起计算。封闭阳台虽然没有改变人体重心稳定和心理要求，但封闭阳台栏杆也应满足阳台栏杆净高要求。

栏杆形式有三种，即空花栏杆、实心栏板以及由空花栏杆和实心栏板组合而成的组合式栏杆。对7层及7层以上房屋及寒冷、严寒地区房屋阳台应采用实心栏板：一是防止冬季冷风从阳台灌入室内；二是防止物品从栏杆缝隙处坠落伤人；三是为寒冷、严寒地区封闭阳台预留条件。

栏杆和栏板按材料可分为金属栏杆、钢筋混凝土栏板与栏杆、砌体栏板。

1. 金属栏杆

金属栏杆可由不锈钢钢管、铸铁花饰（铁艺）、方钢和扁钢等材料制作，图案依建筑设计需要来确定，如图7-2（a）所示。不锈钢栏杆美观，但造价高，一般用于公共建筑的阳台。方钢的截面为20 mm×20 mm，扁钢的截面为50 mm×4 mm。金属栏杆与阳台板的连接一般有两种方法：一种是在阳台板上预留孔槽，将栏杆立柱插入，用细石混凝土浇灌；另一种是在阳台板上预埋钢板或钢筋，将栏杆与钢筋焊接在一起，如图7-2（b）所示。阳台栏杆应有防护措施。空花栏杆应注意空格大小，栏杆离楼面0.10 m高度内不宜留空。金属栏杆的扶手一般为ϕ50 mm钢管与金属栏杆焊接或采用木扶手。

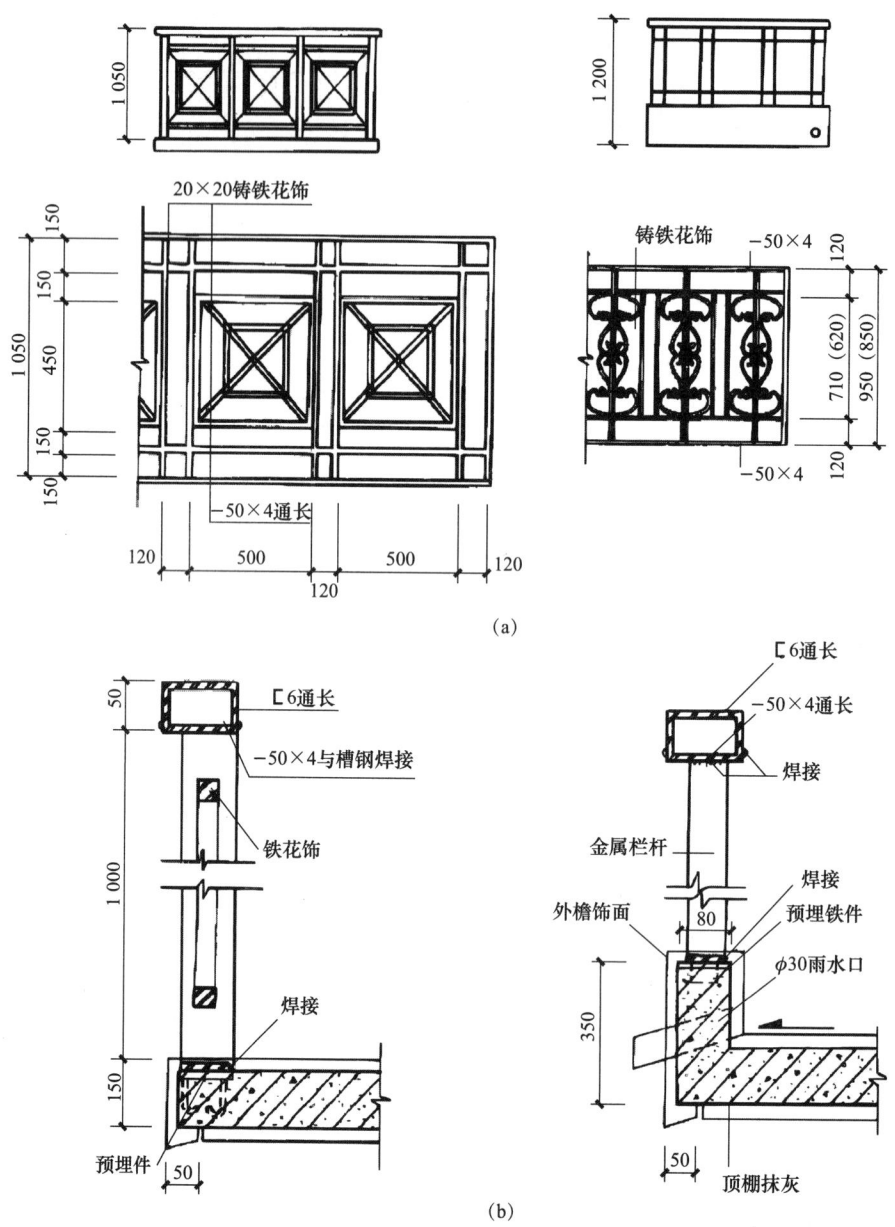

图 7-2 金属栏杆的形式和构造
(a) 不锈钢栏杆；(b) 预埋后与栏杆焊接

2. 钢筋混凝土栏板与栏杆

钢筋混凝土栏板按施工方式可分为预制和现浇两种，为了施工方便，一般采用预制钢筋混凝土栏板。预制钢筋混凝土栏板与阳台板的连接有两种做法：一种是将钢筋混凝土栏板中的钢筋与阳台板的预留钢筋焊接在一起；另一种是将钢筋混凝土栏板预留铁件与阳台板预留铁件焊接在一起，如图 7-3（a）所示。预制钢筋混凝土栏板厚度一般为 30 mm，宽度为 60 mm，也可以根据具体情况调整。钢筋混凝土栏板材料为 C20 细石混凝土，双向配筋 Φ6@150，如图 7-3（b）所示。

钢筋混凝土扶手应用广泛，形式多样，一般直接用作栏杆压顶，宽度有 80 mm、

120 mm、160 mm，厚度为 50 mm，配通长 2Φ12 或 3Φ12 钢筋，搭接处应焊接，分布筋 Φ6@150，钢筋通过铁件与砌入墙体的预埋铁件焊接在一起，如图 7-3（c）所示。当扶手兼起花台作用时，需要在外侧设保护栏杆，一般高为 180～200 mm，花台净宽为 240 mm。

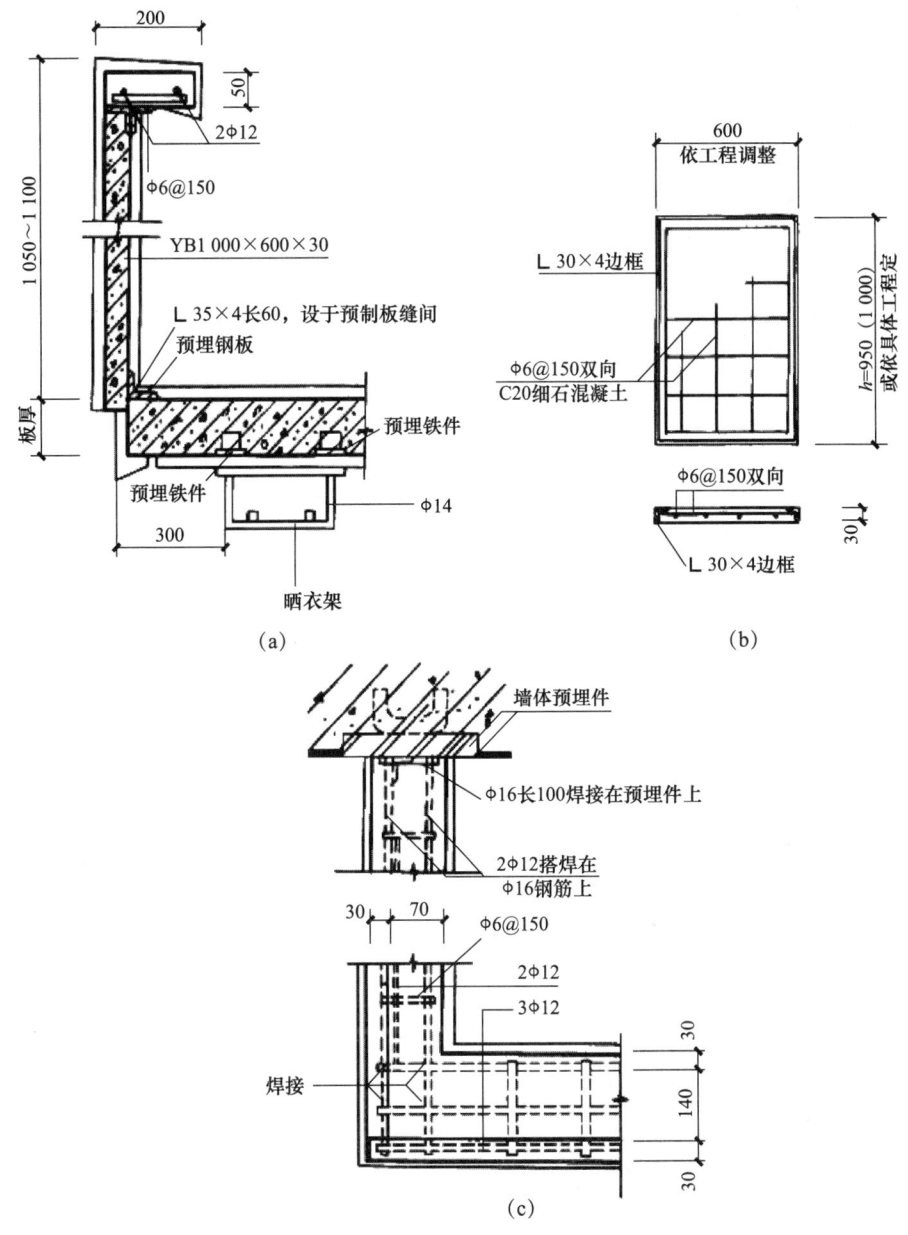

图 7-3 钢筋混凝土栏板构造
（a）非封闭阳台构造；（b）预制钢筋混凝土栏板构造；（c）现浇钢筋混凝土扶手构造

一种新型轻体保温阳台栏板由纤维增强水泥混凝土面层、聚苯泡沫颗粒与水泥混合而成的混凝土空心芯层构成，在板的上、下两侧端部均设置有拉结筋和构造焊接筋，其具有轻质保温的特点。

空花栏杆和实心栏板组合而成的组合式栏杆可以配置混凝土细方柱、混凝土片状栏杆或金属栏杆。

3. 砌体栏板

砌体栏板的块材可采用烧结普通砖、烧结多孔砖和混凝土小型空心砌块，块材强度等级不小于MU5，砌筑砂浆可采用M5混合砂浆，如图7-4（a）所示。栏板上部的现浇扶手设2φ12通长钢筋，与分布筋焊接在一起，如图7-4（b）所示。通长钢筋通过铁件与砌入墙体的预埋铁件焊接在一起，墙中或转角设构造柱，主筋4φ16，箍筋φ6@250。

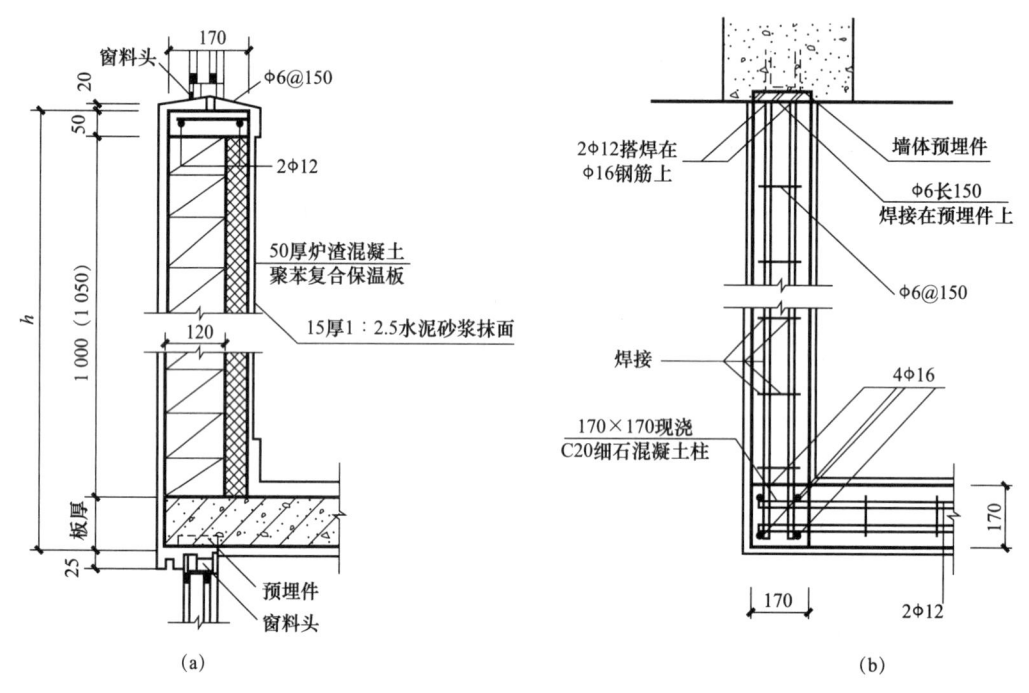

图7-4 砌体栏板构造
（a）封闭阳台构造；（b）现浇混凝土扶手构造

4. 阳台隔板和排水

（1）阳台隔板。在居住建筑中，当两户的阳台为整体时，中间用阳台隔板隔开，如图7-5（a）所示。隔板通常采用预制钢筋混凝土栏板，材料为C20细石混凝土，板厚为50 mm。隔板高度根据实际层高、阳台板厚度和阳台面抹灰厚度确定。隔板宽度根据阳台净宽确定。隔板可以采用双向配筋φ6@150。阳台隔板上方设2φ8吊钩，与阳台板、扶手及墙体连接处设预埋铁件，如图7-5（b）所示。阳台隔板与阳台板、墙体及栏板扶手（现浇带）的连接方法：将阳台隔板的预埋件与阳台板的预埋件、砌入墙内的预埋件及栏板扶手的预埋件焊接在一起，如图7-5（c）～（e）所示。

（2）阳台排水。阳台应采取有组织排水措施，雨罩及开敞阳台应采取防水措施。排水方式可采用内排水或外排水，排水找坡0.5%～1%。如能与屋顶排水相结合，将雨水导入雨水管内，则以内排水为优；外排水需在阳台转角处设φ40 mm或φ50 mm水舌，且向外伸出至少80 mm，以免雨水泄入下层住户，如图7-6所示。

为防止雨水进入室内，要求阳台低于室内地面30 mm以上。当阳台设有洗衣设备时应符合下列规定：

1）应设置专用给水管线和排水管线，以及专用地漏，阳台楼、地面均应做防水。

2）严寒和寒冷地区应封闭阳台，并采取保温措施。

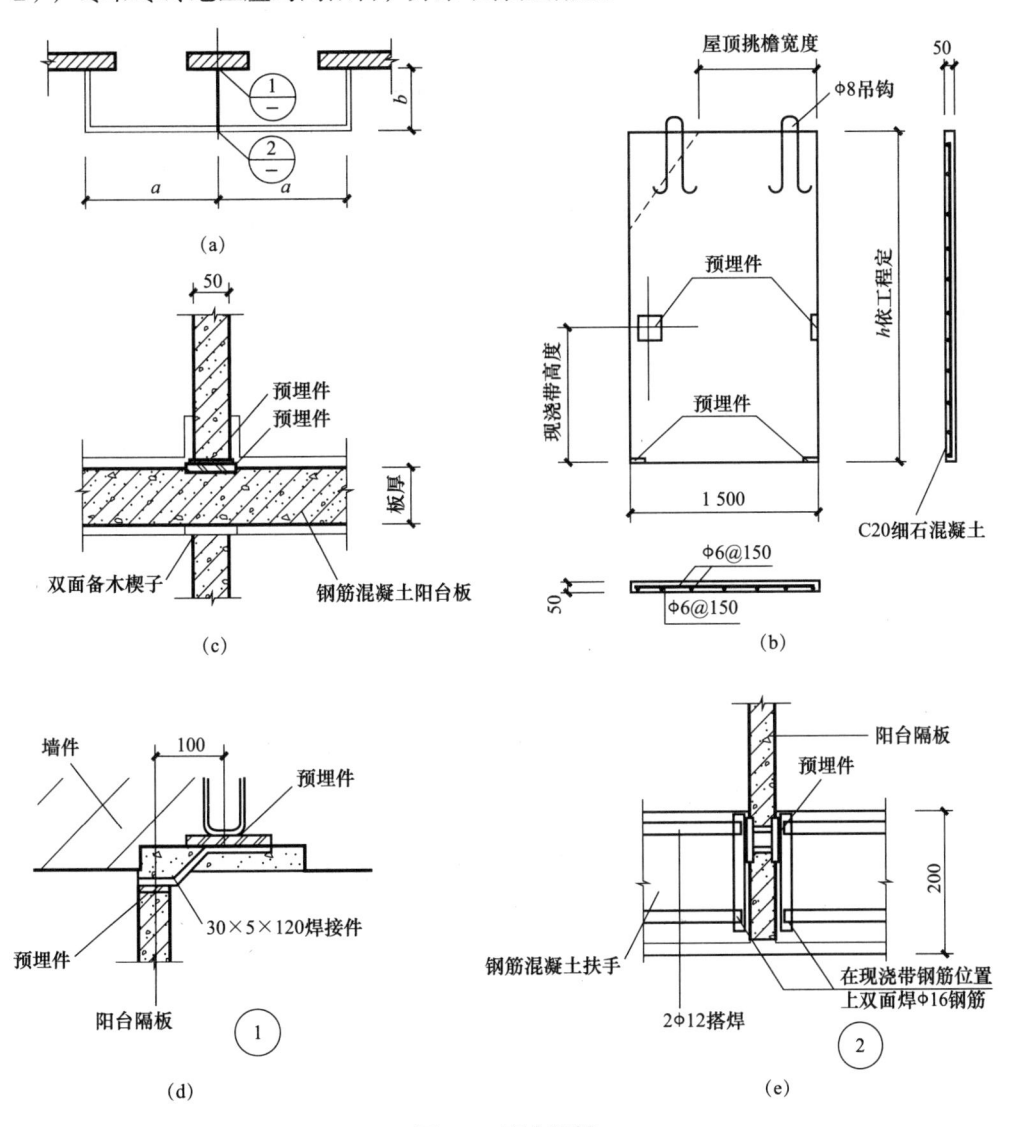

图 7-5 阳台隔板
（a）阳台隔板的平面图；（b）阳台隔板的构造；（c）阳台隔板与阳台板的连接；
（d）阳台隔板与墙体的连接；（e）阳台隔板与栏杆扶手的连接

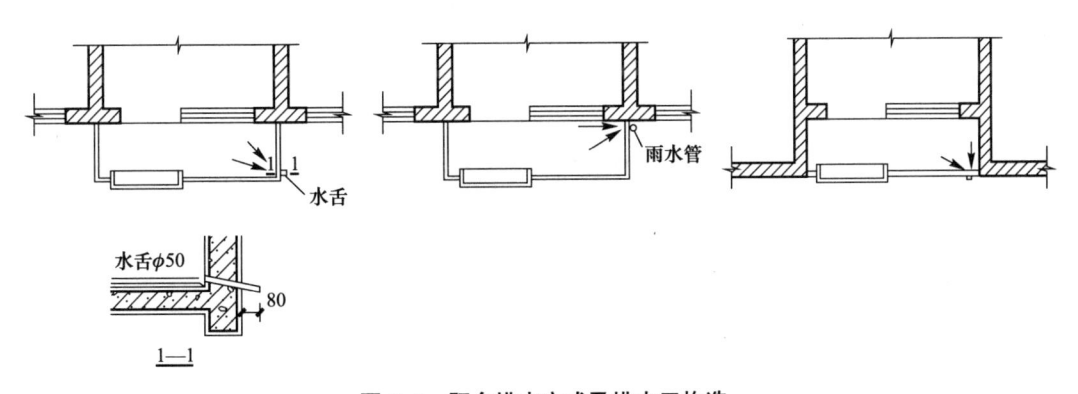

图 7-6 阳台排水方式及排水口构造

5. 阳台保温

封闭阳台最好使用塑钢窗，它的主要优点是导热性差，且密封性好，采用双层玻璃，保温性会更好一些；在风沙较大的北方地区，还能有效地防尘防沙。

新型无框阳台采光好，阳台关闭时，视觉上就像是一整块玻璃，能比较好地保持建筑原有风貌，不影响外立面的美观。由于没有竖框的阻挡，移动时，窗扇能依次排列，整齐地移到一边，呈折叠状，这样窗扇可以全面打开，视野开阔，阳光进入室内更加彻底，房间采光效果明显好于有框窗。无框阳台窗的玻璃窗扇既可以平开，又可以向内打开呈折叠状，方便擦洗。

阳台保温的另一个方面是阳台墙体保温，在做墙体保温前要先封闭阳台做好阳台防水，再填充一些保温材料，填充完毕后进行封闭，最后再对阳台墙体进行表面装饰。

阳台墙体保温多采用外墙外保温系统，包括聚苯板薄抹灰、胶粉聚苯颗粒保温浆料、聚苯板现浇混凝土、钢丝网架聚苯板、喷涂硬质聚氨酯泡沫塑料和保温装饰复合板六种外墙外保温系统。保温隔热层厚度与墙体相同，当墙体保温隔热层厚度不小于 50 mm 时，阳台部位的保温隔热层可以适当减薄。图 7-7（a）所示为以聚苯板作为保温隔热层，采用黏结方式，辅以锚栓固定于基层，并以抗裂砂浆复合玻纤网格布做防护层、涂料饰面的构造。首层阳台板及顶层阳台的雨罩的保温构造如图 7-7（b）、（c）所示。

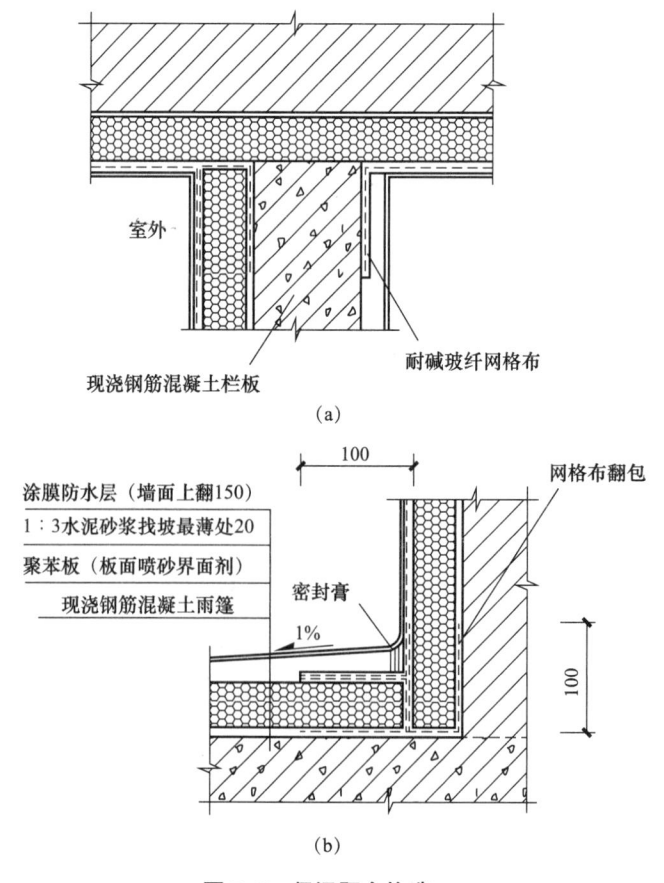

图 7-7 保温阳台构造
（a）阳台栏板保温构造；（b）顶层阳台雨罩的保温构造

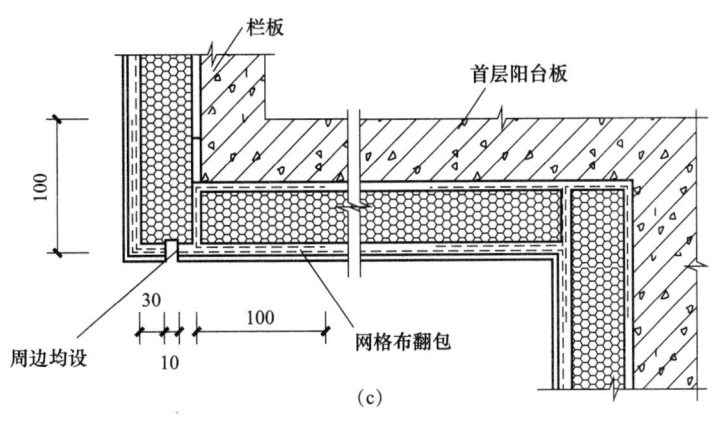

图 7-7 保温阳台构造（续）
(c) 首层阳台板的保温构造

外墙内保温仅适用于夏热冬冷地区和夏热冬暖地区。外墙内保温系统可采用增强粉刷石膏聚苯板和胶粉聚苯颗粒外墙内保温系统，部分寒冷地区采用外墙内保温时，应满足热桥部分内表面不得结露，以及保温层外表面温度不低于 0 ℃且保温层厚度不宜大于 100 mm 的要求。

7.2 雨　　篷

雨篷是建筑入口处和顶层阳台上部用以遮挡雨水，保护外门免受雨水侵蚀而设的水平构件。雨篷多为钢筋混凝土悬挑构件，大型雨篷下常加立柱形成门廊。

7.2.1 雨篷的承重构件

雨篷的受力与阳台相似，均为悬臂构件，但雨篷仅承担雪荷载、自重及检修荷载，承担的荷载比阳台小，故雨篷板的截面高度较小。一般把雨篷板与入口过梁浇筑在一起，形成由过梁挑出的板，出挑长度一般以 1～1.5 m 较为经济。雨篷出挑长度较大时，一般做成挑梁式，即梁从楼梯间或门厅两侧墙体挑出或由室内楼盖梁直接挑出，为使底面平整，可将挑梁上翻，梁端留出泄水孔。

7.2.2 雨篷的防水

雨篷的防水可采用 1∶2.5 水泥砂浆，掺 3% 防水粉，最薄处为 20 mm，并向出水口找 1% 坡度。出水口可采用 ϕ50 mm 硬塑料管，外露至少 50 mm，如图 7-8（a）、（b）所示。为防止出水口堵塞致使雨篷内积水过多，应在雨篷板一侧、距雨篷板底 330 mm 高度处设置雨水溢流口。雨篷檐板与墙体之间的缝隙应采用建筑密封膏嵌缝，以防渗漏影响墙体。

当雨篷面积较大时，雨篷的防水可采用卷材等防水材料，排水方向、雨水口位置如图 7-8（c）所示。

雨篷的抹面厚度超过 30 mm 时，需在混凝土内预留长度为 50 mm 镀锌钢钉，间距为 300 mm，打弯后缠绕 24 号镀锌钢丝或挂钢板网分层抹灰。雨篷板底一般抹混合砂浆刷白色涂料，当装饰要求较高时，可用各种材料吊顶，如图 7-8（c）所示。

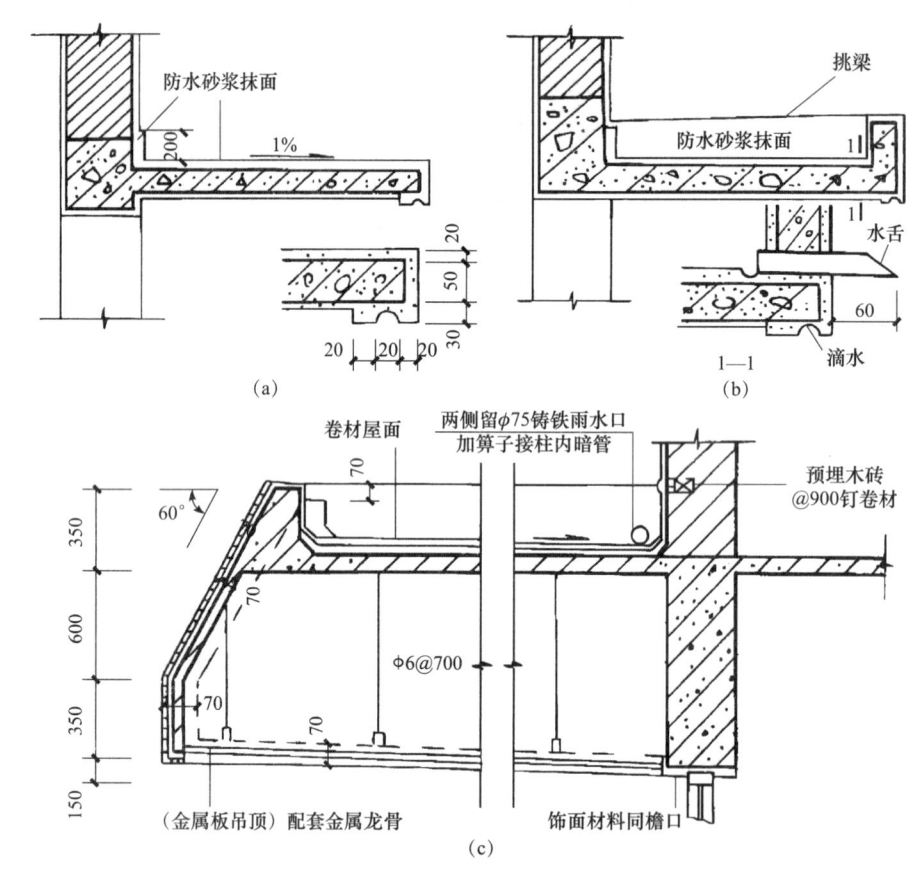

图 7-8 雨篷构造

雨篷可依建筑设计需要做成各种造型，其构造也不同。图 7-9 所示为陶瓦雨篷的构造。

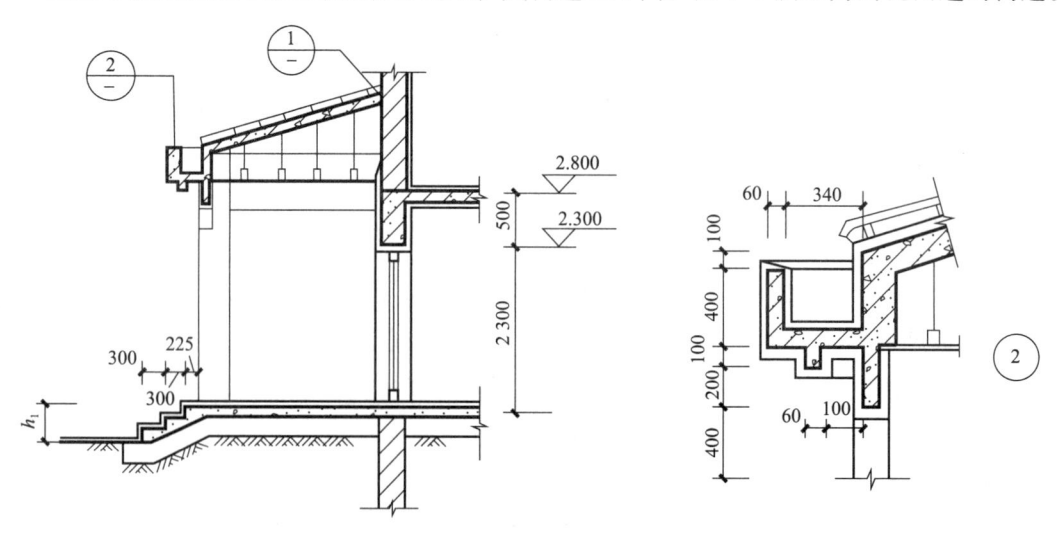

图 7-9 陶瓦雨篷的构造

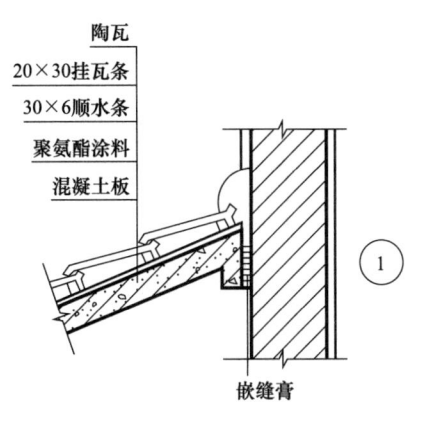

图 7-9 陶瓦雨篷的构造（续）

雨篷底部常设照明设备，如吸顶灯、灯槽、筒灯，应与吊顶、设备统一考虑，如图 7-10 所示。

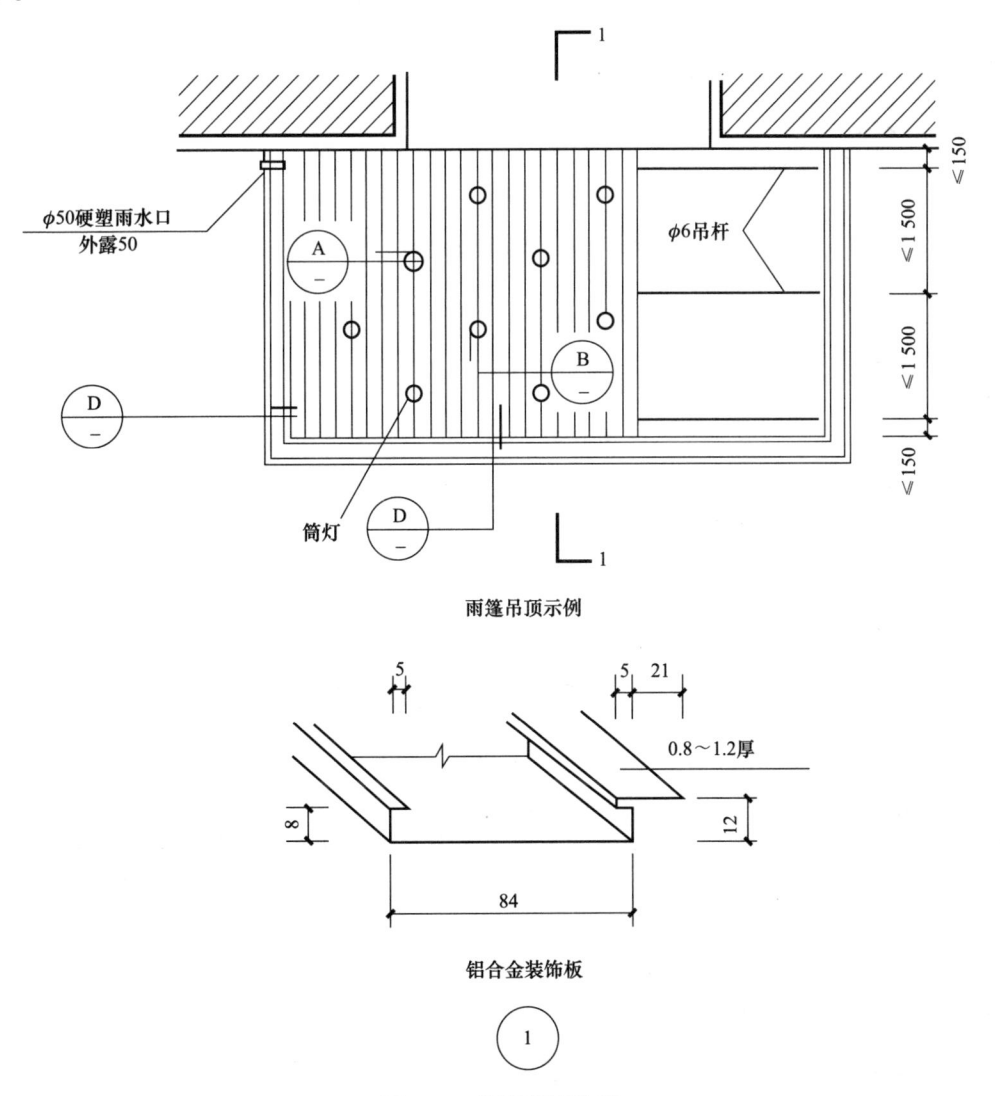

雨篷吊顶示例

铝合金装饰板

图 7-10 雨篷吊顶构造

· 139 ·

图 7-10 雨篷吊顶构造（续）

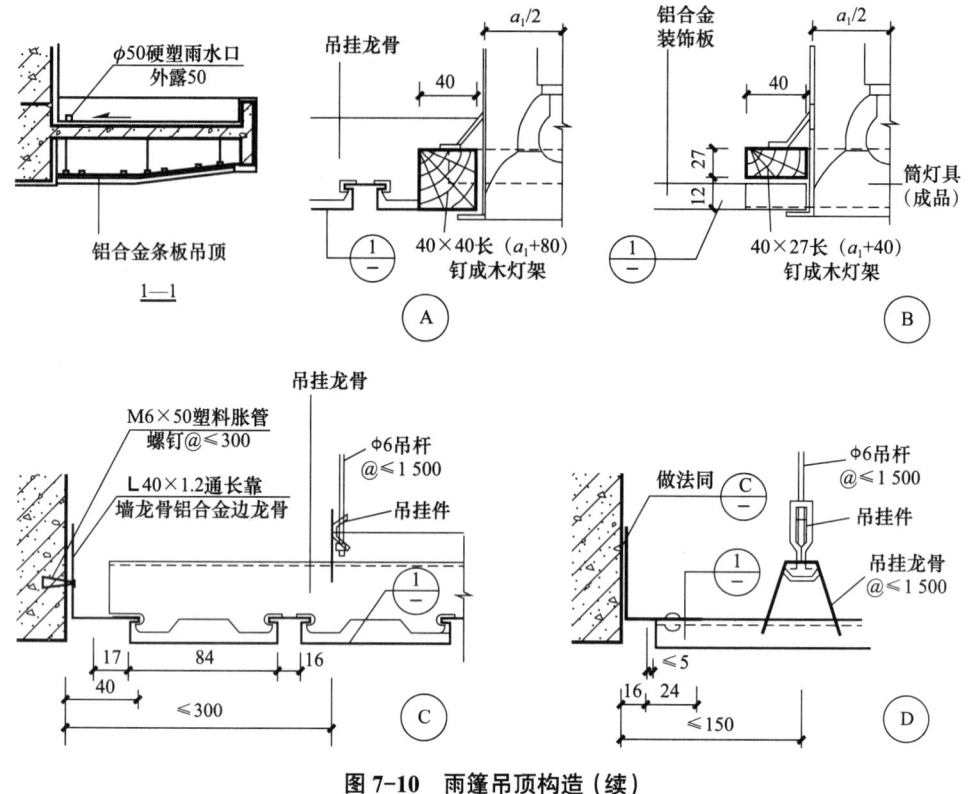

模块小结

阳台由阳台板和栏板组成。按阳台与外墙的相对位置可分为凸阳台、半凸阳台和凹阳台三类。阳台板是阳台的承重构件。

阳台板的承重方式主要有搁板式、挑板式和挑梁式三种。栏杆和栏板是阳台沿外围设置的竖向围护构件，其作用是承受人们倚扶时的侧向推力，同时对整个房屋有一定的装饰作用。

栏杆和栏板按材料可分为金属栏杆、钢筋混凝土栏板与栏杆、砌体栏板。在居住建筑中，当两户的阳台为整体时，中间用阳台隔板隔开，隔板通常采用预制钢筋混凝土栏板。

雨篷是建筑入口处和顶层阳台上部用以遮挡雨水，保护外门免受雨水侵蚀而设的水平构件。雨篷多为钢筋混凝土悬挑构件，大型雨篷下常加立柱形成门廊。雨篷的防水可采用防水砂浆和卷材防水。

复习思考题

1. 阳台有哪些类型？
2. 为什么凸阳台和凹阳台承重结构不同？凸阳台的承重结构常用哪些形式？

3．阳台栏板和栏杆的作用是什么？阳台栏板和栏杆如何与阳台板连接？
4．阳台隔板如何与阳台板、墙体、扶手连接？
5．如何处理阳台的排水？
6．如何处理雨篷的排水和防水？
7．雨篷的构造要点有哪些？

模块 8　屋　　顶

知识目标

1. 熟悉屋顶功能、形式、组成及设计要求。
2. 熟悉平屋顶的构造组成、排水组织和方式、防水类型。
3. 了解防水材料的类型和特点。
4. 熟悉坡屋顶的结构形式和特点。
5. 掌握瓦屋面、块瓦型钢板彩瓦屋面等的构造做法。
6. 了解节能屋面和一体化屋顶的要求和特点。

能力目标

1. 能够描述和绘制具有保温和隔热功能的平屋顶的构造层次。
2. 能够描述和绘制坡屋顶平瓦屋面和油毡瓦屋面的构造层次。
3. 能够描述和绘制泛水、檐口、变形缝等节点构造。

素养目标

1. 培养对法治理念、法治原则、重要法律概念的认知。
2. 提高参与社会公共事务、化解矛盾纠纷的意识和能力。

8.1　屋顶认知

1. 屋顶的作用和组成

屋顶是房屋的重要组成部分，主要起围护作用，用以抵御自然界的雨雪风霜、太阳辐射、气温变化及其他一些外界的不利因素对内部使用空间的影响。屋顶的主要功能是防水，防水是屋面设计和施工的核心。屋顶既承受竖向荷载，又起到水平支撑的作用，是保证房屋整体空间刚度的构件。屋顶的形式也是建筑形象的一个重要部分。因此，屋顶设计应满足坚固耐久、防水排水、保温隔热、形象美观、能抵御外界侵蚀的要求（图 8-1）。

屋顶主要由起防水、排水作用的屋面和支撑作用的结构组成。由于功能要求不同，还

微课：屋顶的概述

包括保温、隔热、隔声、防火、美观等作用的各种层次及设施。屋顶的细部构造有檐口、女儿墙、泛水、天沟、雨水口、出屋面管道、屋脊、变形缝等。

图 8-1 屋顶

2. 屋顶的设计要求

（1）屋顶的设计要求主要如下：

1）要求屋顶起良好的围护作用，具有防水、保温和隔热性能。

2）要求具有足够的强度、刚度和稳定性。

3）满足人们对建筑艺术即美观方面的需求。

（2）防水可靠、排水迅速是屋顶首先应当具备的功能，也是屋顶设计的重点。屋顶防水和排水，一般采用"阻"和"导"两种办法。

1）阻：用防水材料满铺整个屋顶，防水材料间的缝隙处理好，阻止雨水渗漏。

2）导：利用屋面坡度，使雨水、雪水迅速排除。

3. 屋顶的坡度

为了预防屋顶渗漏水，常将屋面做成一定坡度，利用屋顶的坡度，以最短而直接的途径排除屋面的雨水，减少渗漏的可能。屋顶的坡度首先取决于建筑物所在地区的降水量大小。我国南方地区年降水量较大，屋面坡度较大；北方地区年降水量较小，屋面较平缓。屋面坡度的大小也取决于屋面防水材料的性能，即采用防水性能好、单块面积大、拼缝少的大材料，如采用防水卷材、金属钢板、钢筋混凝土板等材料，屋面坡度就可小些；如采用小青瓦、平瓦、琉璃瓦等小块面层材料，则接缝多，屋面坡度就应大些。

屋顶坡度通常采用高度与长度之比来表示，如 1:2、1:4 等；坡度较大等屋面常采用角度法表示，如 15°、30° 和 45° 等；坡度较小等屋面则采用百分比表示，如图 8-2 所示。

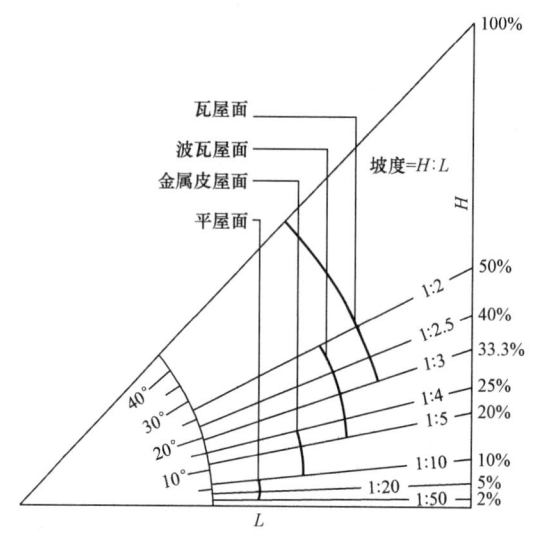

图 8-2 屋顶坡度

4. 屋顶的类型

根据外形和坡度，屋顶一般可分为平屋顶、坡屋顶和其他屋顶等。

（1）平屋顶。平屋顶通常是指排水坡度小于5%的屋顶，常用坡度为2%～3%。平屋顶上部空间可做成露台、屋顶花园、屋顶游泳池、屋面种植、养殖等。

（2）坡屋顶。坡屋顶通常是指屋面坡度大于10%的屋顶。其有单坡顶、双坡顶、四坡顶和歇山顶等多种形式。单坡顶适用于小跨度的房屋；双坡顶和四坡顶适用于跨度较大的房屋。

（3）其他形式的屋顶。随着科学技术的发展，出现了许多新型的屋顶结构形式，如拱结构、薄壳结构、悬索结构、网架结构屋顶等，如图8-3所示。这类屋顶多用于较大跨度的公共建筑。

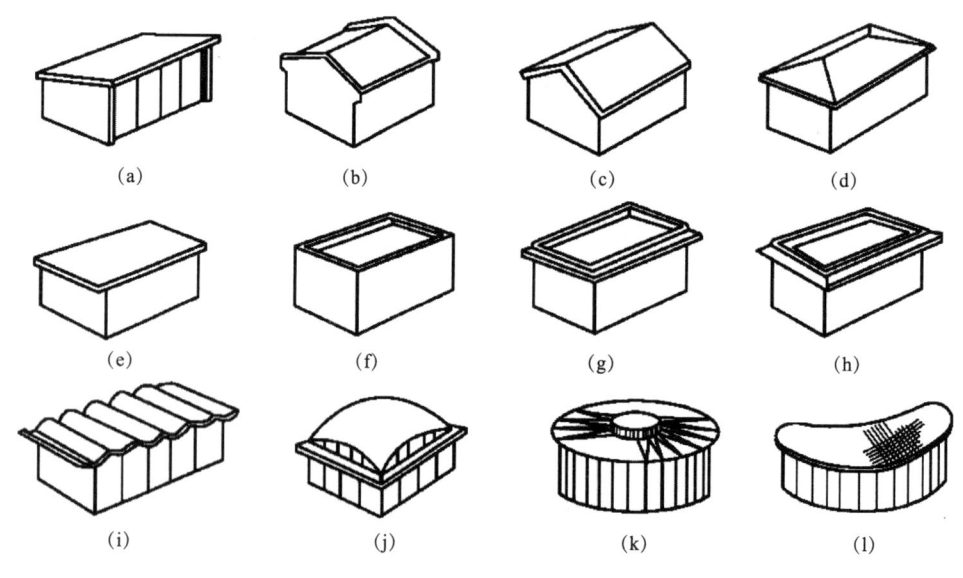

图 8-3 屋顶形式
(a) 单坡顶；(b) 硬山两坡顶；(c) 悬山两坡顶；(d) 四坡顶；(e) 挑檐平屋顶；
(f) 女儿墙平屋顶；(g) 挑檐女儿墙平屋顶；(h) 盂顶平屋顶；(i) V形折板屋顶；
(j) 扁壳屋顶；(k) 车轮形悬索屋顶；(l) 鞍形悬索屋顶

8.2 平 屋 顶

8.2.1 平屋顶的构造组成

平屋顶一般由保护层、结合层、防水层、找平层、保温层、找坡层、结构层、顶棚层等组成,如图 8-4 所示。

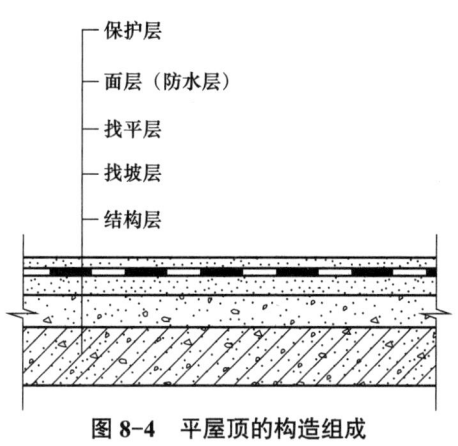

图 8-4 平屋顶的构造组成

8.2.2 平屋顶的排水组织

平屋顶的排水组织主要包括排水坡度、排水方式和排水组织设计三方面的内容,屋顶坡度的形成包括材料找坡和结构找坡两种。

(1)材料找坡。材料找坡也称为垫置坡度或填坡。

1)形成:屋顶坡度由垫坡材料形成。

2)特点:排水坡度小,结构层(天棚面)底部平整,易于装修,但材料找坡增加屋面荷载,材料和人工消耗较多。

3)找坡材料:如水泥炉渣、石灰炉渣等。

4)找坡层的厚度:最薄处不小于 20 mm。

5)坡度:宜为 2%。

(2)结构找坡。结构找坡也称为搁置坡度或撑坡。

1)形成:屋顶结构自身带有排水坡度。

2)特点:无须在屋面上另加找坡材料,构造简单,不增加荷载,但顶棚顶倾斜,室内空间不够规整。

3)坡度:大于 3%。

8.2.3 屋面的排水方式

屋面的排水方式分为无组织排水和有组织排水两大类。

（1）无组织排水。无组织排水是指屋面雨水直接从檐口滴落至地面的一种排水方式，因为不用天沟、雨水管等导流雨水，故又称为自由落水，如图 8-5 所示。无组织排水主要适用于少雨地区或一般低层建筑，相邻屋面高差小于 4 m；不宜用于临街建筑和较高的建筑。低层建筑或檐高小于 10 m 的屋面，对于屋面汇水面积较大的多跨建筑或高层建筑都不应采用。

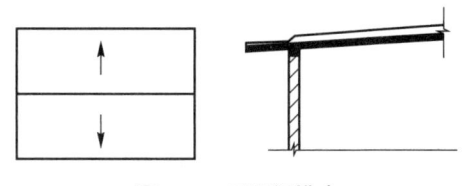

图 8-5 无组织排水

（2）有组织排水。有组织排水是指雨水经由天沟、雨水管等排水装置被引导至地面或地下管沟的一种排水方式，如图 8-6 所示，在建筑工程中应用广泛。

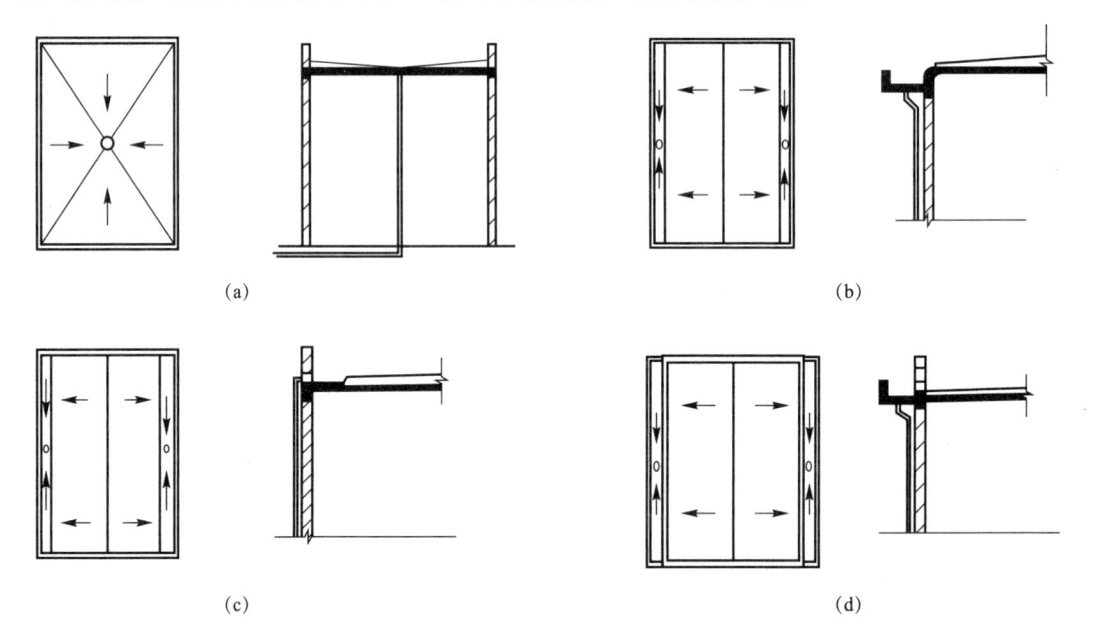

图 8-6 有组织排水
（a）有组织内排水；（b）挑檐沟外排水；（c）女儿墙外排水；（d）女儿墙挑檐沟外排水

确定屋顶排水方式应根据气候条件、建筑物的高度、质量等级、使用性质、屋顶面积大小等因素加以综合考虑。在工程实践中，由于具体条件的千变万化，可能出现各式各样的有组织排水方案，这里主要介绍外排水方案和内排水方案。

1．外排水方案

外排水是指雨水管装设在室外的一种排水方案。

（1）优点：雨水管不妨碍室内空间使用和美观，构造简单，因而被广泛采用。

（2）类型：挑檐沟外排水、女儿墙外排水、女儿墙挑檐沟外排水、长天沟外排水、暗管外排水。

2．内排水方案

（1）适用情形：

1）在高层建筑中，因维修室外雨水管既不方便，又不安全，因此使用内排水。

2）在严寒地区不适宜用外排水，因室外的雨水管有可能使雨水结冻，而处于室内的雨水管则不会发生这种情况。

（2）类型：

1）中间天沟内排水。当房屋宽度较大时，可在房屋中间设一纵向天沟形成内排水。这种方案特别适用于内廊式多层或高层建筑，雨水管可布置在走廊内，不影响走廊两旁的房间。

2）高低跨内排水。高低跨双坡屋顶在两跨交界处也常常需要设置内天沟来汇集低跨屋面的雨水，高低跨可共用一根雨水管。

8.2.4 平屋顶排水设计

1. 确定排水坡面的数目（分坡）

一般情况下，当临街建筑平屋顶屋面宽度小于12 m时，可采用单坡排水；其宽度大于12 m时，宜采用双坡排水。坡屋顶应结合建筑造型要求选择单坡、双坡或四坡排水。

2. 划分排水区

划分排水区的目的是合理地布置水落管。排水区的面积是指屋面水平投影的面积，每一根水落管的屋面最大汇水面积不宜大于200 m²。雨水口的间距为18～24 m。

3. 确定天沟所用材料和断面形式及尺寸

天沟即屋面上的排水沟，位于檐口部位时又称为檐沟。设置天沟的目的是汇集屋面雨水，并将屋面雨水有组织地迅速排除。天沟根据屋顶类型的不同有多种做法。如坡屋顶中可用钢筋混凝土、镀锌薄钢板、石棉水泥等材料做成槽形或三角形天沟。平屋顶的天沟一般用钢筋混凝土制作，当采用女儿墙外排水方案时，可利用倾斜的屋面与垂直的墙面构成三角形天沟；当采用檐沟外排水方案时，通常用专用的槽形板做成矩形天沟。

8.2.5 平屋顶防水层类型

平屋顶防水层的类型主要包括卷材防水、涂膜防水、刚性防水、粉剂防水。

（1）卷材防水。卷材防水是屋面防水的一种常用方法。常用的材料有沥青防水卷材、高聚物改性沥青防水卷材和合成高分子防水卷材。卷材防水的优点是质量轻，防水性能强，能够适应热胀冷缩等自然现象，避免结构振动或收缩变形。然而，卷材施工工艺复杂，容易老化、鼓包，耐久性一般，且成本较高。

（2）涂膜防水。涂膜防水这种方法是在屋顶上使用防水涂料进行防水施工。常用的涂料有高聚物改性沥青防水涂料、合成高分子防水涂料和聚合物水泥防水涂料。涂膜防水对于形状复杂、节点多或死角多的区域处理效果较好，施工相对简单，但防水性能容易受到环境温度的影响。

（3）刚性防水。刚性防水通常采用普通细石混凝土、补偿收缩混凝土或钢纤维混凝土作为防水层。刚性防水的优点是价格低、耐久性好、维护方便。然而，其表观密度大，抗拉强度低，容易变形开裂，影响防水效果。

（4）粉剂防水。粉剂防水这是一种较少使用的防水方法，主要通过在屋面上撒布粉状材料来形成防水层。粉剂防水的优点是施工简单，但防水效果相对较差，且需要与其他防水材料结合使用才能达到较好的防水效果。

8.3 坡 屋 顶

坡屋顶有许多优点，在功能上，利于挡风、排水、保温、隔热；在构造上，简单易造、便于维修、用料方便，又可就地取材、因地制宜；在造型上，大坡屋顶会产生庄重、威严、神圣、华美之感，而一般坡屋顶会给人以亲切、活泼、轻巧、秀丽之感。随着科学的发展，原来的木结构已被钢、钢筋混凝土结构等所代替，在传统的坡屋顶上体现了新材料、新结构、新技术；轻巧透明的玻璃、彩色的钢板代替了过去的瓦材；新的设计思想将屋顶空间也做了很好的利用，如利用坡顶空间做成阁楼或局部错层，不仅增加了使用面积，也创造了一种新奇空间。新型屋顶窗的出现，更为坡顶建筑注入了新的血液，坡顶建筑将比过去更具魅力。

8.3.1 坡屋顶的形式

坡屋顶是一种沿用较久的屋面形式，种类繁多，多采用块状防水材料覆盖屋面，故屋面坡度较大，根据材料的不同坡度可取 10%～50%，根据坡面组织的不同，坡屋顶形式主要有单坡顶、双坡顶及四坡顶等，如图 8-7 所示。

微课：坡屋顶

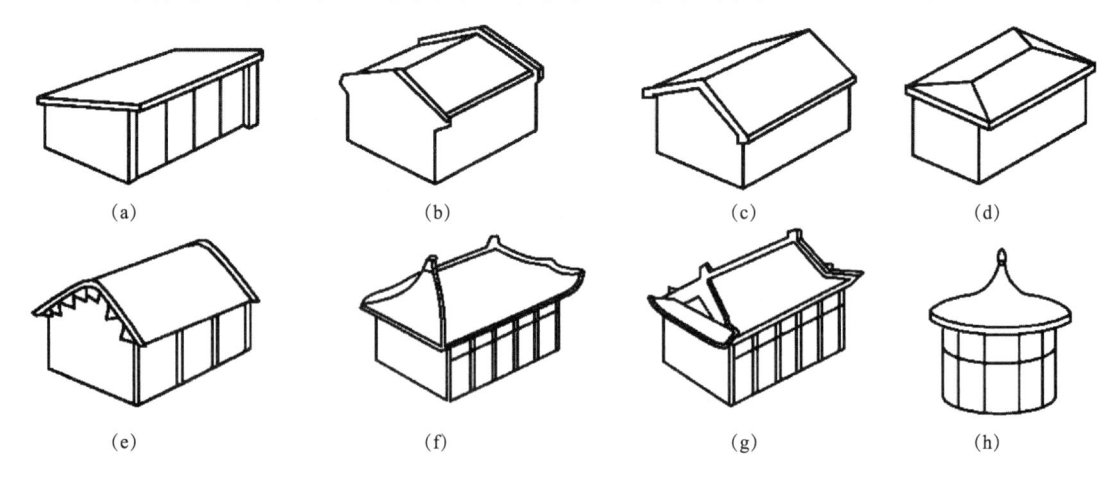

图 8-7 坡屋顶的形式
（a）单坡顶；（b）硬山双坡顶；（c）悬山双坡顶；（d）四坡顶；
（e）卷棚顶；（f）庑殿顶；（g）歇山顶；（h）圆攒尖顶

8.3.2 坡屋顶的组成及各部分的作用

坡屋顶一般由承重结构、屋面面层两部分组成，根据需要还有顶棚，保温、隔热层，如图 8-8 所示。

1. 承重结构

承重结构主要承受屋面各种荷载并传到墙或柱上，一般有木结构、钢筋混凝土结构、钢结构等。

2. 屋面

屋面是屋顶上的覆盖层，包括屋面盖料和基层。屋面材料有平瓦、油毡瓦、波形水泥石棉瓦、彩色钢板波形瓦、玻璃板、PC板等。

3. 顶棚

顶棚是屋顶下面的遮盖部分，起遮蔽上部结构构件、使室内平整、改变空间形状、保温隔热及装饰的作用。

4. 保温、隔热层

保温、隔热层起保温、隔热作用，可设在屋面层或顶棚层。

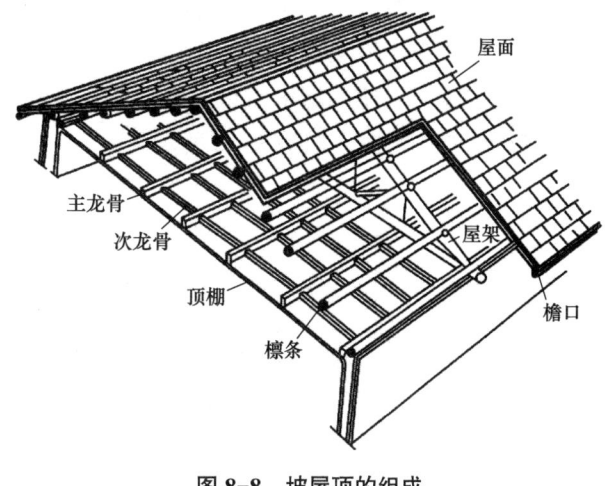

图 8-8 坡屋顶的组成

8.3.3 坡屋顶的结构体系

1. 有檩体系

有檩体系由檩条和望板构成屋面基层。檩条有钢檩条、木檩条、钢筋混凝土檩条等；望板可选用木板、中密度纤维板、纤维水泥加压板等。有檩体系可分为以下3种体系。

（1）山墙支撑体系。山墙支撑体系是用砌筑成坡形的墙体支撑檩条，又称为硬山搁檩，如图8-9（a）所示。

（2）梁架支撑体系。梁架支撑体系是用梁柱组成排架，檩条搁置梁间与排架一起组成完整的骨架体系。其整体性和抗震性较好，是我国传统建筑的结构形式，如图8-9（b）所示。

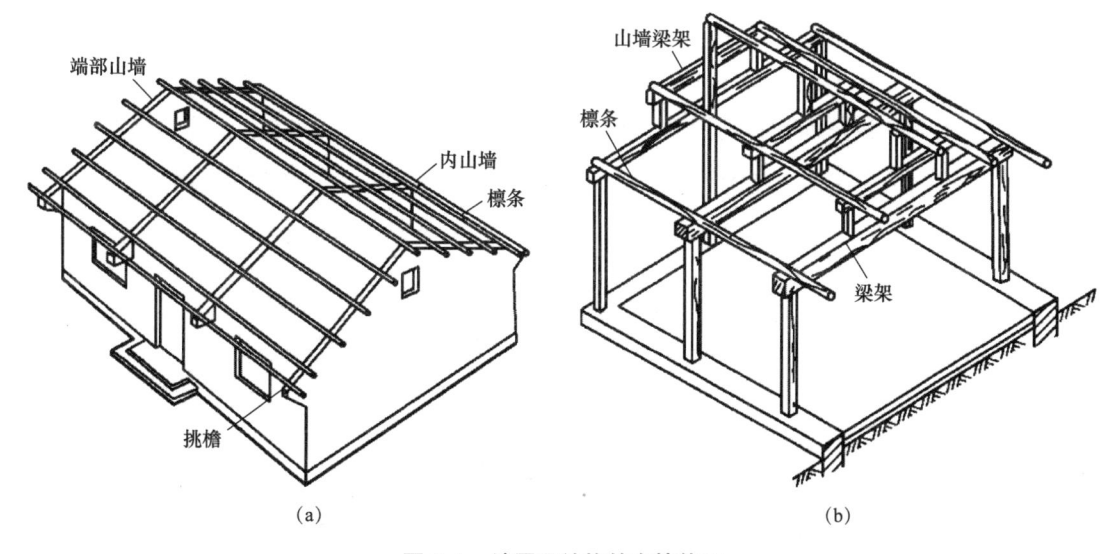

图 8-9 坡屋顶结构的有檩体系
（a）山墙支撑体系；（b）梁架支撑体系

（3）屋架支撑体系。屋架支撑体系又称为桁架支撑，是用搁置在墙或柱上的各种形式的屋架支撑檩条。屋架形式有三角形、梯形、多边形等，按材料不同可分为木屋架、钢屋架、钢筋混凝土屋架、钢木组合屋架等。屋架在墙柱上的支撑不仅只采用两点形式，也可制成三点或四点支撑，如图 8-10 所示。

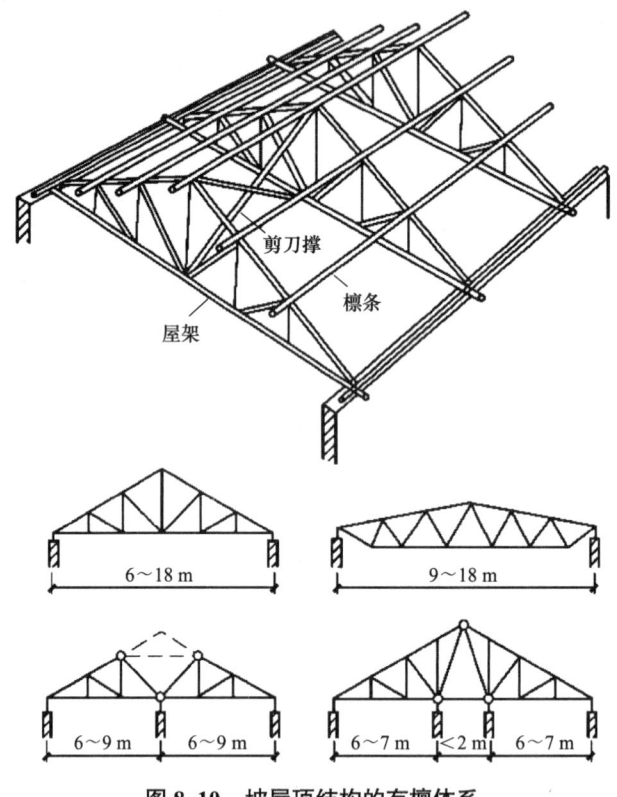

图 8-10 坡屋顶结构的有檩体系

2. 无檩体系

无檩体系是直接将屋面板以一定坡度搁置在墙、柱、梁或屋架上，构成装配式坡屋顶结构。屋面板材多用钢筋混凝土板，也可选用其他板材。另外，还可用现浇整体式的施工方法将屋面板与其他屋面支撑构件浇筑成一体化的钢筋混凝土结构屋面，其结构布置可参考现浇式钢筋混凝土楼板，其结构整体性要优于装配式坡屋顶，如图 8-11 所示。

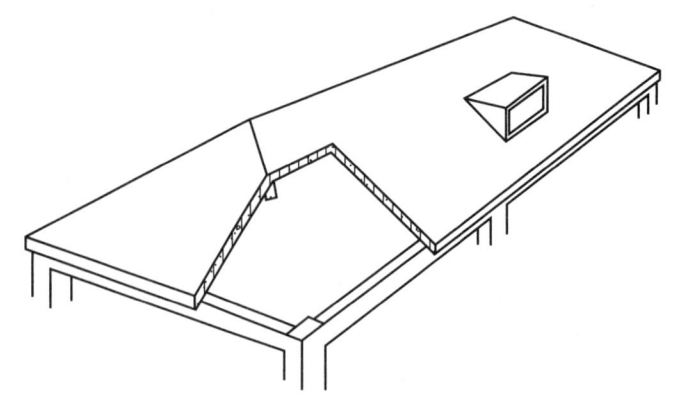

图 8-11 现浇一体化钢筋混凝土结构屋面

8.3.4 坡屋面构造

坡屋面主要包括瓦屋面、金属板屋面和透光屋面。

1. 瓦屋面

瓦屋面分为平瓦屋面、油毡瓦屋面和块瓦型钢板彩瓦屋面。瓦屋面用于Ⅰ级防水时防水做法为"瓦＋防水层";用于Ⅱ级防水时防水做法为"瓦＋防水垫层"。当大风及地震设防地区或屋面坡度大于100%时,瓦片应采取固定措施。严寒及寒冷地区檐口部位应采取防止冰雪融化下坠和冰坝形成的措施。

(1)平瓦屋面。平瓦可分为两大类:一类是烧结瓦,如黏土平瓦、彩釉面和素面西式陶瓦;另一类是混凝土瓦,包括水泥平瓦、彩色水泥瓦等。平瓦屋面坡度不应小于30%。

1)平瓦屋面的构造。平瓦屋面的铺瓦方式有挂瓦铺贴、水泥砂浆卧瓦、冷摊瓦(钢挂瓦条挂瓦和木挂瓦条挂瓦)。

①采用挂瓦铺贴,应在基层上面先铺设一层防水卷材或涂膜防水层。用防水卷材时,其搭接宽度不宜小于100 mm,并用顺水条将卷材压钉在基层上;顺水条的间距宜为500 mm,再在顺水条上铺钉挂瓦条,如图8-12(a)所示。

②采用水泥砂浆卧瓦,在基层上设置一层涂膜防水层,用30~50 mm厚1∶3水泥砂浆粘瓦,内设 φ6@500×500 钢筋网,如图8-12(b)所示。

③如果不铺屋面板,直接在椽条上钉挂瓦条挂瓦,称为冷摊瓦屋面,如图8-12(c)所示。

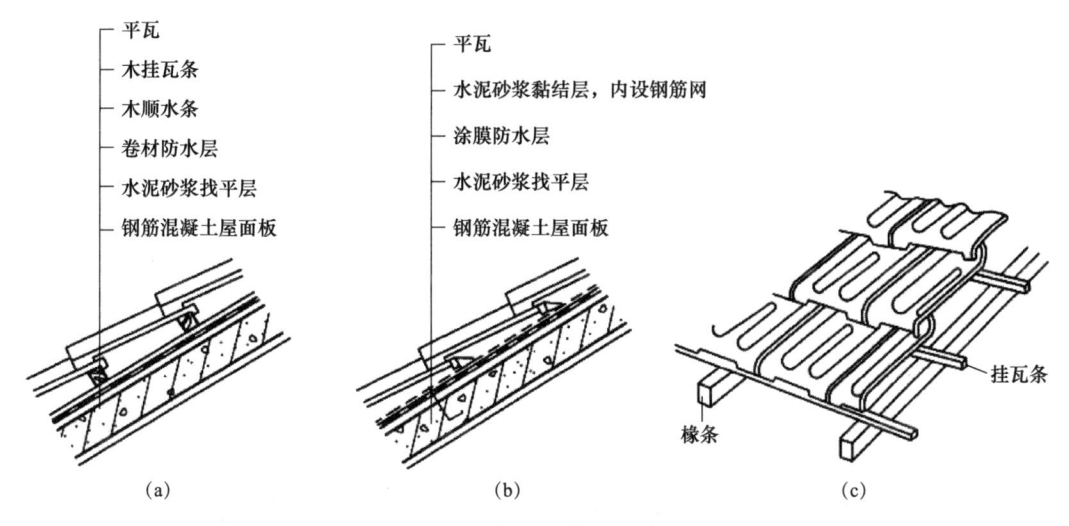

图8-12 现浇一体化钢筋混凝土结构屋面
(a)挂瓦铺贴;(b)水泥砂浆卧瓦;(c)冷摊瓦

2)檐口与檐沟构造。平瓦屋面根据排水的要求可做成自由落水的檐口和有组织排水的檐沟两种。

3)屋脊和天沟构造。平瓦屋面的屋脊可用1∶3水泥砂浆铺贴脊瓦,如图8-13(a)所示。天沟一般用铝板制成,两边包钉在瓦下的木条上,如图8-13(b)所示。

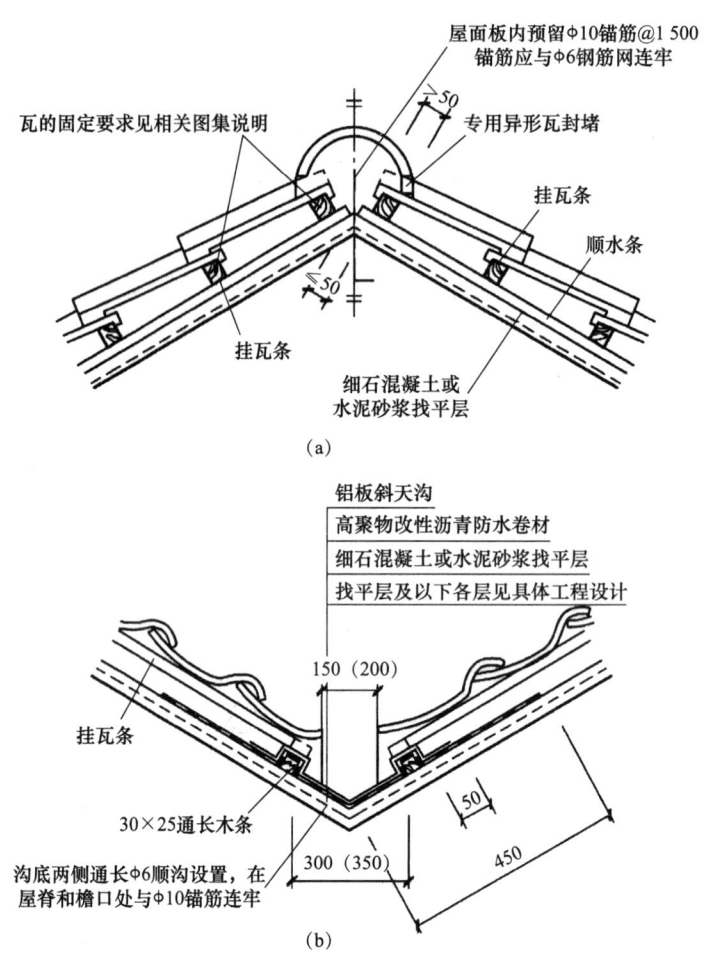

图 8-13 屋脊和天沟构造
(a)屋脊构造;(b)天沟构造

4)泛水和山墙封檐构造。屋面与山墙及凸出屋面结构的交接处均应做泛水处理,如图 8-14 所示。

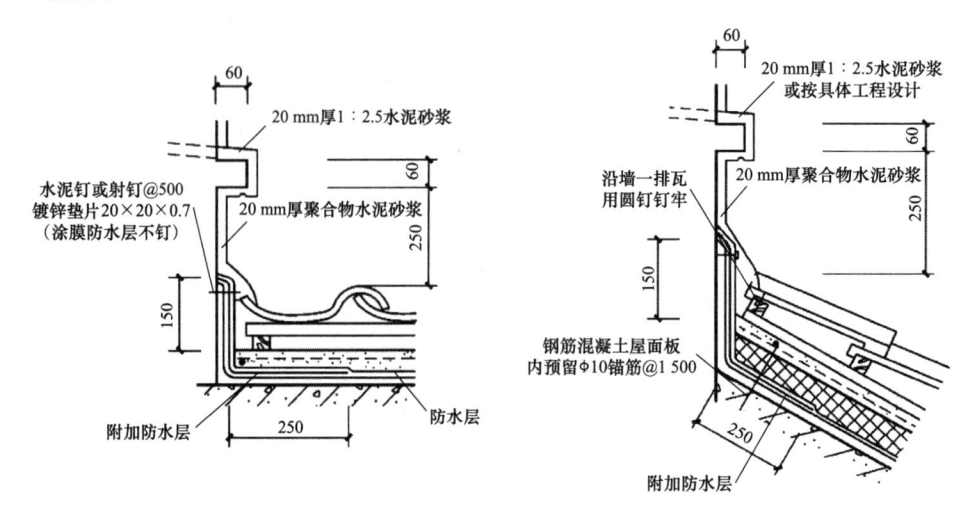

图 8-14 泛水构造

5）变形缝。变形缝两侧用砖砌筑或用钢筋混凝土浇筑矮墙，按泛水构造，缝顶盖金属盖缝板，如图8-15所示。

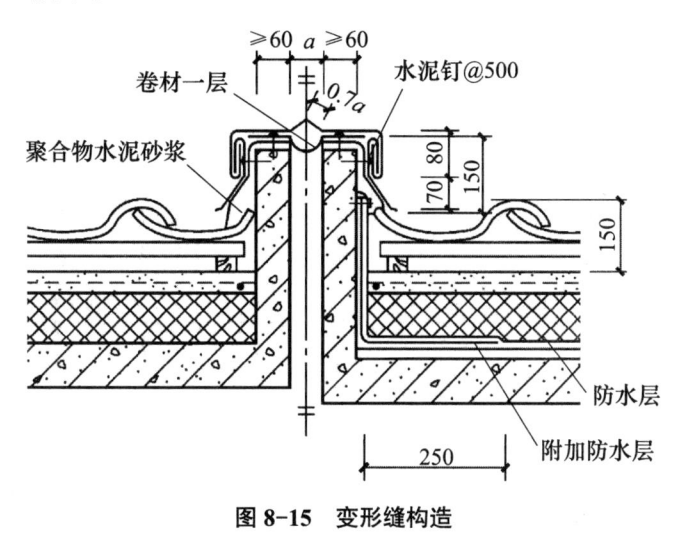

图8-15 变形缝构造

6）斜屋顶窗。坡屋顶建筑中往往利用上部空间作房间，称为阁楼。阁楼上设斜屋顶窗进行采光和通风。斜屋顶窗构造如图8-16所示，除窗本身做好防水、排水外，更要做好洞口周围与屋面之间的防水。

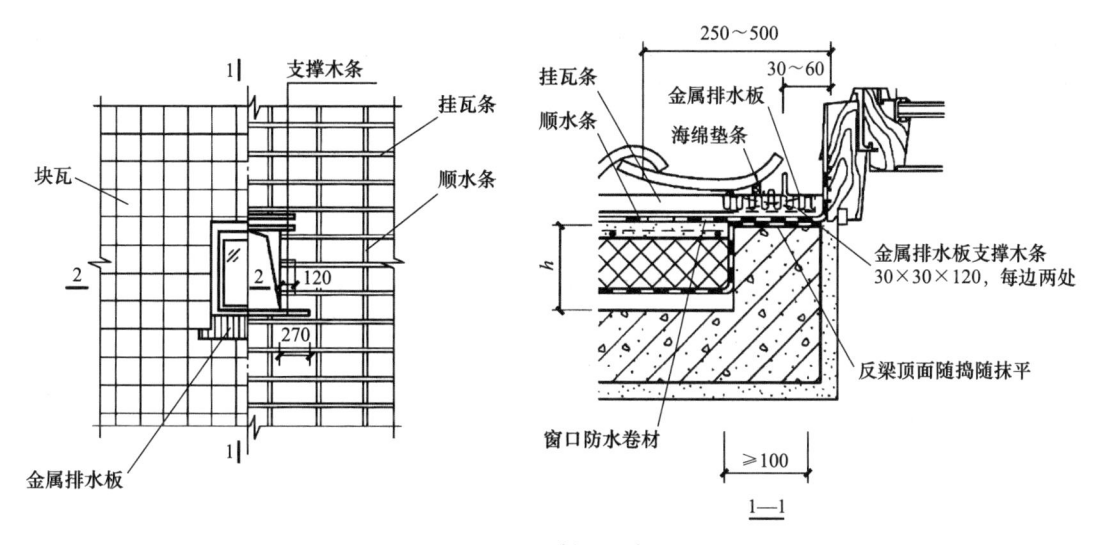

图8-16 斜屋顶窗

（2）油毡瓦屋面。油毡瓦又称为沥青瓦，是以有机原料或玻璃纤维等材料为胎基经浸涂石油沥青后，面层热压天然各色彩砂，背面撒以隔离材料而制成的彩色瓦状屋面防水片材。胎基有聚酯胎、有机胎、复合胎和玻纤胎。

油毡瓦具有柔性好、质量轻、耐酸、耐碱、不褪色等特点，并具有装饰作用，适用于排水坡度大于20%的屋面。瓦的形状有方形和圆形，尺寸为1 000 mm×333 mm；矿物粒料或片料覆面瓦的厚度不应小于2.6 mm，金属箔面瓦的厚度不应小于2 mm，如图8-17（a）所示。

油毡瓦可在木板基层和细石混凝土找平层上铺设，要求基层平整，在油毡瓦下先铺一层防水卷材或防水垫材。油毡瓦的固定方式应以钉为主、黏结为辅。每片油毡瓦不应少于 4 个固定钉，油毡钉应垂直钉入，钉帽不得外露在油毡瓦表面。在大风地区或屋面坡度大于 100% 时，每张瓦不得少于 6 个固定钉。在木板基层上铺设时，应在基层上先铺一层卷材垫毡，从檐口往上用油毡钉铺钉，钉帽应盖在垫毡下面，垫毡搭接宽度不应小于 50 mm。

在混凝土基层上铺设油毡瓦时，应在基层表面抹 1∶3 水泥砂浆找平层，铺一层卷材垫毡后，再铺钉油毡瓦，如图 8-17（b）所示。

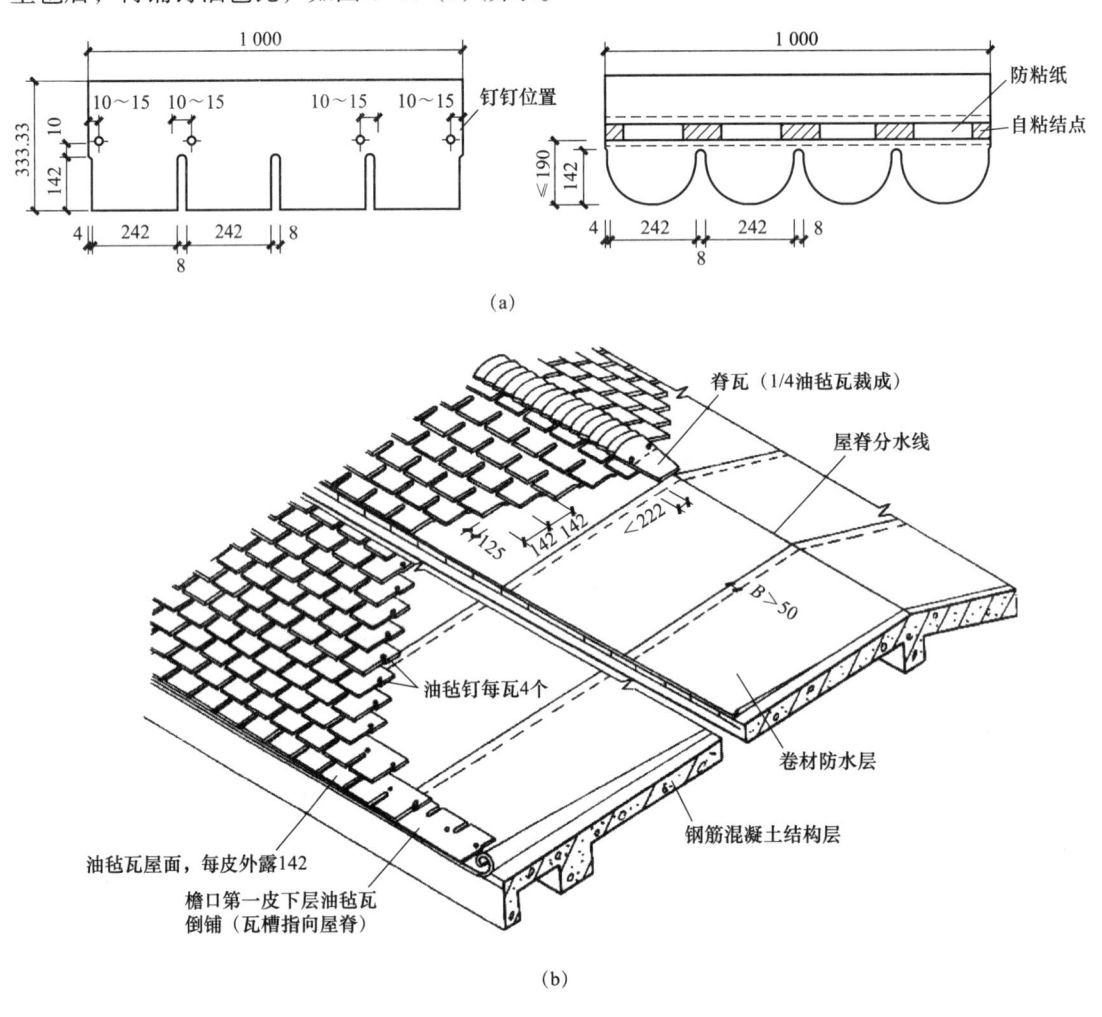

图 8-17 油毡瓦屋面铺设

（3）块瓦型钢板彩瓦屋面。块瓦型钢板彩瓦是用彩色薄钢板经模具一次性冷压成型，色彩丰富，防水性能好。屋脊、天沟、封檐板、压顶板及挡水板等与瓦配套生产。

1）块瓦型钢板彩瓦屋面构造。瓦材用带橡胶垫圈的自攻螺钉固定在冷弯型钢挂瓦条上，如图 8-18 所示。

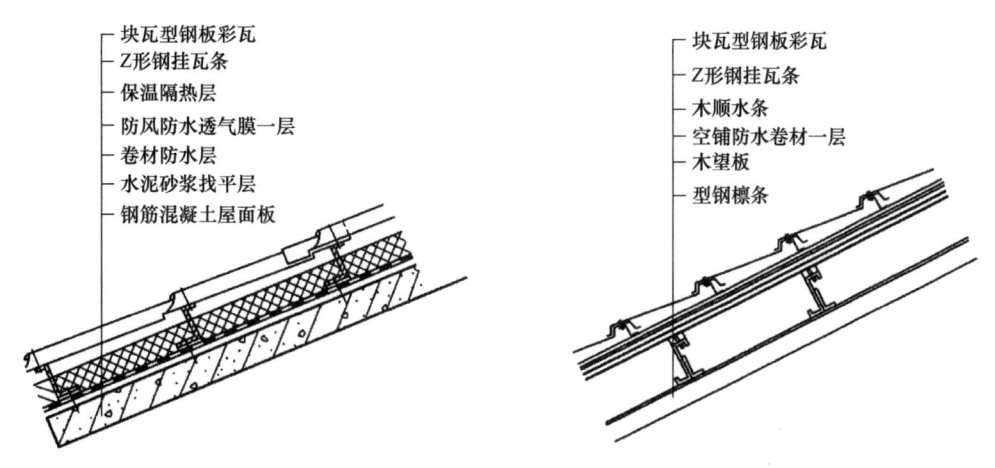

图 8-18 块瓦型钢板彩瓦屋面

2）块瓦型钢板彩瓦屋面细部构造。自由落水檐口和天沟排水檐口处，瓦要出挑并用彩板封檐，如图 8-19 所示。

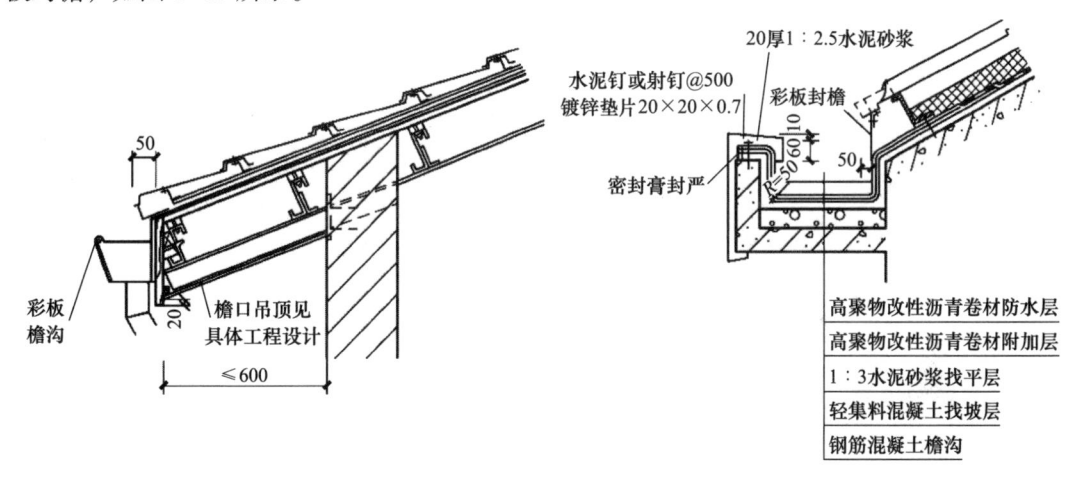

图 8-19 块瓦型钢板彩瓦屋面檐口

山墙挑檐用彩板压顶封檐，如图 8-20 所示。彩板屋脊、彩板封檐、彩板泛水等用钉铆件与彩瓦相连，如图 8-21、图 8-22 所示。

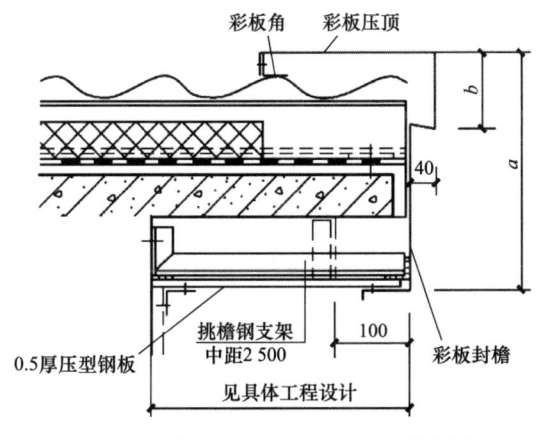

图 8-20 块瓦型钢板彩瓦屋面山墙挑檐

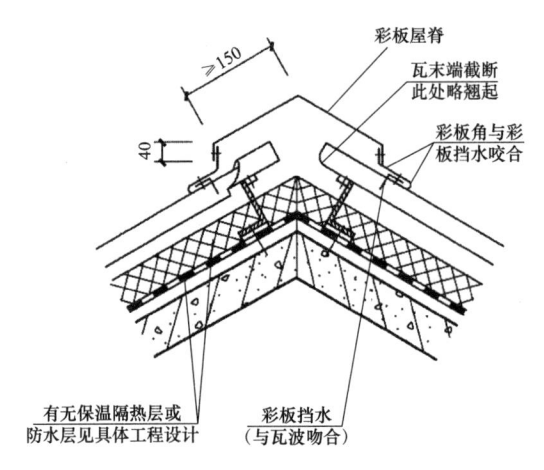

图 8-21 块瓦型钢板彩瓦屋面屋脊

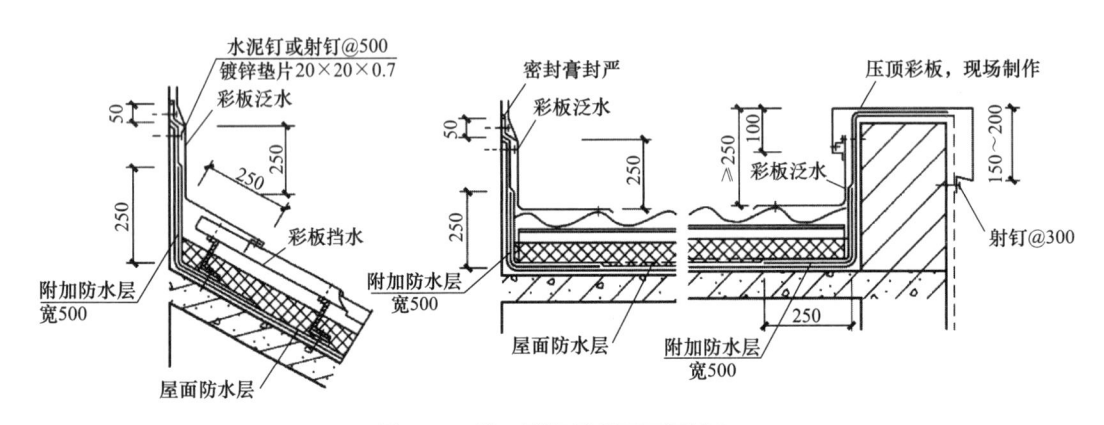

图 8-22 块瓦型钢板彩瓦屋面泛水

2. 金属板屋面

金属板屋面是由金属面板与支承结构组成。金属面板是用彩色涂层钢板、镀层钢板、铝合金板、钛合金板及铜合金板等板材经滚压冷弯成型而成,又称为压型金属板。在两层压型钢板中填入保温芯材复合成保温复合板材称为金属面绝缘夹芯板。根据加入芯材的不同有硬质聚氨酯夹芯板、聚苯乙烯夹芯板、岩棉夹芯板等。夹芯板的厚度依保温要求不同取 30～250 mm。支承结构通常为钢结构骨架。

金属板屋面适用于体育馆、游泳馆、车站、航空港、展厅等大跨度建筑。防水等级为Ⅰ级时,防水做法为压型金属板＋防水垫层;用于Ⅱ级防水时,防水做法为压型金属板或金属面绝缘夹芯板。

(1) 压型金属板的铺设。压型金属板铺设应根据板型进行铺板设计。纵向搭接应顺水流方向,搭接位于檩条处;横向搭接方向宜与主导风向一致。在条件许可下,尽量采用长尺寸压型板,以减小接缝的长度。压型金属板的固定方式有采用紧固件连接和采用咬口锁边连接。

采用紧固件连接时应先在檩条上安装固定支架,然后用螺栓、拉铆钉或自攻螺钉将压型金属板连接固定。连接紧固件一般要设在波峰上,外露钉头或螺栓帽均需用硅酮耐候密封胶密封,如图 8-23 所示。

图 8-23 金属压型板屋面

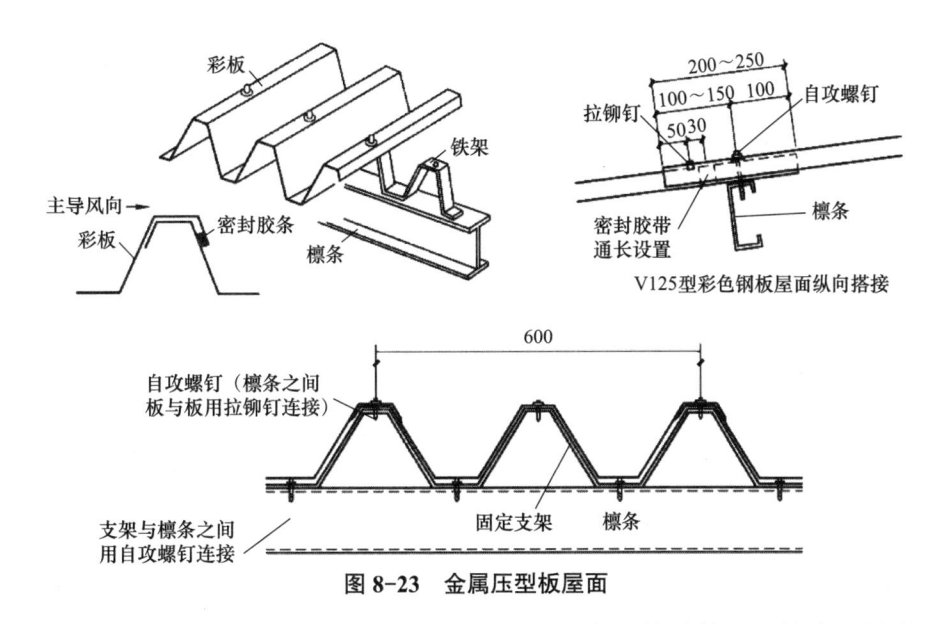

（2）压型金属板屋面细部构造。压型金属板屋面中，针对檐口、檐沟、屋脊、天沟、山墙、泛水和变形缝等部位都有相应的压型金属板配件，只需用拉铆钉或自攻螺钉将相应配件固定在结构上即可，如图 8-24 所示。

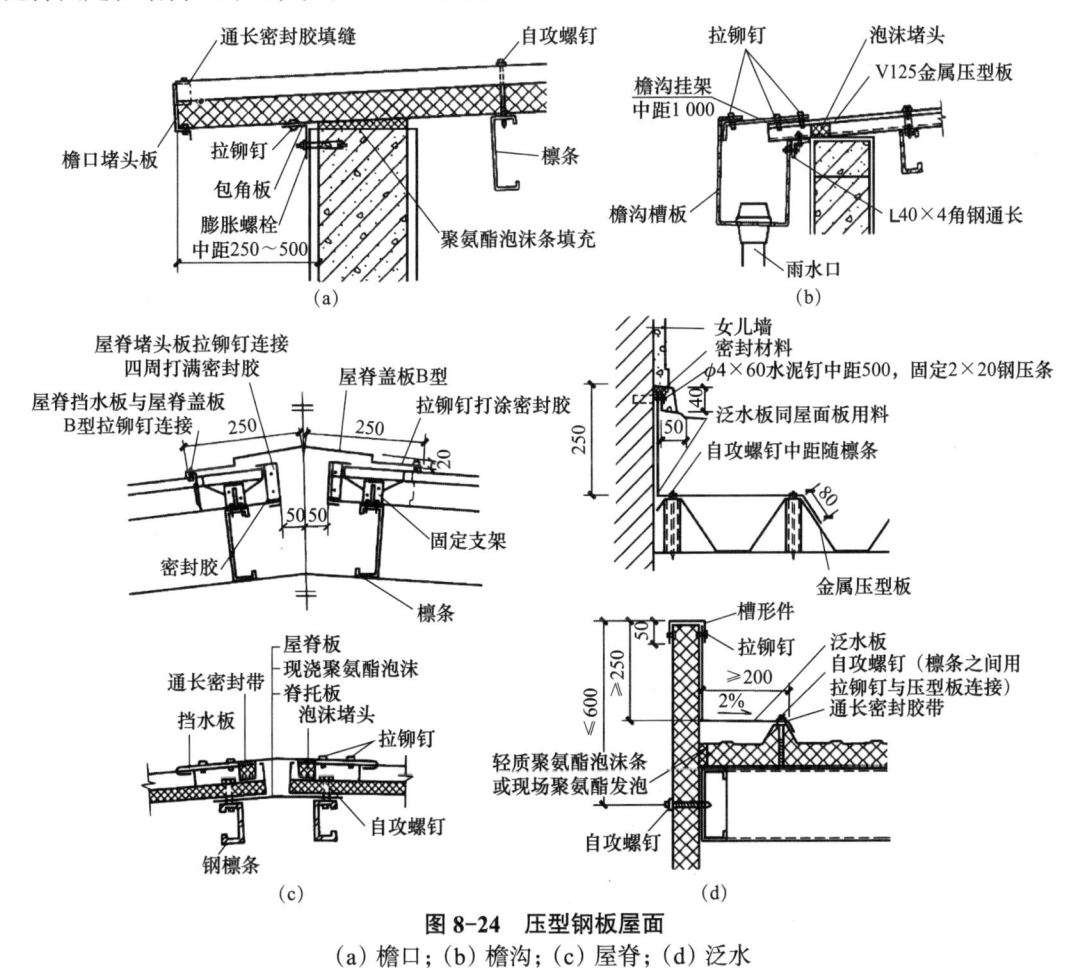

图 8-24 压型钢板屋面
(a) 檐口；(b) 檐沟；(c) 屋脊；(d) 泛水

3. 透光屋面

透光屋面既具有一般屋面的隔热、防水功能，又能透过光线，可以整个屋面采光，也可部分屋面采光，在宾馆、商场、酒店、住宅、体育及娱乐设施等各类建筑中都有广泛应用。各式各样新的透光材料的出现，克服了原有玻璃的缺点，扩大了透光屋面的使用范围，透光屋面也成了新建筑的一种时尚。

（1）透光屋面的构造。如图 8-25 所示为铝合金骨架玻璃屋面的主要构造。

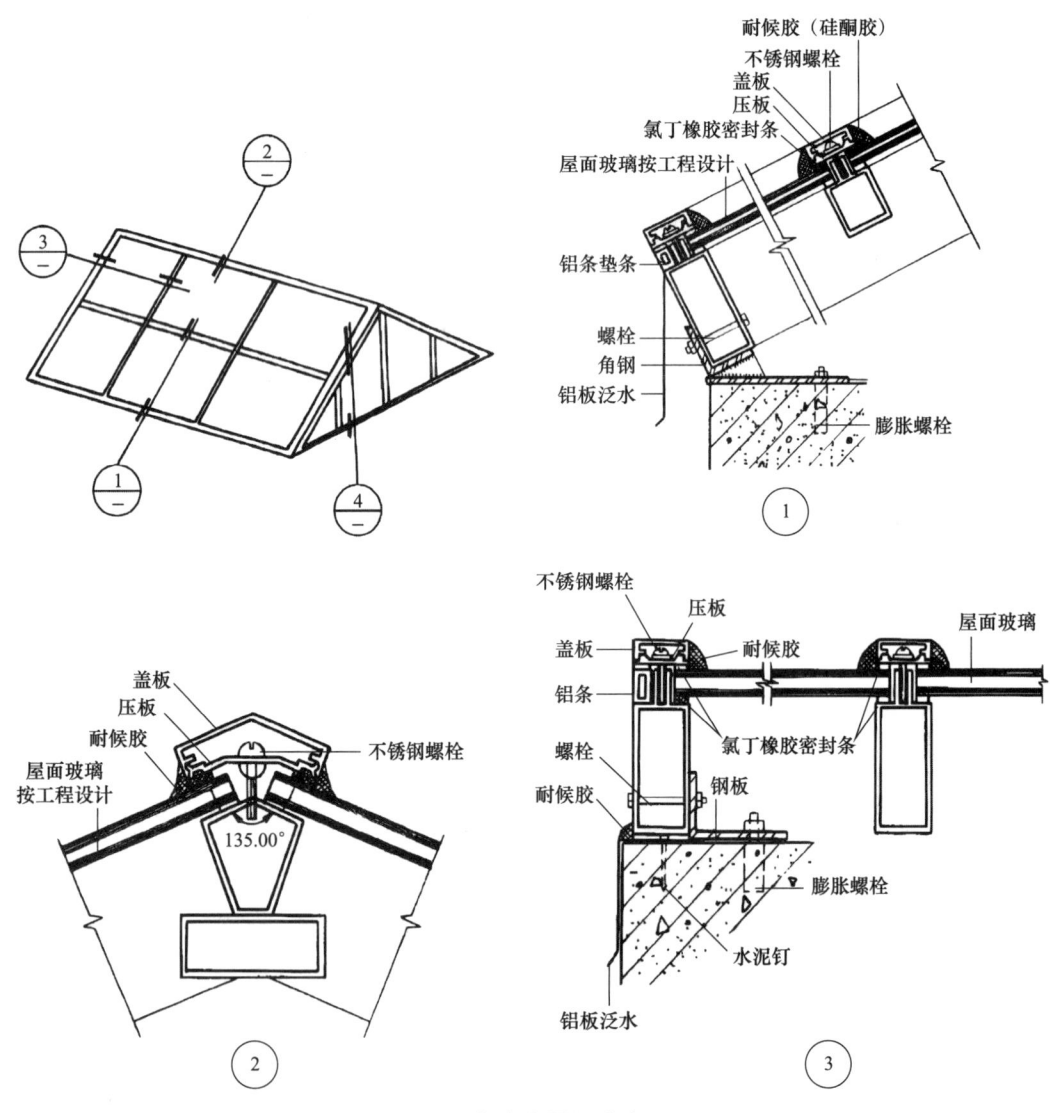

图 8-25　铝合金骨架玻璃屋面

（2）透光屋面的基本组成。透光屋面主要由结构骨架、透光材料、连接件和胶结密封材料组成。

1）结构骨架。材料有型钢、铝合金型材、不锈钢和复合木材等。型钢强度大，但需进行防锈处理，后期维护和保养烦琐。铝合金型材种类多，色彩丰富，是目前应用较广泛的材料，特别是断桥铝合金的出现，使屋面的保温隔热性能得到了较大改善。不锈钢在强度、耐磨蚀及观感上有很大优势，但价格较高，一般在重要的公共建筑上应用。复合木材强度、热稳定性、耐腐蚀性及观感上都较好，加工制作方便。

2）透光材料。透光材料应具有较好的透光性、耐久性、热工性能和安全性能。常用的安全玻璃类有钢化玻璃、中空玻璃、夹层玻璃等；也可采用安全可靠、具有保温隔热功能、透光率高的各种采光板，如双层有机玻璃、聚碳酸酯板（PC板）、合成树脂板（玻璃钢板）等。

3）连接件和密封材料。连接件有支架、盖板、压条、紧固螺栓等，可采用不锈钢、电镀及其他防锈处理的材料；密封材料一般用氯丁橡胶密封条、橡胶垫、金属挡板和披水板、泡沫填塞料和密封胶等。

8.3.5 坡屋顶的保温与隔热

1. 坡屋顶的保温

坡屋顶的保温主要有屋面保温和顶棚保温两种方法。

（1）屋面保温。屋面保温是将保温材料置于屋面防水层以下。这种方法可以有效利用保温材料本身的隔热性能，减少室内热量损失。具体做法如下：

1）使用传统构造：如用泥浆直接铺瓦或在屋面下铺设轻质保温板等。

2）使用现代材料：如聚苯乙烯泡沫塑料板或聚氨酯泡沫塑料板等，这些材料具有低吸湿性和强耐候性，能有效保护防水层不受阳光和气候的影响。

（2）顶棚保温。顶棚保温主要有两种做法：

1）在吊顶上铺设轻质保温材料。这种方法简单易行，通过在吊顶上铺设保温材料，可以有效隔绝室内外温度的交换。

2）利用材料本身的保温性能。例如，使用具有良好保温性能的材料作为吊顶材料，这种方法不仅节省空间，还能提供良好的保温效果。

（3）其他保温方法。除上述两种方法外，还有一些其他保温方法。

1）架空通风隔热：在屋顶设计一个空心夹层，利用流动的空气隔绝热传递。

2）白光纸反射：在屋顶铺设一层光滑的白光纸，反射阳光，减少热量吸收。

3）蓄水隔热：在屋顶设置水洼，利用水的比热容大的特性来降低室内温度。

4）陶粒混凝土隔热：使用陶粒混凝土不仅能隔热，还能防潮防水。

2. 坡屋顶的隔热

（1）通风隔热。在结构层下做吊顶，并在山墙、檐口或屋脊等部位设通风口，也可在屋面上设老虎窗，利用吊顶上部的大空间组织穿堂风，达到隔热效果，如图8-26所示。

（2）材料隔热。通过改变屋面材料的物理性能实现隔热，如提高金属屋面板的反射效率，采用低辐射镀膜玻璃、热反射玻璃等。如图8-27所示为加铺隔热膜的瓦屋面构造。阻燃型防潮隔热膜是一种由多层有机、无机和高真空镀铝层复合而成的高强度柔性薄膜。它利用高反射低辐射特性，结合构造设计形成的空气间层来提高屋面的保温隔热效果。

歇山百叶通风

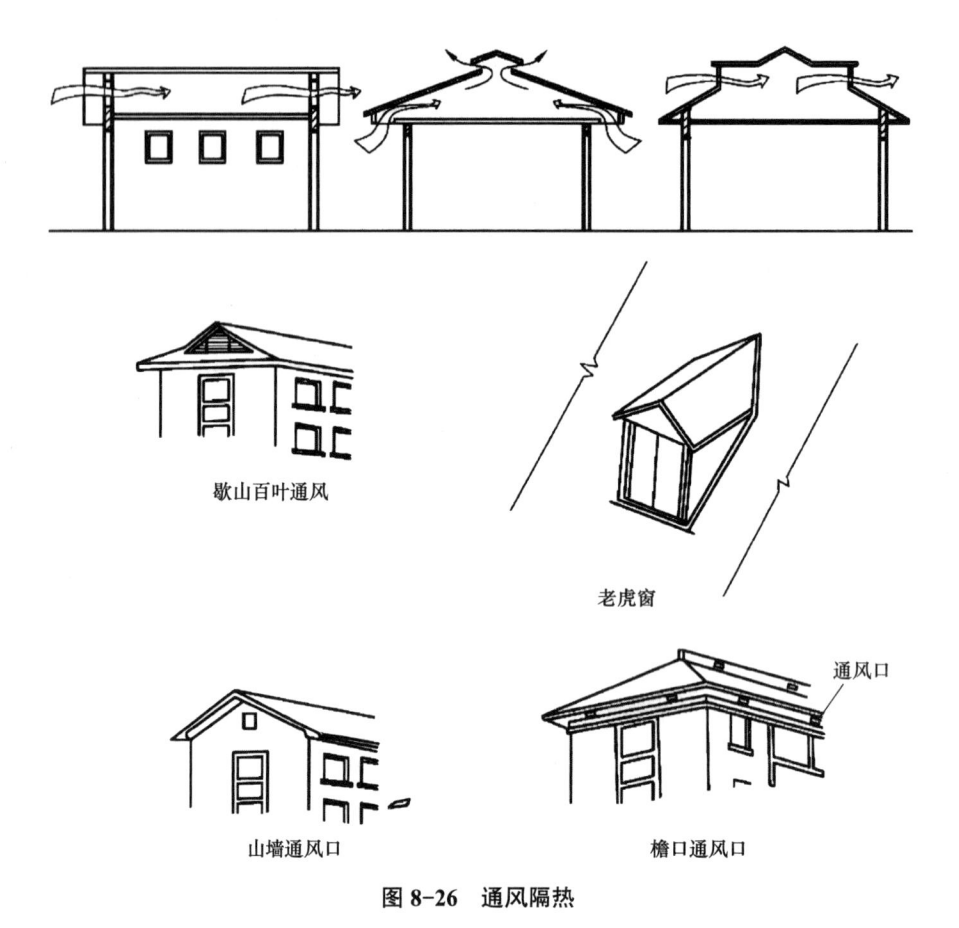

老虎窗

山墙通风口

檐口通风口

图 8-26 通风隔热

瓦屋面（挂瓦条、顺水条）
铺贴铝箔毡
屋面板
木檩条

平瓦
木挂瓦条
铺阻燃型防潮隔热膜
木顺水条
防水层
水泥砂浆找平层
保温隔热层
钢筋混凝土屋面板

图 8-27 加铺隔热膜的瓦屋面构造

素养课堂

绿色屋顶

城市化发展使得水平空间的利用逐渐有限，为保持环境绿化，"绿色屋顶"的概念被提出并应用，而它的作用不仅仅是绿化环境。

2008年，旧金山的加利福尼亚科学院建造成功，这所运用科技手段和先进设计理念的建筑拥有2.5英亩（1英亩＝4 046.86平方米）的绿色生活屋顶，如图8-28所示。这座绿色屋顶建成后，鼓舞人心的环保意识就产生了，住宅区建造的屋顶也多采用绿色屋顶，形式从仙人掌花园到雨林景观，花园虽小但是具有家庭庭院的所有功能。

图8-28 加利福尼亚科学院的绿色屋顶工程

绿色屋顶广泛地理解为在各类古今建筑物、构筑物、城围、桥梁（立交桥）等的屋顶、露台、天台、阳台或大型人工假山山体上进行造园，种植树木花卉的统称。大多数公共建筑都可以建设绿色屋顶，它将带来巨大的环境和经济效益，比如提高能源利用效率、有助于雨洪管理、隔绝噪声以及为城市中的鸟类和其他生物提供栖息地。大多数像科学院屋顶这样的绿化工程都非常符合当今标准的"广义"绿色屋顶概念，绿色屋顶上的植被都种植在浅薄［3～6英尺（1英尺＝0.30米）］的轻质土壤基质中，基质填充在底部具有防渗膜的特制的容器中，如图8-29所示。小型的绿色屋顶也能起到改善环境的作用，但是它的经济效益不会立刻显现出来；这些绿色屋顶工程不仅对于改善环境有益，还能增加环境的美观以及园艺工作的乐趣。然而，随着人们对成本低、设计自由的绿色屋顶的期待，越来越多住宅建筑绿色屋顶主要使用植物塑造令人惊喜、愉悦，又具有创造性的景观。

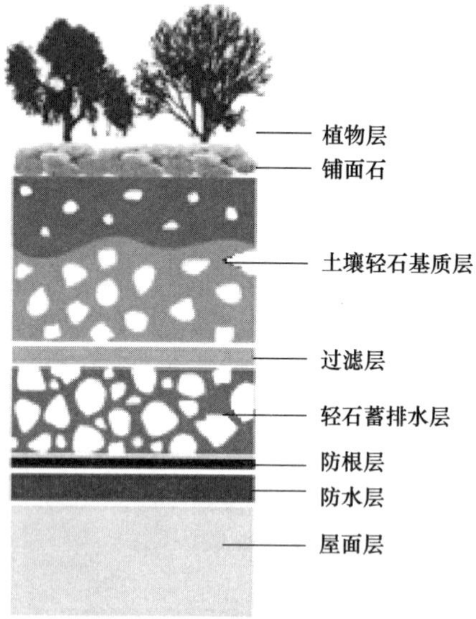

使用玻璃轻石的屋顶绿化

图 8-29 绿色屋顶结构示意

绿色屋顶的功能如下。

（1）储存雨水。设计人员希望在建筑承重量允许的情况下通过土壤层和排水层储存更多雨水，满足灌溉需求。这样，大量降水不会白白从雨水管流走，减少对城市下水道排水系统的压力。土壤层中滴灌系统用水来自安装在屋顶北边和南边排水管口的水箱。这些水箱能够储存 1/3 的降水，以确保植物在生长初期和干旱天气获得充足的水。

（2）降低温度，节能减排。设计人员希望这座屋顶花园能够降低夏天阳光直晒下的屋顶温度，从而减少建筑吸收热量，降低室温。绿色屋顶比普通屋顶吸收直晒太阳光热量少 25%，屋顶表面温度比其他建筑平均低 21 ℃，屋顶空气温度比其他建筑低 9.4 ℃。绿色屋顶在夏天能减少热量吸收，在冬天则能减少建筑大约一半的热量流失。这样可以降低室内空调用电 25%，节约电能和暖气。

（3）减少温室气体排放。除减少供冷空调使用外，屋顶花园的植物可以通过自身光合作用吸收二氧化碳，释放氧气。1.5 m² 草类植物每年光合作用释放的氧气足够满足普通人一年的消耗。

（4）净化空气。绿色屋顶不仅可以吸收热量、降低温度、增加湿度，还能形成一层"空气过滤网"。1 m² 屋顶草地每年可以去除 0.2 kg 空气中的悬浮颗粒。随着屋顶花园在芝加哥市普及，当地空气质量可望明显改善。

（5）降低噪声。绿色屋顶可起到吸收噪声、隔声的作用。土壤层易阻挡频率较低的声音，植物易阻挡频率较高的声音。土壤层厚 12 cm，绿色屋顶可以降低噪声 40 dB；土壤层厚 20 cm，可降低噪声 46～50 dB。另外，绿色屋顶还可减少热岛效应，发展城市农业，食物种植，如蔬果供当地居民食用等。

模块小结

屋顶是房屋上部起维护作用的承重构件,通常由防水层和结构层组成,根据需要还可增加保温层、隔热层等构造层次。屋顶的设计应满足建筑的使用功能(防水、保温、隔热、防潮、防火、隔声等)、结构安全(足够的强度与刚度)、施工方便,以及经济合理等方面的要求。

屋顶可按多种方式进行分类,从外观形式上可分为平屋顶、坡屋顶和其他屋顶。平屋顶的排水坡度在5%以下,一般为2%～3%。坡屋顶的屋面坡度在10%以上。

屋面的排水方式分为无组织排水和有组织排水两类。有组织排水又分为内排水和外排水。平屋顶的排水坡度可由结构找坡和材料垫坡形成。坡屋顶的坡度由结构形成。

平屋顶的防水可采用卷材防水、涂膜防水等。防水设计应根据建筑的类别和要求确定防水等级、防水层材料和设防道数。

坡屋顶的结构体系分为有檩体系和无檩体系两大类;屋面类型有平瓦屋面、油毡瓦屋面、块瓦型钢板彩瓦屋面、金属板屋面、压型金属板屋面和透光屋面。

坡屋顶的隔热方式有通风隔热和材料隔热。

复习思考题

1．屋顶有哪些功能和外观形式?
2．影响屋顶坡度的因素有哪些?如何形成屋顶的排水坡度?
3．什么叫作有组织排水?它包括哪些构件?
4．平屋顶包括哪些构造层次?各层的作用是什么?
5．卷材防水屋面有哪些构造层次?防水层铺设要注意哪些问题?
6．卷材防水屋面细部节点构造如何处理?请绘图说明。
7．什么是涂膜防水?如何提高其防水性能?

模块 9　工业建筑认知

知识目标

1. 掌握单层厂房的结构体系和类型。
2. 掌握单层厂房定位轴线的标定方法。
3. 了解工业建筑的特点与分类。
4. 了解厂房内的起重运输设备。

能力目标

1. 能够区分工业建筑的类型。
2. 能够分析单层工业厂房的构造做法。
3. 能够理解定位轴线的定位。

素养目标

1. 培养质量、安全意识。
2. 培养一丝不苟、追求卓越的工匠精神。
3. 强化绿色发展理念。

工业建筑是供人们从事各类生产活动的建筑物和构筑物，这些房屋往往称为"厂房"或"车间"。由于工业建筑是为各类工业生产服务的，所以其建筑平面布局、建筑结构、建筑构造、施工工艺等均与民用建筑有很大差别。

9.1　工业建筑的特点与分类

9.1.1　工业建筑的特点及设计要求

1. 紧密结合生产需求

每一种工业产品的生产都有一定的生产程序，即生产工艺流程。为了保证生产的顺利进行，保证产品质量和提高劳动生产率，厂房设计必须满足生产工艺要求。不同生产工艺的厂房有不同的特征。

微课：工业建筑的特点与分类

2. 内部空间大

由于厂房中的生产设备多，体积大，各部分生产联系密切，并有多种起重运输设备通行，致使厂房内部具有较大的敞通空间，工业厂房对结构要求较高。例如，有桥式起重机的厂房，室内净高一般均在 8 m 以上；厂房长度一般均在数十米，有些大型轧钢厂，其长度可达数百米甚至超过千米。

3. 厂房屋顶面积大，构造复杂

当厂房宽度较大时，特别是多跨厂房，为满足室内采光、通风的需要，屋顶上往往设有天窗；为了屋面防水、排水的需要，还应设置屋面排水系统（天沟及落水管），这些设施均使屋顶构造复杂。

4. 结构荷载大

工业厂房由于跨度大，屋顶自重大，并且一般都设置一台或数台起重运输设备，同时还要承受较大的振动荷载，因此，多数工业厂房采用钢筋混凝土骨架承重。对于特别高大的厂房、有重型起重机的厂房、高温厂房、地震烈度较高地区的厂房需要采用钢骨架承重。

5. 需满足生产工艺的某些特殊要求

对于一些有特殊要求的厂房，为保证产品质量和产量、保护工人身体健康及生产安全，厂房在设计时常采取一些技术措施解决这些特殊要求。如会产生大量余热及有害烟尘的热加工厂房需通风；精密仪器、生物制剂、制药等厂房要求车间内空气保持一定的温度、湿度、洁净度；有的厂房还需要满足防振、防辐射等要求。

9.1.2　工业建筑的分类

1. 按厂房用途分

（1）主要生产厂房：是用于产品从原料到成品的整个加工、装配过程的厂房，如机械制造厂的铸造车间、热处理车间、机械加工车间和机械装配车间。

（2）辅助生产厂房：是指为主要生产厂房提供生产服务的各类厂房，如修理车间、工具车间等。

（3）动力用厂房：是指为全厂提供能源的厂房，如发电站、变电所、锅炉房等。

（4）仓储建筑：是储存原材料、半成品、成品的房屋（一般称为仓库）。

（5）运输用建筑：是管理、停放及检修交通运输工具的房屋，如汽车库、起重车库、消防车库等。

（6）其他建筑：是指不属于上述五类用途的建筑，如水泵房、污水处理建筑等。

2. 按层数分

（1）单层厂房：是指层数仅为一层的工业厂房。其适用于具有大型设备、震动荷载作用下或重型运输设备的生产，如机械制造、冶金生产及重型设备的组装维修等，如图 9-1 所示。

（2）多层厂房：是指层数在 2 层及 2 层以上的厂房，一般为 2～5 层。其适用于在垂直方向的生产组织、工艺流向比重较大及设备产品较轻的工业生产，如轻工、电子、食品、仪器仪表生产等，如图 9-2 所示。

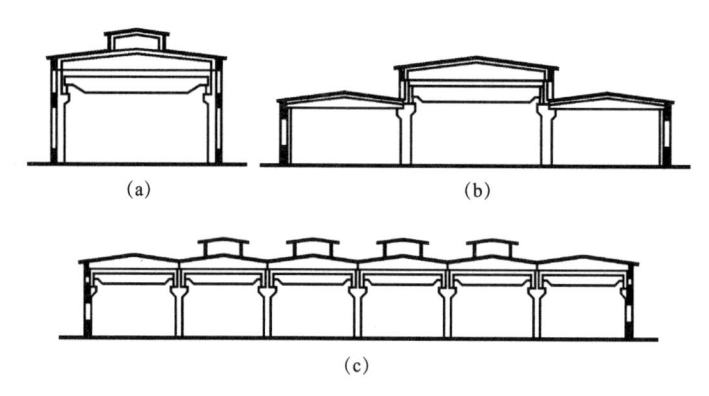

图 9-1 单层厂房
(a) 单跨；(b) 高低跨；(c) 多跨

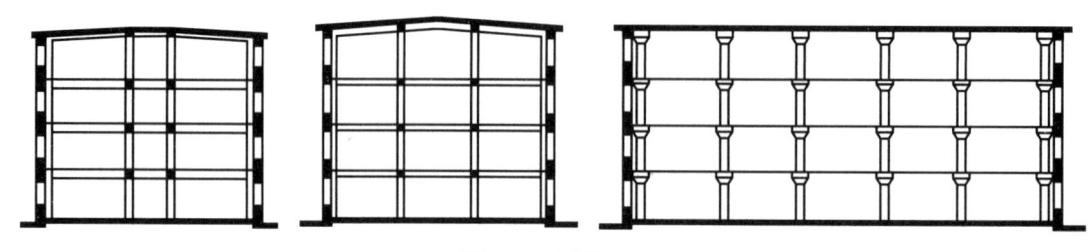

图 9-2 多层厂房

（3）混合层数厂房：是指同一厂房内既有单层又有多层的厂房，多用于化学工业、热电站等，如图 9-3 所示。

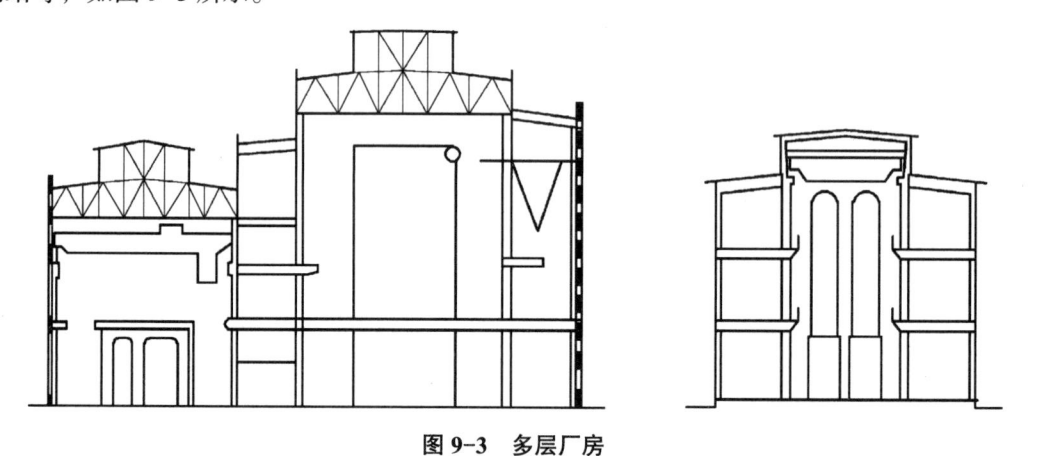

图 9-3 多层厂房

3. 按生产状况分

（1）热加工车间：是指在高温状态下进行生产的车间，如铸造、炼钢、轧钢车间等。

（2）冷加工车间：是指在正常温度、湿度条件下进行生产的车间，如机械加工、机械装配、工具、机修车间等。

（3）恒温恒湿车间：是指在恒定的温度、湿度条件下进行生产的车间，如纺织车间、精密仪器车间、酿造车间等。

（4）洁净车间：是指在无尘、无菌、无污染的高度洁净状况下进行生产的车间，如集成电路车间、医药工业中的粉针剂车间等。

（5）其他特种状况的车间：是指生产过程中会产生大量腐蚀性物质、放射性物质、噪声、电磁波等的车间。

9.2 单层工业厂房的结构组成和类型

9.2.1 单层厂房的结构组成

在厂房建筑中，支承各种荷载作用的构件所组成的骨架通常称为结构。目前，我国单层厂房一般采用的是装配式钢筋混凝土排架结构，如图9-4所示。

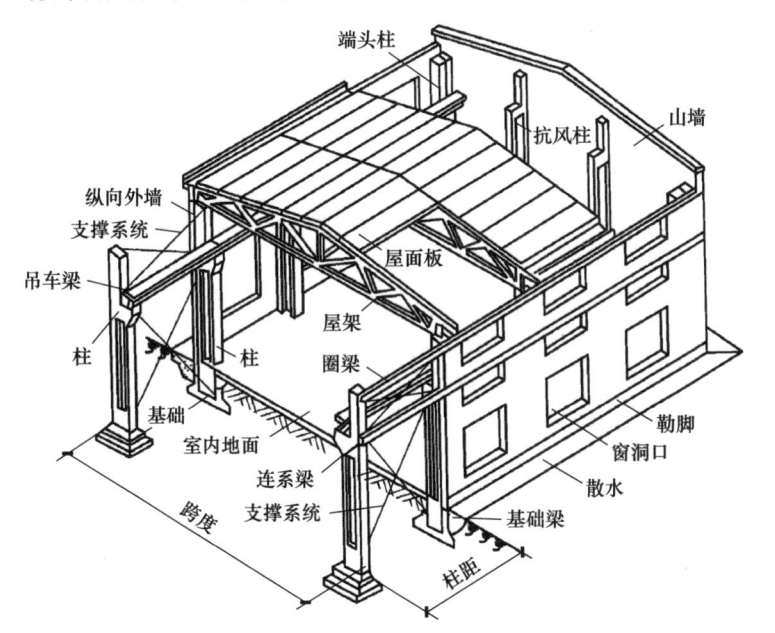

图9-4 单层厂房的结构组成

1. 屋盖系统

屋盖系统由排架柱顶以上部分构件组成，包括屋面板、屋架（或屋面梁）、天沟板。必要时还设有天窗架和托架等。

（1）屋面板：承受屋面构造层自重、屋面活荷载、雪荷载、积灰荷载及施工荷载等，并将它们传递给屋架（或屋面梁），具有覆盖、围护和传递荷载的作用。

（2）屋架（或屋面梁）：与柱形成横向排架结构，承受屋盖上的全部竖向荷载，承受其自重和屋面板传来的活荷载，并将其传给排架柱。

（3）天沟板：屋面排水并承受屋面积水及天沟板上的构造层自重、施工荷载等，并将它们传递给屋架（或屋面梁）。

（4）天窗架：形成天窗以便于采光和通风，承受其上屋面板传递来的荷载及天窗上的风荷载等，并将它们传递给屋架。

（5）托架：当柱间距大于屋架间距时用以支承屋架，并将屋架荷载传递给柱子。

2. 梁柱系统

梁柱系统由排架柱、抗风柱、连系梁、基础梁、吊车梁等组成。

（1）排架柱：承受屋盖结构、吊车梁、外墙、柱间支撑等传来的竖向和水平荷载，并将它们传递给基础。

（2）抗风柱：承受山墙传递来的风荷载，并将它们传递给屋盖结构和基础。

（3）连系梁：连系纵向柱列，增强厂房的纵向刚度，并将风荷载传递给纵向柱列，同时还承受其上部墙体的重量。

（4）基础梁：承受围护墙体的重量，并将其传给基础。

（5）吊车梁：承受起重机竖向和横向或纵向水平荷载，并将它们分别传给横向或纵向排架。

3. 基础

基础承受柱、基础梁传来的荷载，并将其传递给地基。基础包括柱下独立基础和设备基础。柱下独立基础承受柱和基础梁传来的荷载；设备基础承受设备传来的荷载。

4. 支撑系统

支撑系统包括屋盖支撑和柱间支撑。其中，屋盖支撑又分为上弦横向水平支撑、下弦横向水平支撑、纵向水平支撑、垂直支撑及系杆。

（1）屋盖支撑：加强屋盖结构空间刚度，保证屋架的稳定，将风荷载传递给排架结构。

（2）柱间支撑：加强厂房的纵向刚度和稳定性，承受并传递纵向水平荷载至排架柱或基础。

9.2.2 单层厂房的结构体系

1. 排架结构

排架结构是指由柱子、基础、屋架（或屋面梁）构成的一种骨架体系，如图9-5所示。它的基本特点是把屋架（或屋面梁）看作一个刚度很大的横梁，屋架（或屋面梁）与柱子的连接为铰接，柱子与基础的连接为刚接。骨架之间通过纵向联系构件（吊车梁、连系梁、圈梁、檩条、屋面板及支撑系统）构成一体，以提高厂房的纵向联系和整体性。

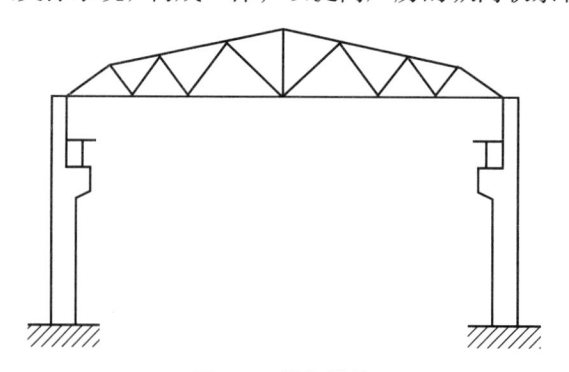

图 9-5 排架结构

2. 刚架结构

刚架结构是指将屋架（或屋面梁）与柱子合并成为一个构件，柱子与屋架（或屋面梁）

连接处为整体刚性节点，柱子与基础的连接一般为铰接节点或刚性节点，如图 9-6 所示。

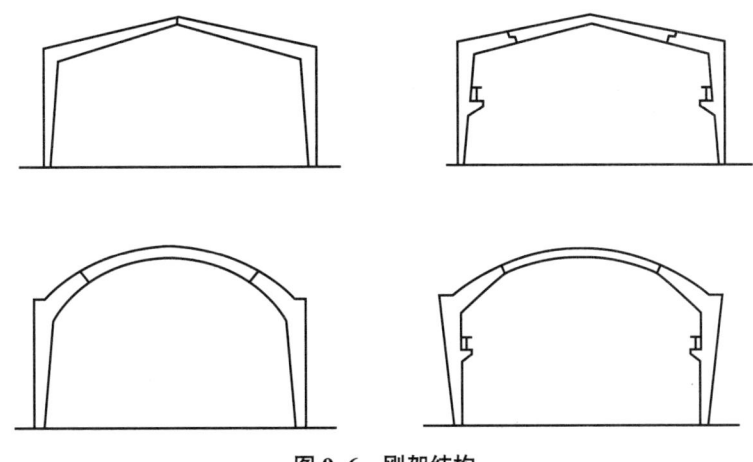

图 9-6　刚架结构

9.2.3　单层厂房的结构类型

1. 砖石结构

砖石结构厂房的基础采用毛石砌筑（毛石混凝土），墙、柱采用砖砌体，屋面采用钢筋混凝土大梁（屋架）或钢屋架、轻钢组合式屋架等结构形式。这种形式的厂房具有构造简单、对施工的条件要求不高等特点。砖石结构适用于没有起重机或起重机吨位在 5 t 以下及厂房跨度小于 15 m 的工业厂房。

2. 预制装配式钢筋混凝土结构

预制装配式钢筋混凝土结构厂房的承重骨架采用预应力钢筋混凝土屋架、大型屋面板、柱、杯形基础，现场预制吊装。预制装配式钢筋混凝土结构适用于厂房跨度较大、起重机吨位较高、地基土质复杂的情况。

3. 钢结构

钢结构厂房柱、屋架均采用钢材制作，整体焊接而成。其特点是施工速度快、抗震性能好，结构自重小，适用于震动荷载、冲击荷载作用明显的厂房。

9.3　厂房内部的起重运输设备

单层工业厂房内需要安装各类起重运输设备，以便装卸各种原材料或搬运各种零部件，常用的有以下三种。

1. 单轨悬挂起重机

单轨悬挂起重机由滑轮组和工字钢轨组成，是在屋架或屋面梁下弦悬挂工字钢轨，梁上设有可水平移动的滑轮组（或称神仙葫芦），利用轮滑组升降的一种起重机，如图 9-7 所示。此类起重机的起重量一般在 3 t 以下，最多不超过 5 t，有手动和电动两种类型，由于轨架悬挂在屋架下弦，因此对屋盖结构的刚度要求比较高。

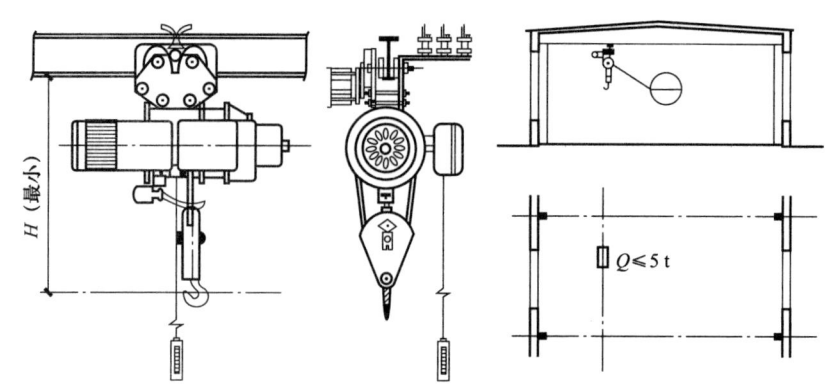

图 9-7 单轨悬挂起重机

2. 梁式起重机

梁式起重机分为两种：一种是悬挂式梁式起重机，在屋架下弦悬挂双轨，在双轨下部安装起重机；另一种是支承式梁式起重机，在两列柱牛腿上设起重机梁和轨道，起重机装于轨道上。两种起重机的横梁均可沿轨道纵向运行，梁上电葫芦可横向运行和起吊重物，起重量不超过 5 t，起重幅面较大，如图 9-8 所示。

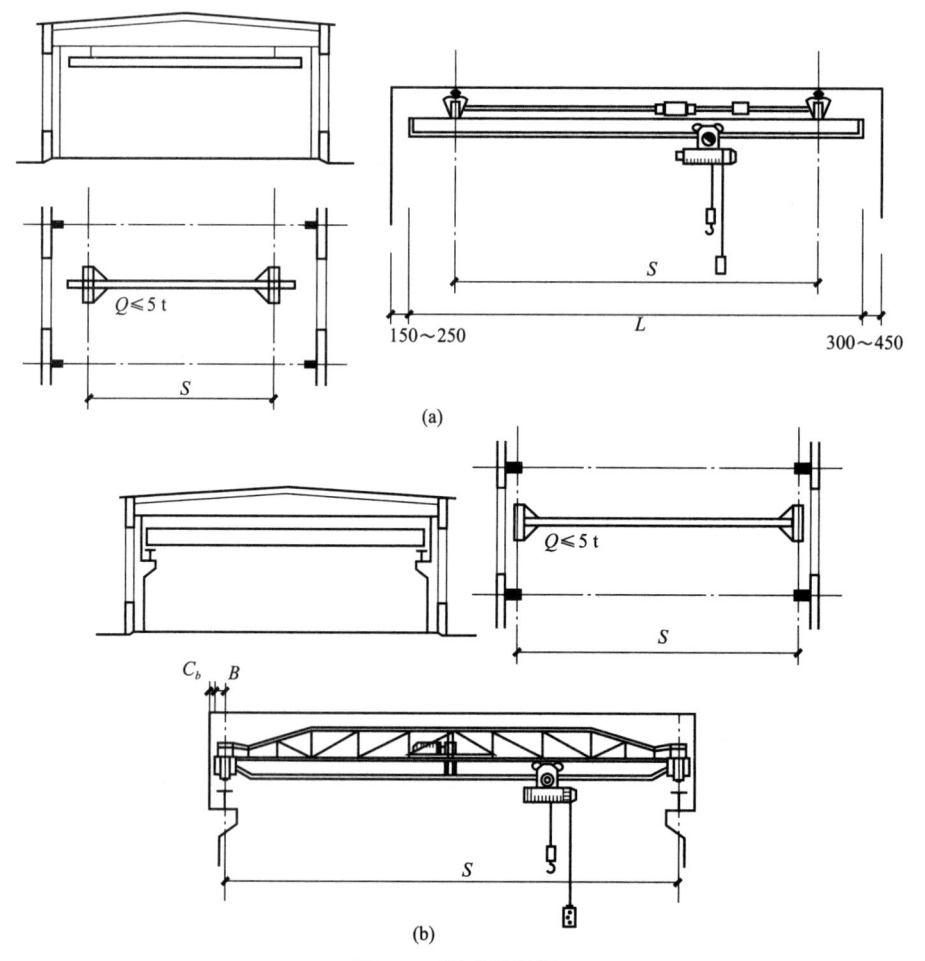

图 9-8 梁式起重机
（a）悬挂式梁式起重机平面图、剖面图及安装尺寸；（b）支承式梁式起重机平面图、剖面图及安装尺寸

3. 桥式起重机

桥式起重机由起重行车及桥架组成。桥架上铺有起重行车运行的轨道（沿厂房横向布置），桥架两端借助行走轮在起重机轨道（沿厂房纵向）上运行，起重机轨道铺设在由柱子支承的吊车梁上，起重量为 5～350 t，如图 9-9 所示。

根据每班内平均工作时间（开动时间/全部生产时间）的多少，桥式起重机可分为以下 3 种：

（1）重级工作制：工作时间＞40%。
（2）中级工作制：25%＜工作时间≤40%。
（3）轻级工作制：15%＜工作时间≤25%。

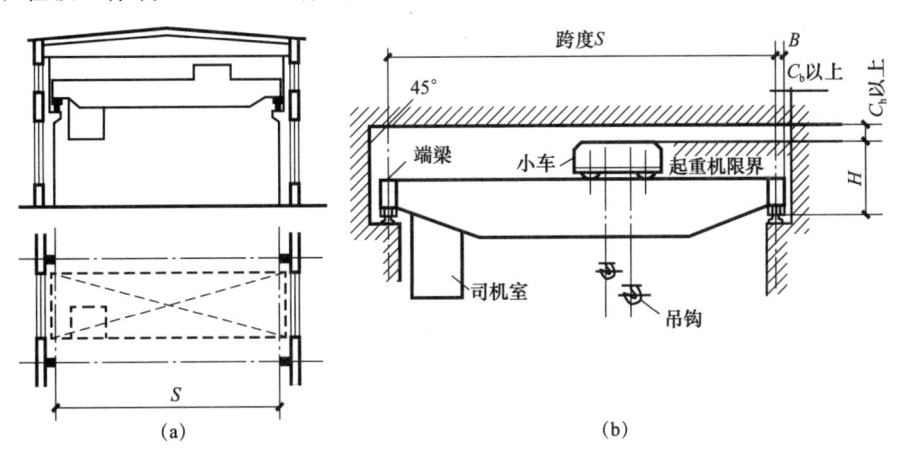

图 9-9 电动桥式起重机
（a）平面图、剖面图示意；（b）起重机安装尺寸

9.4 单层厂房的定位轴线

单层厂房的定位轴线是确定厂房主要构件的位置及其标志尺寸的基线，同时也是设备定位、安装及厂房施工放线的依据。

9.4.1 柱网

厂房的定位轴线分为横向定位轴线和纵向定位轴线两种，两种轴线在平面上排列所形成的网格，称为柱网，如图 9-10 所示。柱网布置就是确定纵向定位轴线之间（跨度）和横向定位轴线之间（柱距）的尺寸。确定柱网尺寸，即确定柱的位置，同时也是确定屋面板、屋架和起重机梁等构件的跨度并涉及厂房结构构件的布置。柱网布置恰当与否，将直接影响厂房结构的经济合理性和先进性，与生产使用也有密切关系。

1. 跨度

两纵向定位轴线间的距离称为跨度。单层厂房的跨度在 18 m 及 18 m 以下时，取 30M 数列，如 9 m、12 m、15 m、18 m；当单层厂房的跨度在 18 m 以上时，取 60M 数列，如

24 m、30 m、36 m等。

2. 柱距

两横向定位轴线的距离称为柱距。单层厂房的柱距应采用60M数列，如6 m、12 m，一般情况下均采用6 m。抗风柱柱距宜采用15M数列，如4.5 m、6 m、7.5 m。

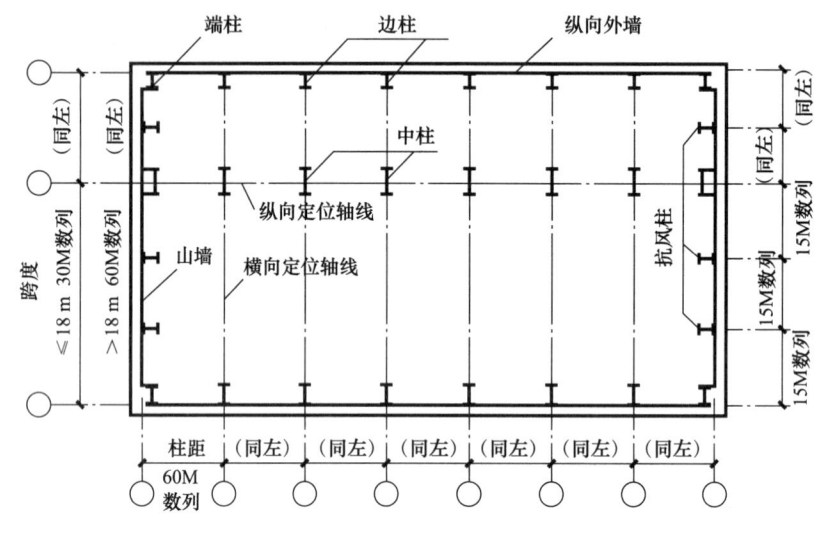

图 9-10 单层厂房平面柱网布置及定位轴线

9.4.2 定位轴线的确定

厂房定位轴线的确定，应满足生产工艺的要求并注意减少厂房构件类型和规格，同时使不同厂房结构形式所采用的构件能最大限度地互换和通用，有利于提高厂房工业化水平。

1. 横向定位轴线

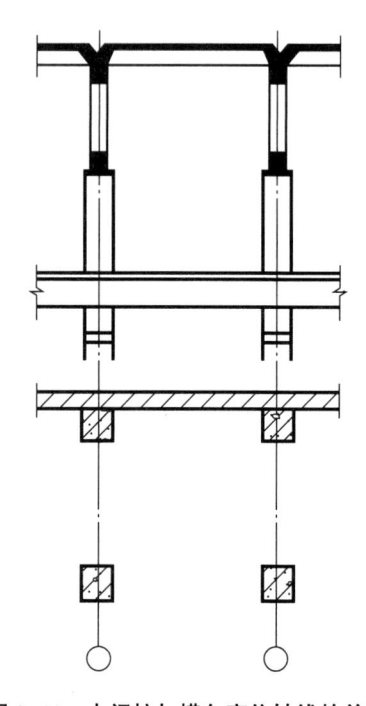

（1）中间柱与横向定位轴线的关系。除山墙端部柱和横向变形缝两侧柱外，厂房纵向柱列（包括中柱和边柱）中的中间柱的中心线应与横向定位轴线相重合，且横向定位轴线应通过屋架中心线和屋面板、吊车梁等构件的横向接缝，如图9-11所示。

（2）山墙处柱与横线定位轴线的关系。山墙为非承重墙时，墙内缘应与横向定位轴线相重合，且端部柱及端部屋架的中心线应自横向定位轴线向内移 600 mm，如图9-12所示。

山墙为承重墙时，墙内缘与横向定位轴线间的距离应按砌体的块材类别确定，为半块或半块的倍数或墙厚的一半，如图9-13所示。

图 9-11 中间柱与横向定位轴线的关系

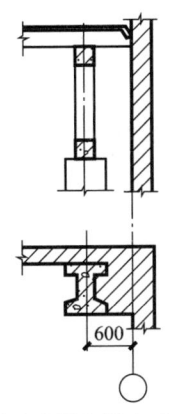

图 9-12 非承重山墙与横向定位轴线的关系

图 9-13 承重山墙与横向定位轴线的关系

（3）横向变形缝处柱与横向定位轴线的关系。在横向伸缩缝或防震缝处，采用双柱及两条定位轴线。柱的中心线均应自定位轴线向两侧各移 600 mm，如图 9-14 所示。

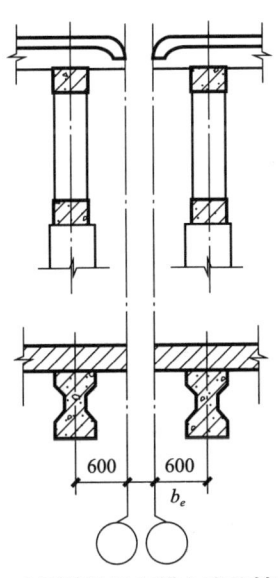

图 9-14 变形缝处柱与横向定位轴线的关系

·173·

2. 纵向定位轴线

（1）边柱与纵向定位轴线的关系。

1）封闭结合。当结构所需的上柱截面高度 h、起重机桥架端头长度 B 及起重机安全运行时所需桥架端头与上柱内缘的间隙 C_b 三者之和小于起重机轨道中心线至厂房纵向定位轴线间的距离 e（一般为 750 mm），即 $h + B + C_b \leqslant e$ 时，边柱外缘、墙内缘宜与纵向定位轴线相重合，此时屋架端部与墙内缘也重合，形成封闭结合的构造，如图 9-15（a）所示。

2）非封闭结合。当 $h + B + C_b > e$ 时，若继续采用封闭结合的定位办法，便不能满足起重机安全运行所需间隙要求。因此，需要将边柱的外缘从纵向定位轴线向外移出一定尺寸 a_c，这个尺寸 a_c 称为联系尺寸。由于纵向定位轴线与柱子边缘间有联系尺寸，上部屋面板与外墙之间便出现空隙，因此这种情况称为非封闭结合，如图 9-15（b）所示。

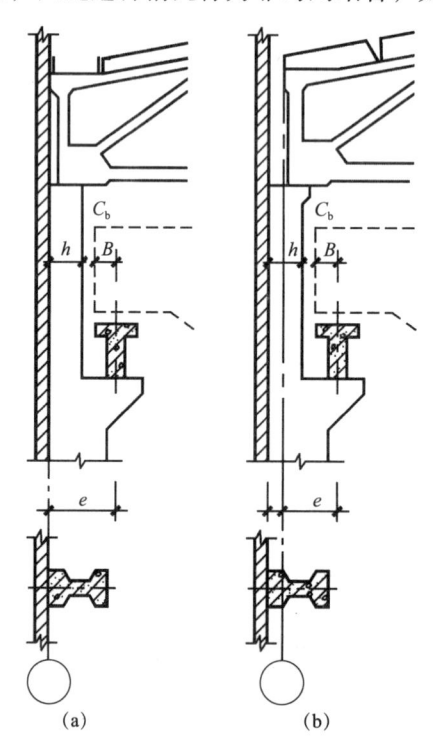

图 9-15 边柱与纵向定位轴线的关系
（a）封闭结合；（b）非封闭结合

（2）中柱与纵向定位轴线的关系。

1）等高厂房中柱设单柱时的定位。双跨及多跨厂房中如没有纵向变形缝，宜设置单柱和一条纵向定位轴线，且上柱的中心线与纵向定位轴线相重合，如图 9-16（a）所示。当相邻跨内的桥式起重机起重量较大时，设两条定位轴线，两轴线间距离（插入距）用 a_i 表示，此时上柱中心线与插入距中心线相重合，如图 9-16（b）所示。

2）等高厂房中柱设双柱时的定位。若厂房需设置纵向防震缝时，应采用双柱及两条定位轴线，此时的插入距 a_i 与相邻两跨起重机起重量大小有关。若相邻两跨起重机起重量不大，其插入距 a_i 等于防震缝宽度 b_e，即 $a_i = b_e$，如图 9-17（a）所示，若相邻两跨中，一跨起重机起重量大，必须在该跨设联系尺寸 a_c，此时插入距 $a_i = b_e + a_c$，如图 9-17（b）所示；若相邻两跨起重机起重量都大，两跨都需要设联系尺寸 a_c，此时插入距 $a_i = a_c + b_e + a_c$，如图 9-17（c）所示。

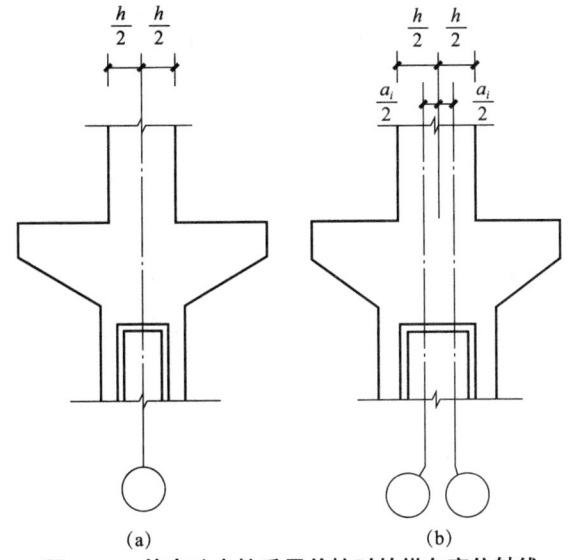

图 9-16　等高跨中柱采用单柱时的纵向定位轴线

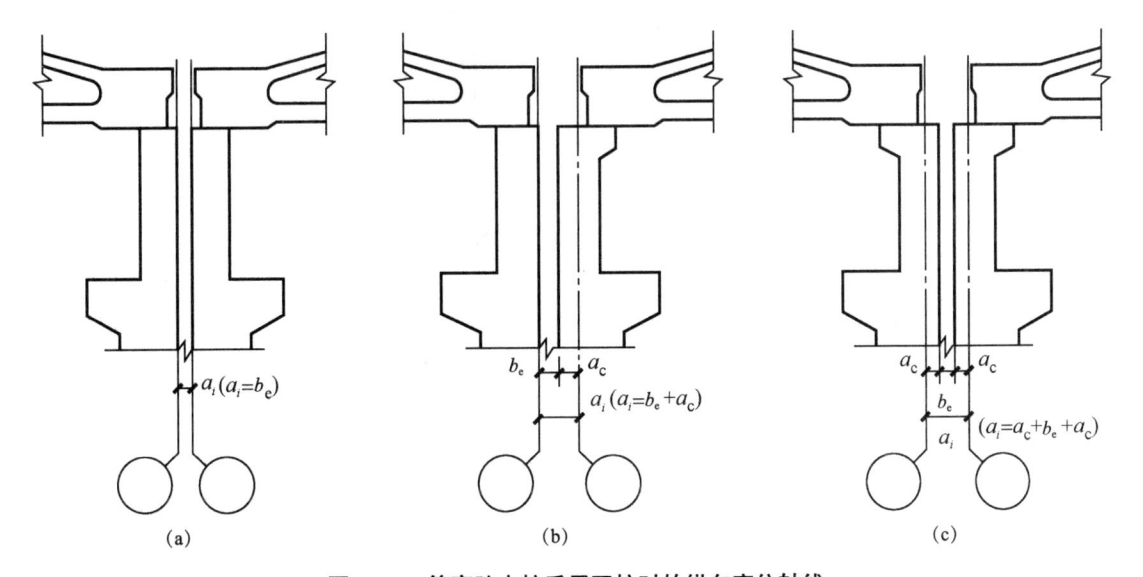

图 9-17　等高跨中柱采用双柱时的纵向定位轴线

3）不等高跨中柱设单柱时的定位。不等高跨不设纵向伸缩缝时，一般采用单柱，若高跨内起重机起重量不大时，根据封墙底面的高低，可以有两种情况。若封墙底面高于低跨屋面时，宜采用一条纵向定位轴线，且纵向定位轴线与高跨上柱外缘、封墙内缘及低跨屋架标志尺寸端部相重合，如图 9-18（a）所示。若封墙底面低于低跨屋面时，应采用两条纵向定位轴线，且插入距 a_i 等于封墙厚度 δ，即 $a_i = \delta$，如图 9-18（b）所示。

当高跨起重机起重量大时，高跨中需设联系尺寸 a_c，此时定位轴线也有两种情况。若封墙底面高于低跨屋面，则 $a_i = a_c$，如图 9-18（c）所示；若封墙底面低于低跨屋面，则 $a_i = a_c + \delta$，如图 9-18（d）所示。

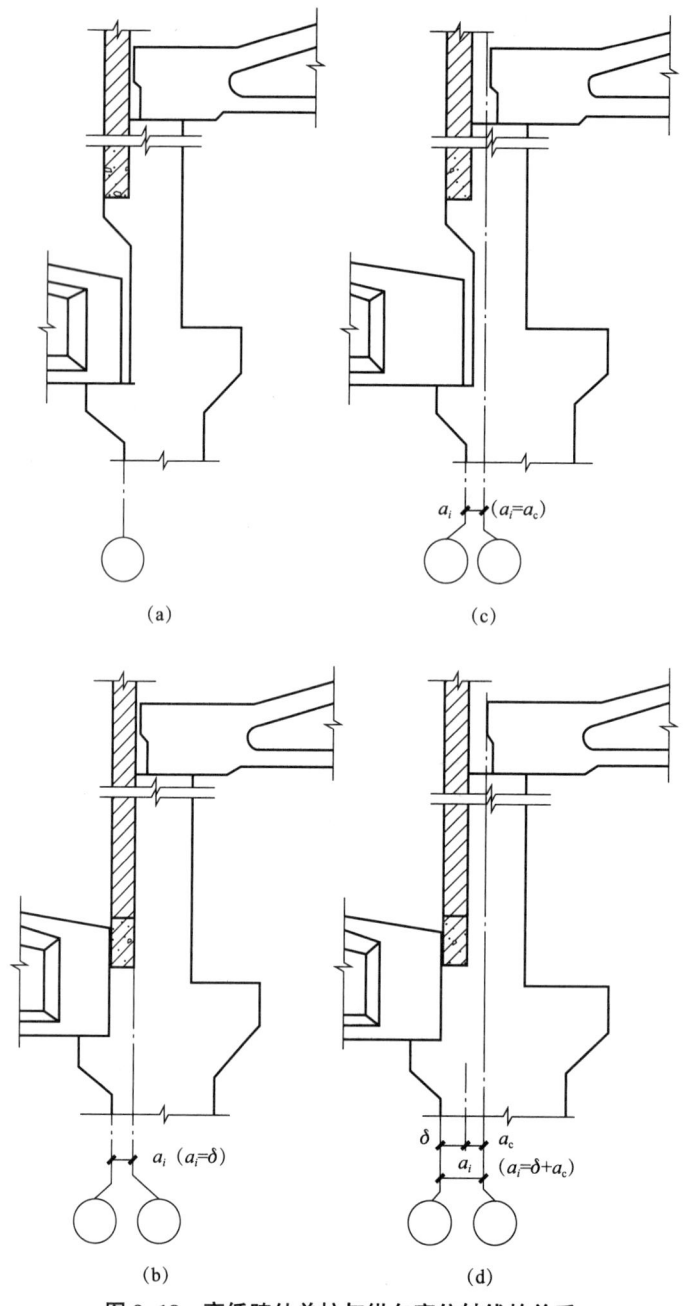

图 9-18 高低跨处单柱与纵向定位轴线的关系

4）不等高跨中柱设双柱时的定位。当不等高跨高差或荷载相差悬殊需设沉降缝时，此时只能采用双柱及两条定位轴线，其插入距 a_i 分别与起重机起重量大小、封墙高低有关。

若高跨起重机起重量不大，封墙底面高于低跨屋面时，插入距 a_i 等于沉降缝宽度 b_e，即 $a_i = b_e$，如图 9-19（a）所示；封墙底面低于低跨屋面时，插入距 a_i 等于沉降缝宽度 b_e 加上封墙厚度 δ，即 $a_i = b_e + \delta$，如图 9-19（b）所示。若高跨起重机起重量较大，高跨内需设联系尺寸 a_c，当封墙底面高于低跨屋面时，$a_i = b_e + a_c$，如图 9-19（c）所示；当封墙底面低于低跨屋面时 $a_i = a_c + b_e + \delta$，如图 9-19（d）所示。

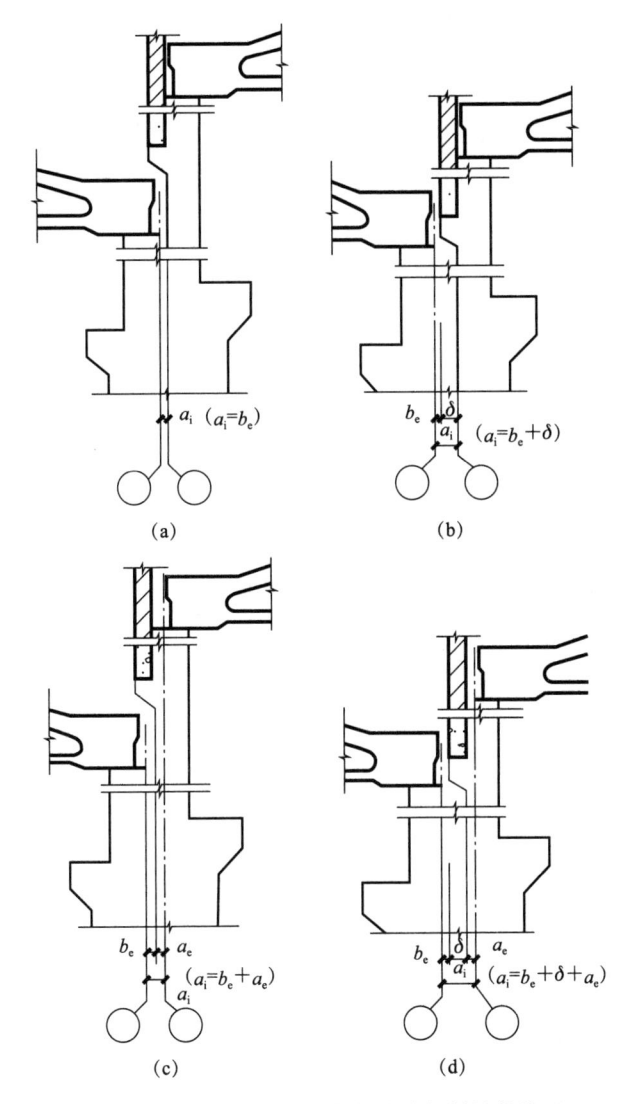

图 9-19 高低跨处双柱与纵向定位轴线的关系

素养课堂

装配式建筑

随着科技和工业的不断发展，装配式建筑在工业建筑中的应用越来越广泛。装配式建筑是指将建筑结构的组成部件在工厂进行预制，然后在现场进行组装和安装的一种建筑方式。

装配式建筑具有高效、环保、经济等优势，在工厂厂房、仓储物流设施等工业建筑中应用越来越广泛。以下是几个典型例子。

1．北京新兴科技园区办公楼

北京新兴科技园区办公楼的建设采用了装配式建筑技术。通过预制建筑构件的使用，办公楼的建设时间缩短了一半，大大加快了工程进度。同时，装配式建筑的使用还减少了对周边环境的影响，提升了节能环保水平。

2．上海国际物流中心

上海国际物流中心是一个大型物流设施，其建设也采用了装配式建筑技术。装配式建筑的快速组装使得物流中心的建设进度得以大幅提高。而且，由于装配式建筑所用材料的标准化和工厂化生产，提高了物流中心的质量和稳定性。

3．广州地铁车站

广州地铁车站的建设同样采用了装配式建筑技术。装配式建筑的使用不仅缩短了地铁车站的建设时间，也减少了施工对周边交通的影响。而且，装配式建筑材料的环保性和可回收性也符合地铁车站建设的要求。

2021年10月，《国务院关于印发2030年前碳达峰行动方案的通知》中明确提出："推广绿色低碳建材和绿色建造方式，加快推进新型建筑工业化，大力发展装配式建筑，推广钢结构住宅，推动建材循环利用，强化绿色设计和绿色施工管理。"党的二十大报告提出了推动绿色发展，促进人与自然和谐共生。装配式建筑符合现代社会可持续发展理念，具有节约资源，减少污染排放，利于环境保护的低碳绿色特点。我们期待未来装配式建筑在工业建筑中的更多应用和不断创新。

模块小结

工业建筑是指供人民从事各类生产活动和储存的建筑物和构筑物，有构造复杂、结构荷载大、紧密结合生产需求等特点，通常可按厂房用途、层数、生产状况三种方式进行分类。单层工业厂房主要有排架结构和刚架结构两种结构类型，我国单层工业厂房一般采用的是装配式钢筋混凝土排架结构，单层厂房内常用的起重设备有单轨悬挂起重机、梁式起重机、桥式起重机。

复习思考题

1．什么是工业建筑？
2．工业建筑的特点是什么？如何分类？
3．简述常见的装配式钢筋混凝土横向排架结构单层厂房的组成。
4．什么是柱网、跨度、柱距？
5．单层厂房轴线如何定位？

模块 10　单层厂房的主要结构构件

知识目标

1. 熟练掌握单层厂房基础的类型与构造。
2. 掌握基础梁搁置的构造要求。
3. 了解排架柱、抗风柱、屋架、吊车梁、屋面板、连系梁和圈梁的构造与连接。
4. 了解单层厂房的支撑系统。

能力目标

1. 能准确判断单层厂房基础的类型。
2. 能熟练识读单层厂房基础的构造图。

素养目标

1. 培养一丝不苟的劳模精神，精益求精的工匠精神。
2. 强化岗位意识，提高职业素养。
3. 培养质量、安全意识。

10.1　基础与基础梁

10.1.1　基础

基础支承厂房上部结构的全部荷载，然后连同自重传递到地基中去，是厂房结构中的重要构件之一。

1. 基础的类型

基础的类型主要取决于上部荷载的大小、性质及工程地质条件等。单层工业厂房的基础一般做成独立式基础，其形式有锥台形基础、薄壳基础、板肋基础等，如图 10-1 所示。根据厂房荷载及地基情况，还可采用条形基础和桩基础等，如图 10-2、图 10-3 所示。

2. 独立式基础构造

在单层工业厂房中独立式基础应用较广泛，所以，下面以独立式基础为例研究其构造。由于柱有现浇和预制两种施工方法，因此基础与柱的连接也有两种构造形式。

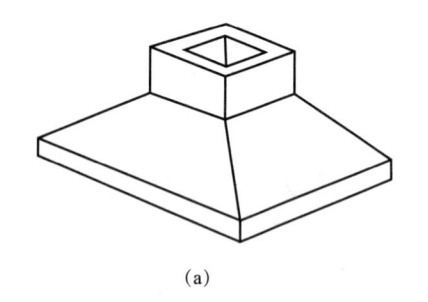

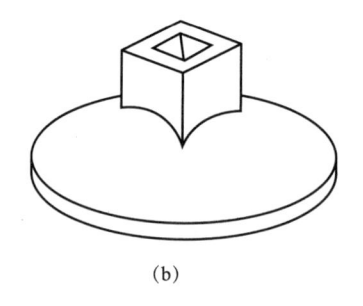

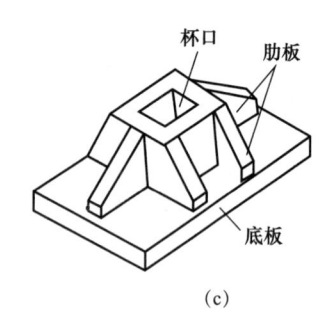

图 10-1 独立式基础
(a) 锥台形基础；(b) 薄壳基础；(c) 板肋基础

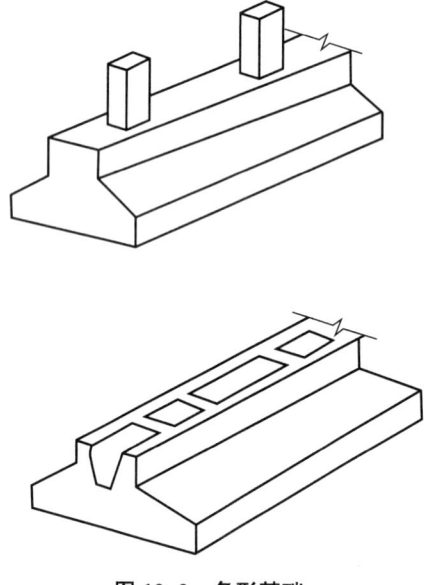

图 10-2 条形基础

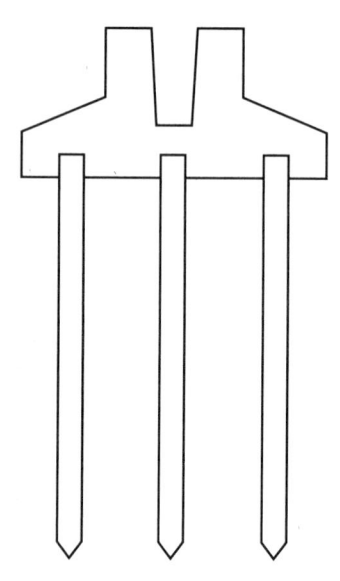

图 10-3 桩基础

（1）现浇柱下基础。基础与柱均为现场浇筑，但不同时施工，因此应在基础顶面相应位置预留钢筋，其数量与柱中的纵向受力钢筋相同，预留钢筋的伸出长度应根据柱的受力情况、钢筋规格及接头方式（如焊接或绑扎接头）来确定，一般构造做法如图 10-4 所示。

（2）预制柱下杯形基础。当柱为预制时，基础的顶部做成杯口形式，柱安装在杯口内，这种基础称为杯形基础，如图 10-5 所示。

基础所用混凝土的强度等级一般不低于 C15，钢筋采用 HPB300 级钢筋。为了便于施工放线和保护钢筋，在基础底部通常铺设 C15 的混凝土垫层，厚度为 100 mm。独立式基础的施工，目前普遍采用现场浇筑的方法。

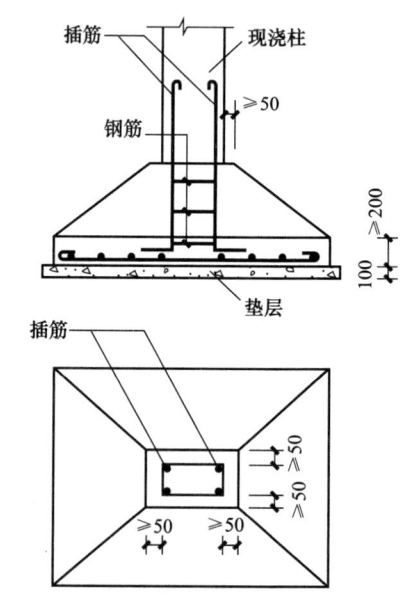

图 10-4 现浇柱下基础

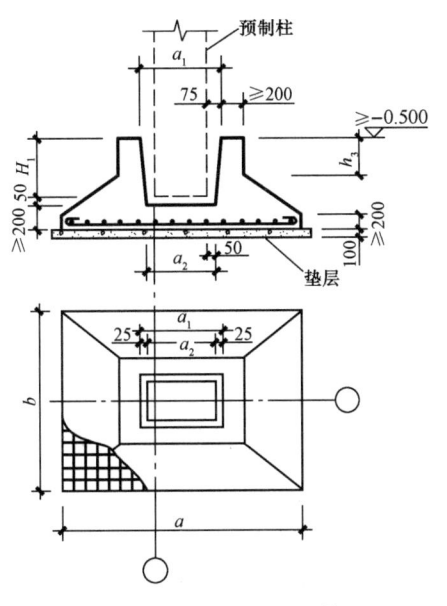

图 10-5 预制柱下杯形基础

10.1.2 基础梁

单层厂房采用钢筋混凝土排架结构时,外墙和内墙仅起围护或分隔作用。此时如果设墙下基础,则会由于墙下基础所承受的荷载比柱基础小得多,而产生不均匀沉降,导致墙面开裂。因此,一般厂房将外墙或内墙砌筑在基础梁上,基础梁两端架设在相邻独立基础的顶面,这样可使内、外墙和柱一起沉降,墙面不易开裂,如图 10-6 所示。

基础梁的标准长度一般为 6 m,截面形式多采用上宽下窄的梯形截面,有预应力与非预应力钢筋混凝土梁两种,如图 10-7 所示。

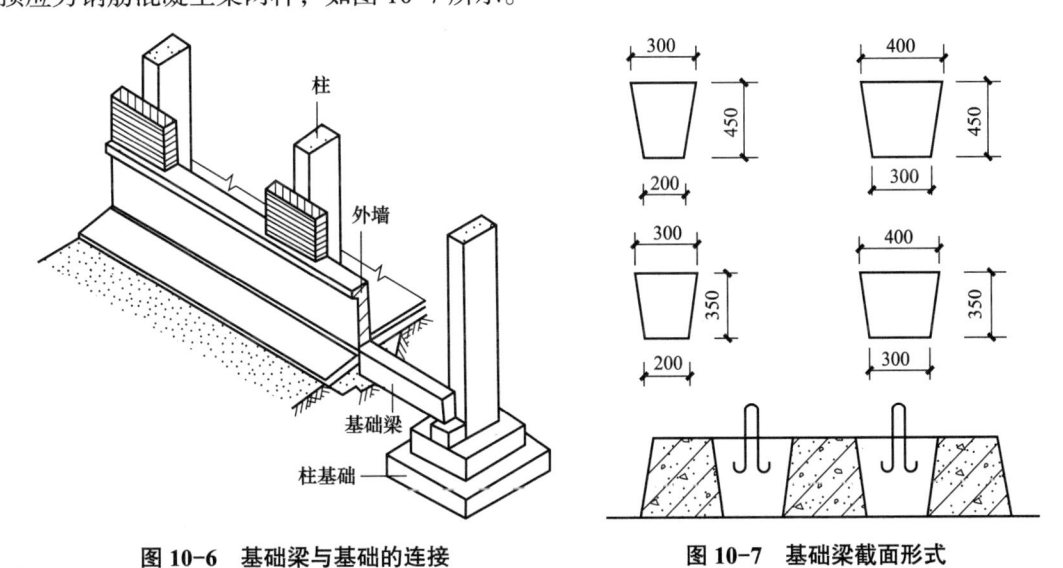

图 10-6 基础梁与基础的连接

图 10-7 基础梁截面形式

(1)基础梁搁置的构造要求如下。

1)基础梁顶面标高应至少低于室内地坪 50 mm,高于室外地坪 100 mm。

2）基础梁一般直接搁置在基础顶面上，当基础较深时，可采取加垫块、设置高杯口基础或在柱下部分加设牛腿等措施，如图10-8所示。

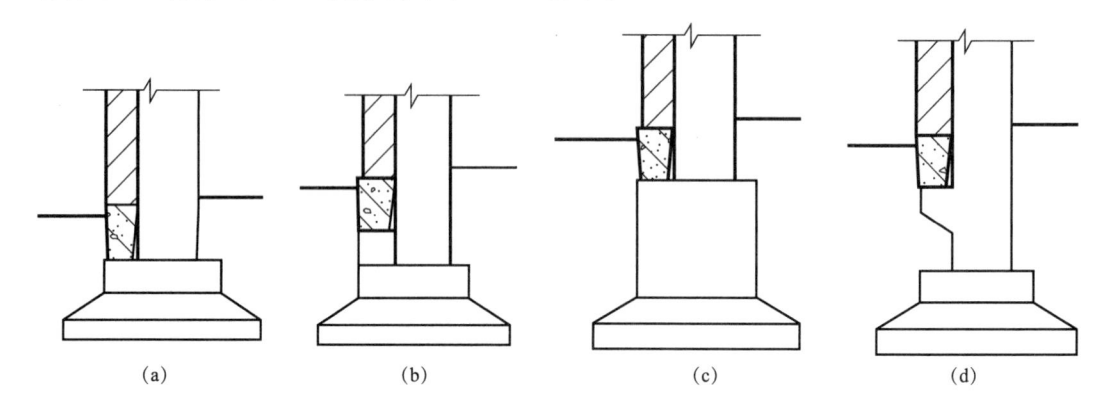

图10-8 基础梁的位置与搁置方式
(a) 基础梁搁置在柱基础顶面上；(b) 基础梁搁置在混凝土垫块上；
(c) 基础梁搁置在高杯口基础上；(d) 基础梁搁置在柱牛腿上

（2）基础产生沉降时，基础梁底的坚实土将对梁产生反拱作用；寒冷地区土壤冻胀也将对基础梁产生反拱作用，因此在基础梁底部应留有50～100 mm的空隙，寒冷地区基础梁底铺设厚度≥300 mm的松散材料，如炉渣、干砂，如图10-9所示。

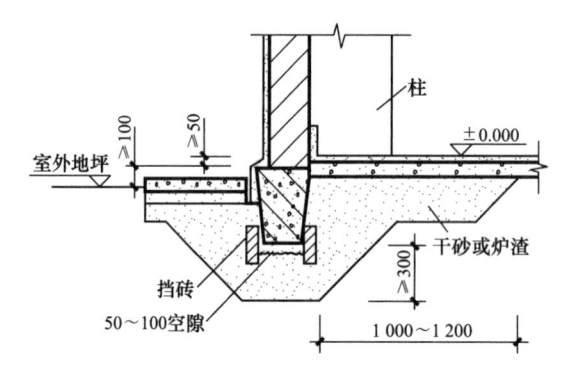

图10-9 基础梁防冻措施

10.2 柱

在单层工业厂房中，柱按其作用不同可分为排架柱和抗风柱两种。

10.2.1 排架柱

排架柱是厂房结构中的主要承重构件之一，它不仅承受屋盖和起重机等竖向荷载，还承受起重机刹车时产生的纵向和横向水平荷载、风荷载、墙体和管道设备荷载等。

1. 柱的类型

柱按所用的材料不同可分为砖柱、钢筋混凝土柱、钢柱等，目前钢筋混凝土柱应用最为广泛。

钢筋混凝土柱基本上可分为单肢柱和双肢柱两大类。单肢柱的截面形式有矩形、工字形及空心管柱；双肢柱截面形式是由双肢矩形柱或双肢空心管柱，用腹杆（平腹杆或斜腹杆）连接而成，如图 10-10 所示。

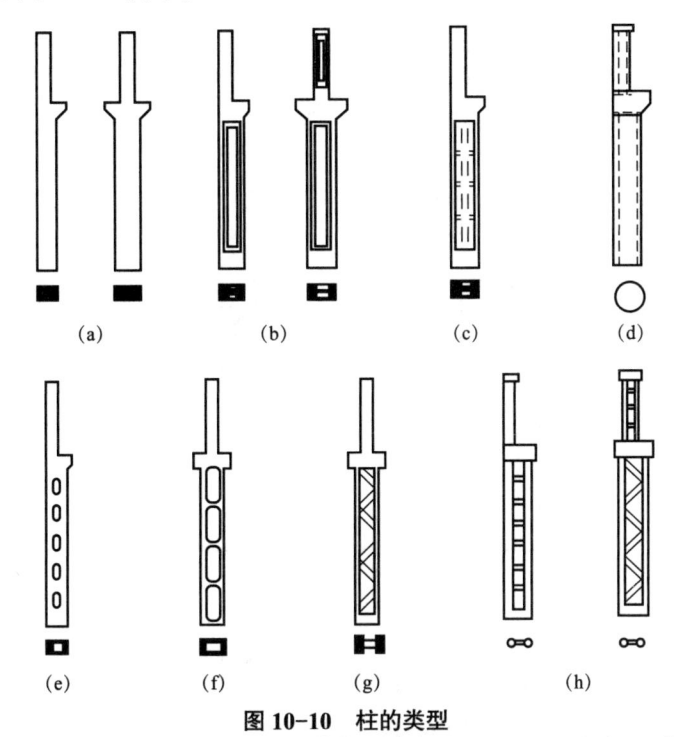

图 10-10 柱的类型
(a) 矩形柱；(b) 工字形柱；(c) 预制空腹板工字形柱；(d) 单肢空心管柱；
(e) 双肢柱；(f) 平腹杆双肢柱；(g) 斜腹杆双肢柱；(h) 双肢空心管柱

2. 柱的构造

（1）工字形柱。工字形柱截面构造尺寸及要求如图 10-11 所示。

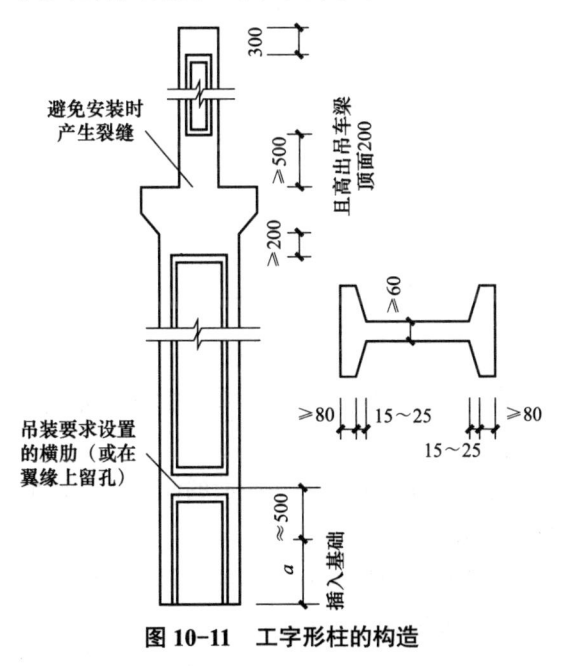

图 10-11 工字形柱的构造

（2）双肢柱。双肢柱的截面构造尺寸及要求如图 10-12 所示。

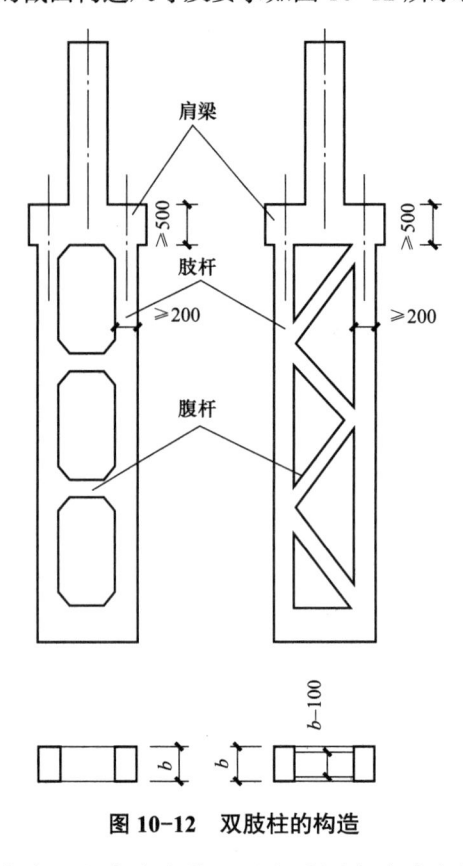

图 10-12　双肢柱的构造

（3）牛腿。牛腿有实腹式和空腹式之分，通常采用实腹式牛腿，如图 10-13 所示。

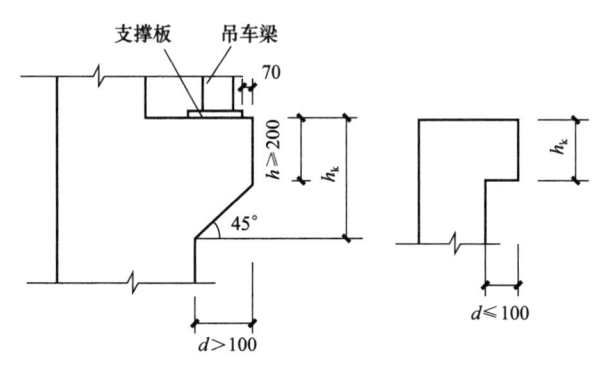

图 10-13　实腹式牛腿的构造

1）牛腿外缘高度 h_k 应大于或等于 $h/3$，且不小于 200 mm。

2）支承吊车梁的牛腿，其支承板边与吊车梁外缘的距离不宜小于 70 mm（其中包括 20 mm 的施工误差）。

3）牛腿挑出距离 d 大于 100 mm 时，牛腿底面的倾斜角 β 宜小于或等于 45°；当 d 小于等于 100 mm 时，β 可等于 0°。

（4）柱的预埋件。为使柱与其他构件有可靠的连接，在柱的相应位置应预埋铁件或预埋钢筋，预埋件的位置及作用如图 10-14 所示。

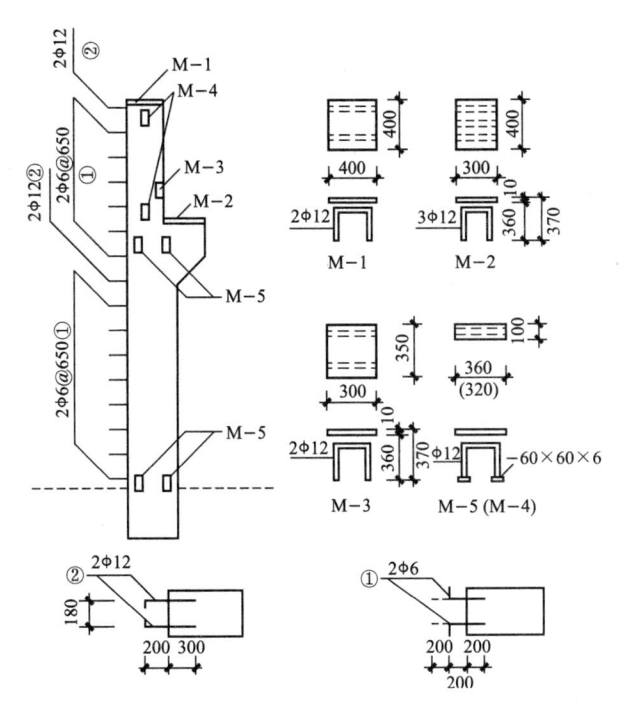

图 10-14 柱的预埋件

M—1 为与屋架连接用埋件；M—2、M—3 为与吊车梁连接用埋件；M—4、M—5 为与柱间支撑连接用埋件；2Φ6@500 为与墙体连接用钢筋；2Φ12 为与连系梁或圈梁连接用钢筋

10.2.2 抗风柱

单层工业厂房的山墙面积很大，为保证山墙的稳定性，应在山墙内侧设置抗风柱，使山墙的风荷载一部分由抗风柱传至基础，另一部分由抗风柱的上端传至屋盖系统再传至纵向柱列。

抗风柱截面形式常为矩形，尺寸常为 400 mm×600 mm 或 400 mm×800 mm。抗风柱与屋架的连接多为铰接，在构造处理上必须满足以下要求：一是水平方向应有可靠的连接，以保证有效地传递风荷载；二是在竖向应使屋架与抗风柱之间有一定的相对竖向位移的可能性，以防止抗风柱与厂房沉降不均匀时屋盖的竖向荷载传给抗风柱，对屋盖结构产生不利影响。因此，屋架与抗风柱之间一般采用弹簧钢板连接，如图 10-15 所示。

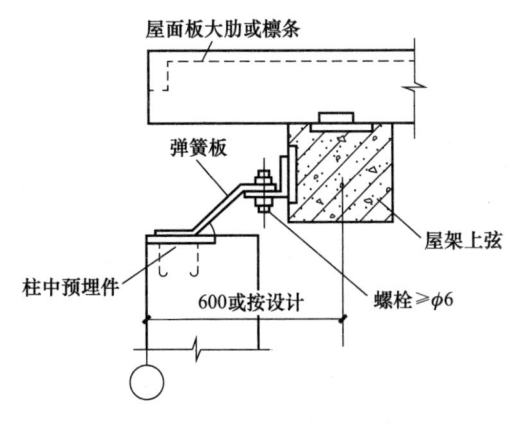

图 10-15 抗风柱与屋架用弹簧板连接

当厂房沉降较大时，往往采用螺栓连接方式，其构造如图10-16所示。

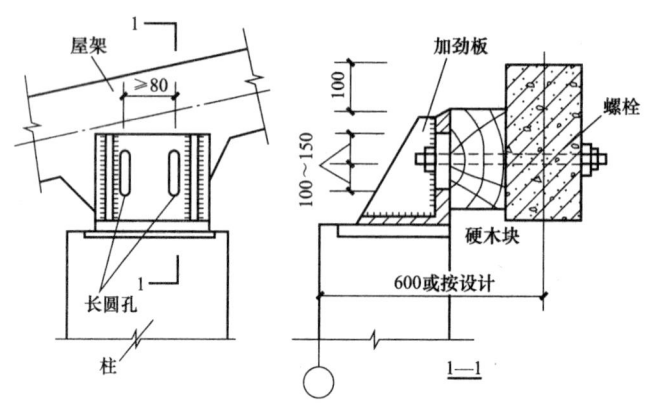

图 10-16　抗风柱与屋架螺栓连接

10.3　屋　　盖

10.3.1　屋盖结构体系

单层厂房的屋盖起承重和围护双重作用。因此，屋盖构件分为承重构件（屋架、屋面梁、托架）和覆盖构件（屋面板、瓦）两部分。目前，单层厂房屋盖结构形式可分为无檩体系和有檩体系两种。

1. 无檩体系

无檩体系是将大型屋面板直接放在屋架（或屋面梁）上，屋架（屋面梁）放在柱子上，如图10-17（a）所示。其优点是整体性好，刚度大，构件数量少，施工速度快，但屋面自重一般较重。无檩体系适用于大、中型厂房。

2. 有檩体系

有檩体系是将各种小型屋面板（或瓦）直接放在檩条上，檩条支撑在屋架（或屋面梁）上，屋架（屋面梁）放在柱子上，如图10-17（b）所示。其优点是屋盖质量轻，构件小，吊装容易，但整体刚度较差，构件数量多。有檩体系适用于小型厂房和起重机吨位小的中型工业厂房。

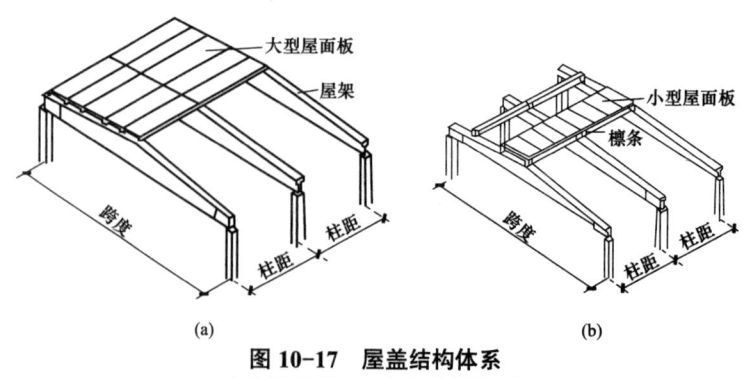

图 10-17　屋盖结构体系
（a）无檩体系；（b）有檩体系

10.3.2 屋盖的承重构件

1. 屋面梁

屋面梁又称为薄腹梁，其断面呈 T 形或工字形，有单坡和双坡之分，如图 10-18 所示。

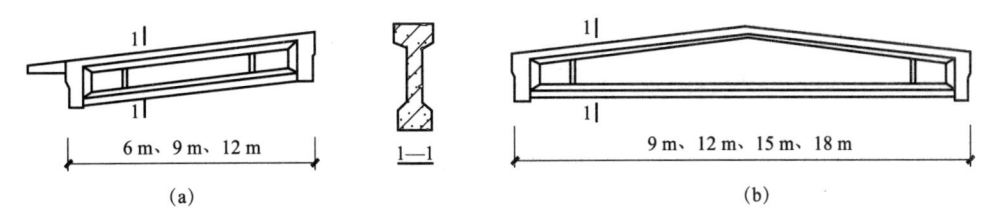

图 10-18 屋面梁
（a）单坡；（b）双坡

单坡屋面梁适用于 6 m、9 m、12 m 的跨度，双坡屋面梁适用于 9 m、12 m、15 m、18 m 的跨度，屋面梁的坡度比较平缓，一般为 1/12 ～ 1/8。屋面梁的特点是形状简单、制作安装方便、稳定性好、可以不加支撑，但自重较大。

2. 屋架

目前常用的屋架为钢筋混凝土桁架式屋架，其外形有三角形、梯形、折线形、拱形四种形式。

（1）三角形屋架。屋架的外形如等腰三角形，屋面坡度为 1/5 ～ 1/3，适用于跨度为 9 m、12 m、15 m 的中、轻型厂房，如图 10-19 所示。

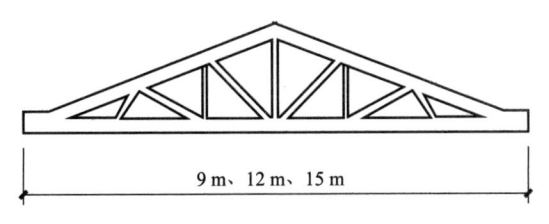

图 10-19 三角形屋架

（2）梯形屋架。屋架的上弦杆件坡度一致，屋面坡度一般为 1/12 ～ 1/10，适用于跨度为 18 m、24 m、30 m 的中型厂房，如图 10-20 所示。

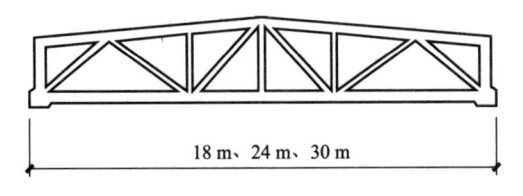

图 10-20 梯形屋架

（3）折线形屋架。屋架的上弦杆件是由若干段折线形杆件组成的。屋面坡度一般为 1/15 ～ 1/5，适用于跨度为 15 m、18 m、24 m、36 m 的中型和重型工业厂房，如图 10-21 所示。

（4）拱形屋架。屋架的上弦杆件是由若干段拱形杆件组成的，屋面坡度一般为 1/30 ～ 1/3，适用于跨度为 18 m、24 m、30 m 的中、重型工业厂房，如图 10-22 所示。

图 10-21 折线形屋架

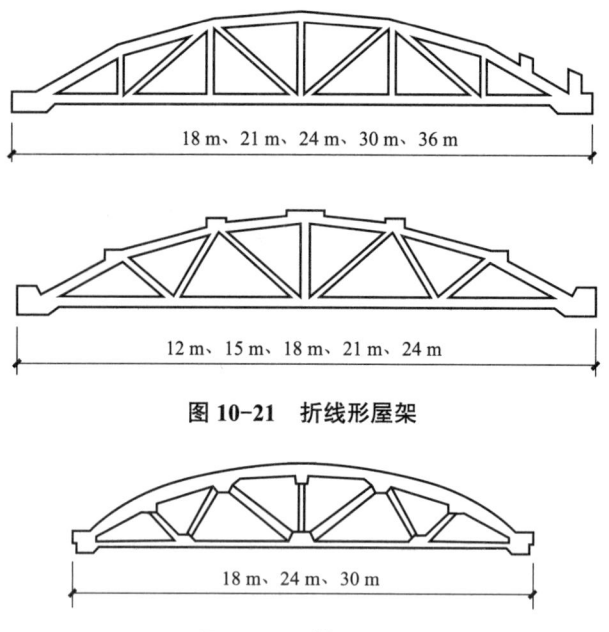

图 10-22 拱形屋架

3. 托架

因工艺要求或设备安装的需要，柱距需要为 12 m，而屋架的间距和大型屋面板的长度仍为 6 m 时，需要在 12 m 的柱距间设置托架来支撑中间屋架，如图 10-23 所示，通过托架将屋架上的荷载传递给柱子。托架一般采用预应力混凝土托架或钢托架。

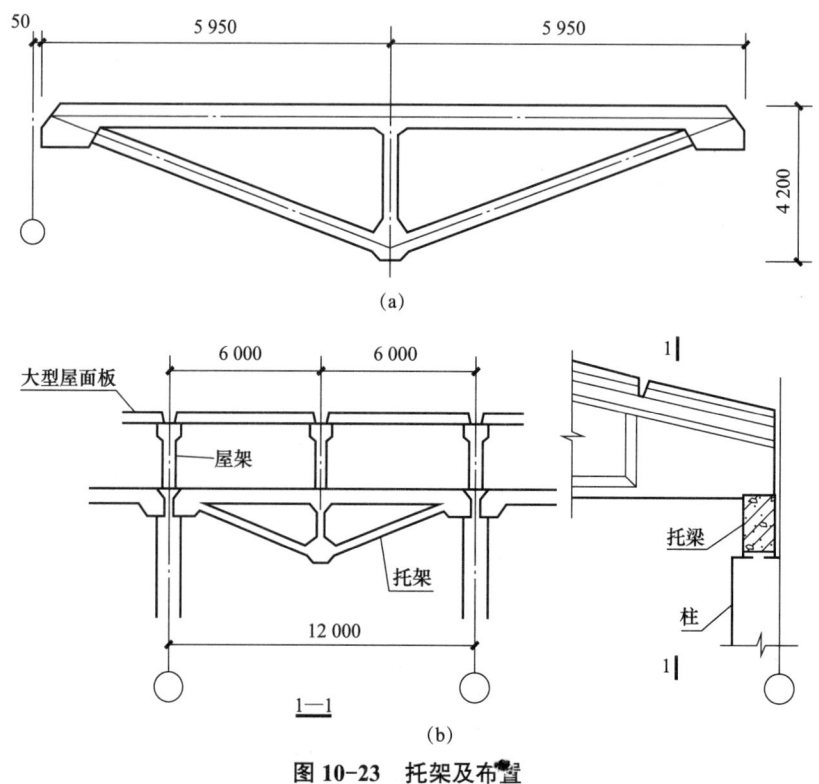

(a)

(b)

图 10-23 托架及布置
（a）托架；（b）托架布置

10.3.3 屋盖的覆盖构件

1. 屋面板

（1）预应力钢筋混凝土大型屋面板。预应力钢筋混凝土大型屋面板是无檩体系中广泛采用的一种屋面板，其外形尺寸常用的是 1.5 m×6 m，如图 10-24 所示。其配合屋架尺寸和檐口做法，以及嵌板、檐口板和天沟板使用，适用于中、大型和振动较大，对屋面刚度要求较高的厂房。

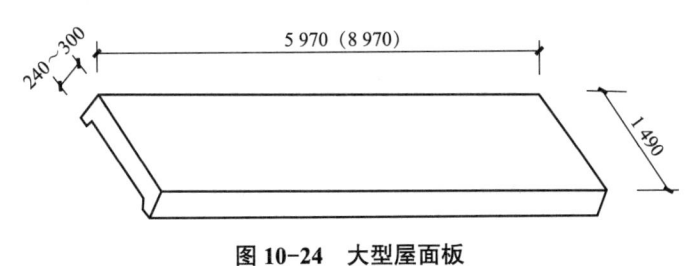

图 10-24 大型屋面板

（2）预应力混凝土 F 形屋面板。此类屋面板属于构件自防水屋面板，其外形尺寸常用的是 1.5 m×6 m，如图 10-25 所示。预应力混凝土 F 形屋面板需要与盖瓦和脊瓦配合使用，适用于中、轻型非保温厂房，不适用于对屋面刚度及防水要求高的厂房。

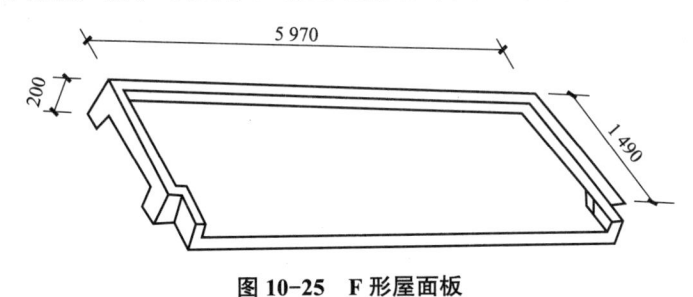

图 10-25 F 形屋面板

（3）预应力混凝土夹芯保温屋面板。此类屋面板具有承重、保温、防水三种作用，故称三合一板，外形尺寸为 1.5 m×6 m，如图 10-26 所示。其适用于一般保温厂房，不适用于气候寒冷、冻融频繁地区和有腐蚀性气体及湿度大的厂房。

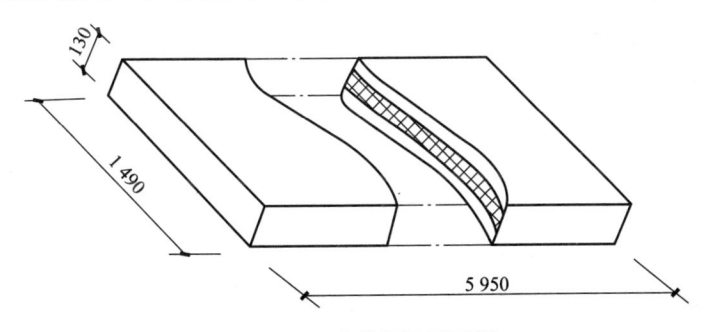

图 10-26 夹芯保温屋面板

（4）钢筋混凝土槽形板（图 10-27）。此类屋面板属于自防水构件，需要与盖瓦、脊瓦和檩条一起使用，适用于起重量在 10 t 以下的中、小型厂房，不适用于有腐蚀气体、有较大振动、对屋面刚度及隔热要求高的厂房。

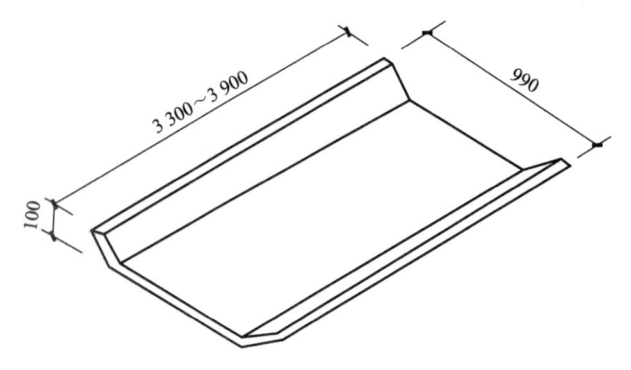

图 10-27 钢筋混凝土槽形板

2. 檩条

檩条起着支承槽瓦或小型屋面板等作用,并将屋面荷载传递给屋架。常用的有预应力钢筋混凝土倒 L 形和 T 形檩条,如图 10-28 所示。

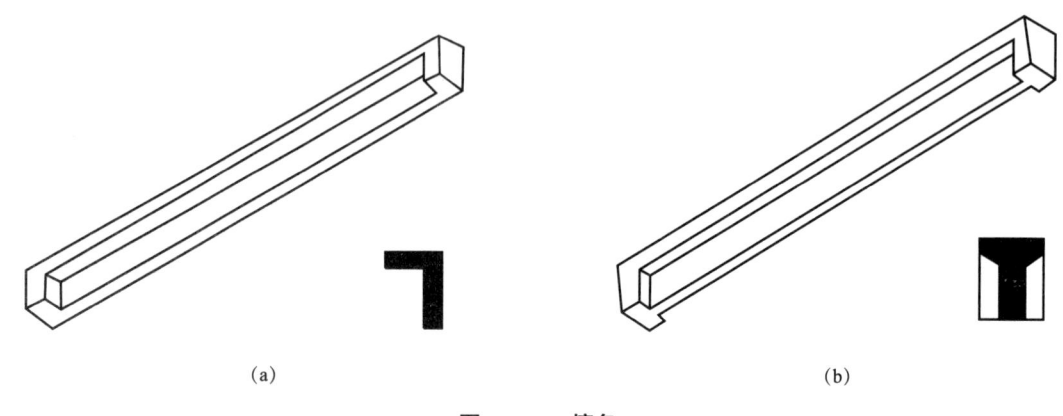

图 10-28 檩条
(a)倒 L 形檩条;(b)T 形檩条

10.3.4 屋盖构件间的连接

1. 屋架与柱的连接

屋架与柱的连接方法有焊接和螺栓连接两种。焊接即屋架(或屋面梁)端部支承部位预埋铁件,吊装前先焊上一块垫板,就位后与柱顶预埋钢板通过焊接连接在一起,如图 10-29(a)所示。螺栓连接是在柱顶伸出预埋螺栓,在屋架(或屋面梁)下弦端部预埋铁件,就位前焊上带有缺口的支承钢板,吊装就位后,用螺母将屋架拧牢,为防止螺母松动,常将螺母与支承钢板焊牢,如图 10-29(b)所示。

2. 屋面板与屋架(或屋面梁)的连接

每块屋面板的肋部底面均有预埋铁件,与屋架(或屋面梁)上弦相应处预埋铁件相互焊接,其焊接点不少于 3 个,板与板缝隙均使用 C20 及 C20 以上标号的细石混凝土填实,如图 10-30 所示。

3. 天沟板与屋架的连接

天沟板端底部的预埋铁件与屋架上弦的预埋铁件四点焊接,与屋面板间的缝隙内加通长绑扎钢筋骨架,再用不低于 C15 的细石混凝土填实,如图 10-31 所示。

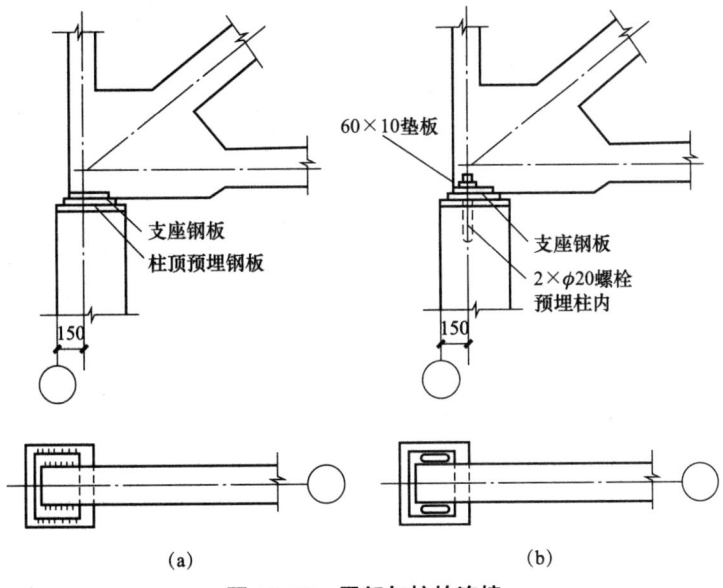

图 10-29 屋架与柱的连接
(a)焊接方式;(b)螺栓连接方式

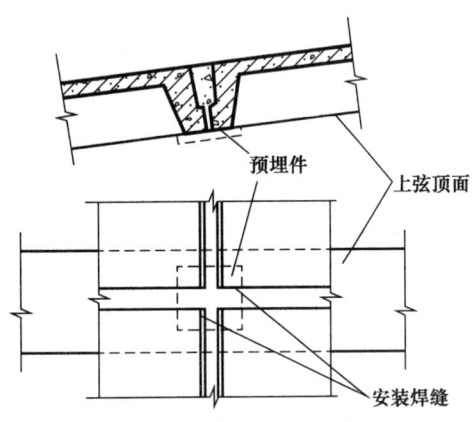

图 10-30 屋面板与屋架的连接

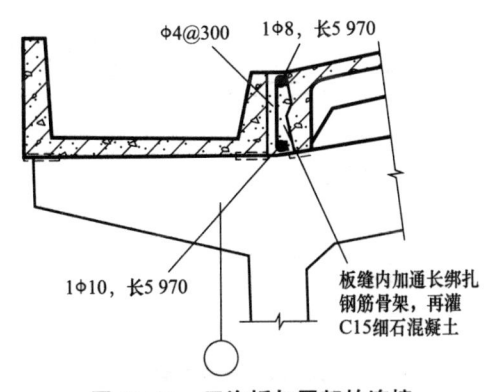

图 10-31 天沟板与屋架的连接

4. 檩条与屋架的连接

檩条与屋架上弦的连接有焊接和螺栓连接两种，如图 10-32 所示，常采用焊接。两个檩条在屋架上弦的对头空隙应以水泥砂浆填实。

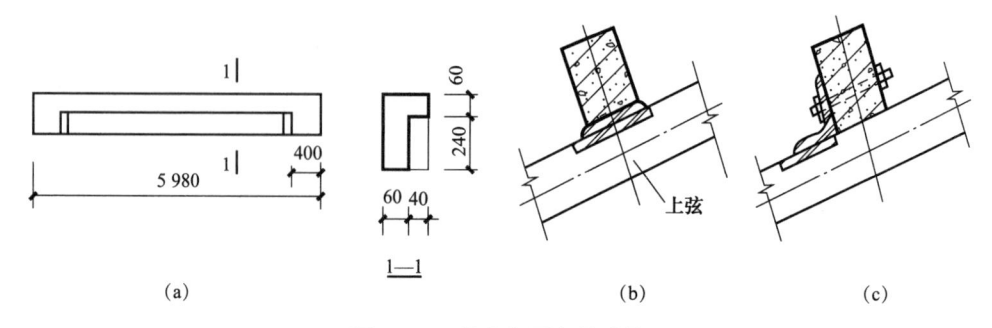

图 10-32 檩条与屋架的连接
（a）檩条；（b）焊接连接；（c）螺栓连接

10.4 吊车梁、连系梁与圈梁

10.4.1 吊车梁

当单层工业厂房设有桥式起重机（或梁式起重机）时，需要在柱的牛腿处设置吊车梁。吊车梁上铺设轨道，起重机在轨道上运行。吊车梁是单层工业厂房的重要承重构件之一。

1. 吊车梁的类型

吊车梁按材料不同有钢筋混凝土梁和钢梁两种，常采用钢筋混凝土梁。钢筋混凝土梁按截面形式不同可分为变截面梁和等截面梁两种，如图 10-33、图 10-34 所示。

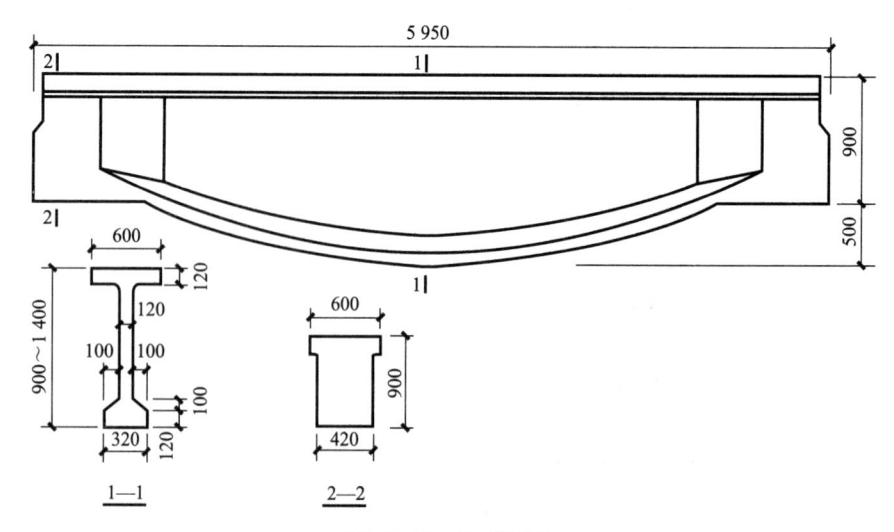

图 10-33 变截面梁

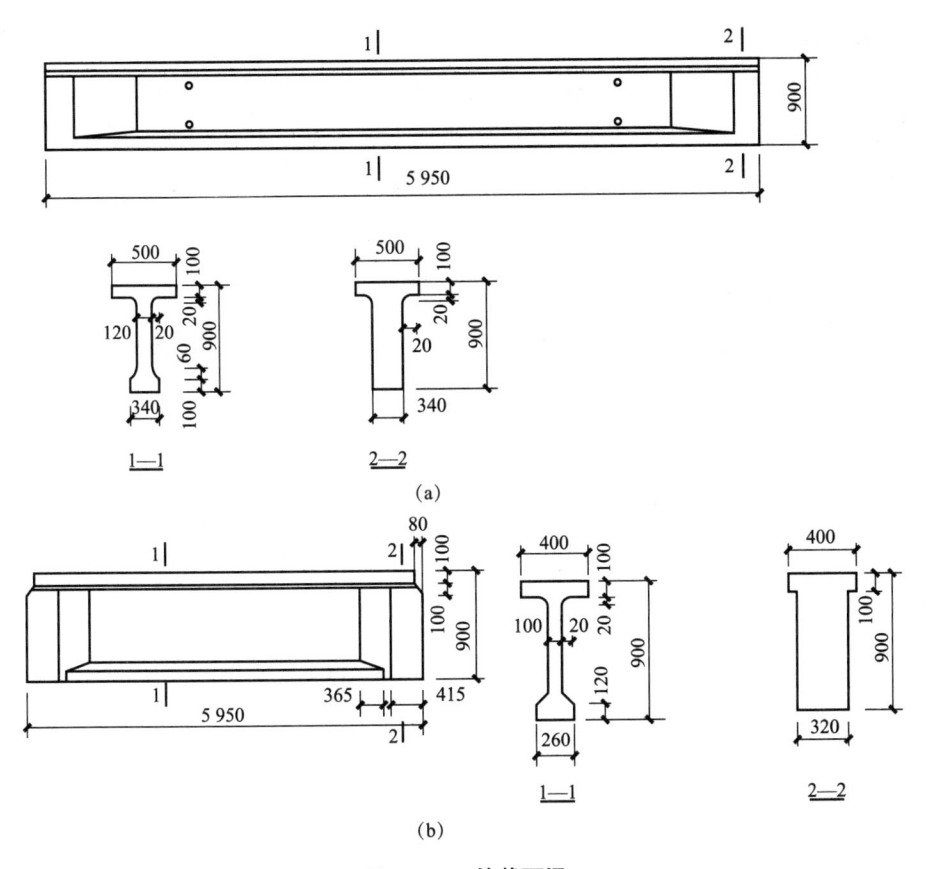

图 10-34 等截面梁
(a) T 形梁；(b) 工字形梁

2. 吊车梁与柱的连接

吊车梁的上翼缘与柱间用角钢或钢板连接，吊车梁下部在安装前应焊上一块钢垫板，并与柱牛腿上的预埋钢板焊牢，吊车梁与柱的空隙以 C20 混凝土填实，如图 10-35 所示。

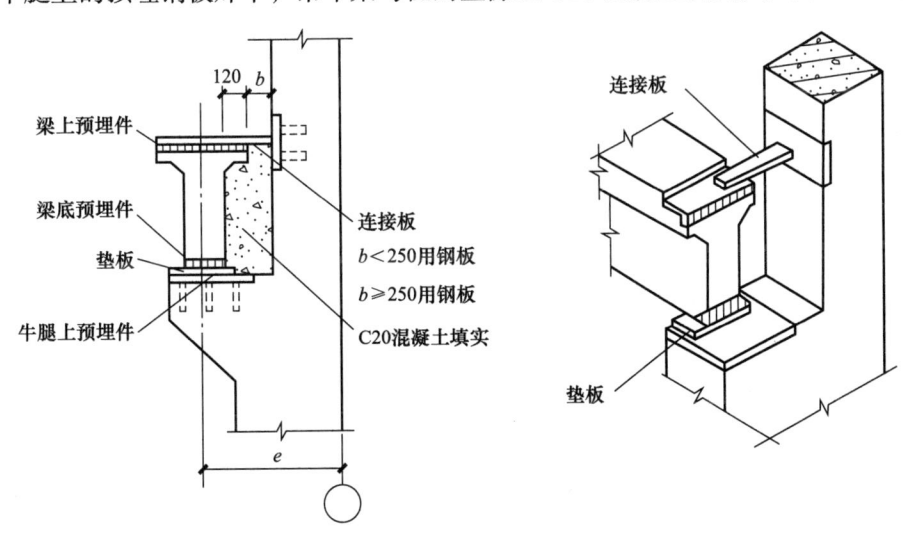

图 10-35 吊车梁与柱的连接

3. 起重机轨道的固定

吊车梁上的钢轨可采用 TG43 型铁路钢轨和 QU80 型起重机专用钢轨。吊车梁的翼缘上留有安装孔，安装前先用 C20 混凝土垫层找平，然后铺设钢垫板或压板，用螺栓固定，如图 10-36 所示。

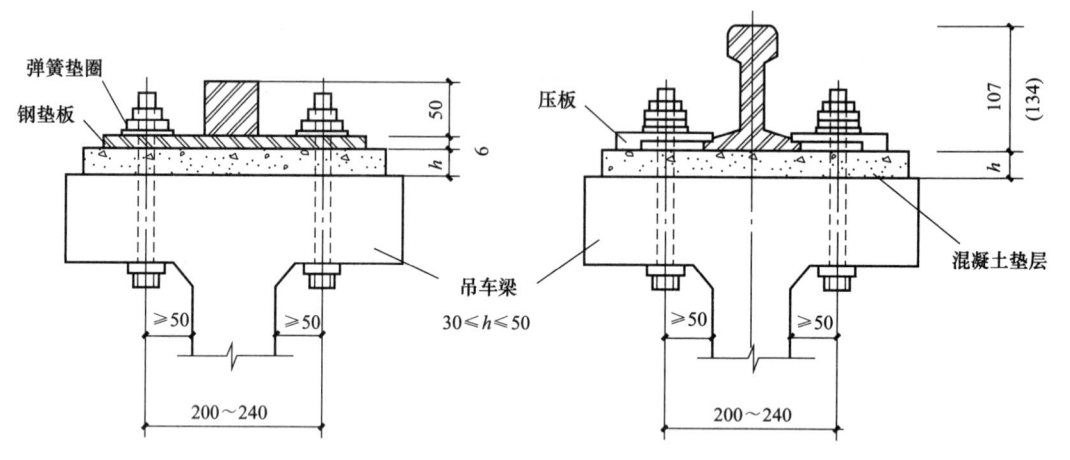

图 10-36 起重机轨道的固定

4. 车挡的固定

为防止起重机在行驶过程中来不及刹车而冲撞到山墙上，应在吊车梁的尽端设车挡装置，如图 10-37 所示。

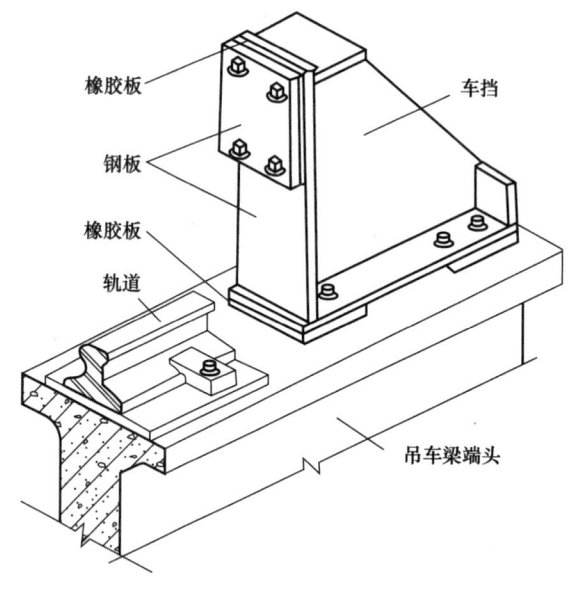

图 10-37 车挡

10.4.2 连系梁

连系梁是柱与柱之间在纵向的水平连系构件，其作用是加强厂房的纵向刚度，传递山墙传来的风荷载。连系梁有设在墙内和不在墙内两种，截面形式有矩形和 L 形。

连系梁与柱的连接，可以采用焊接或螺栓连接，具体做法如图 10-38 所示。

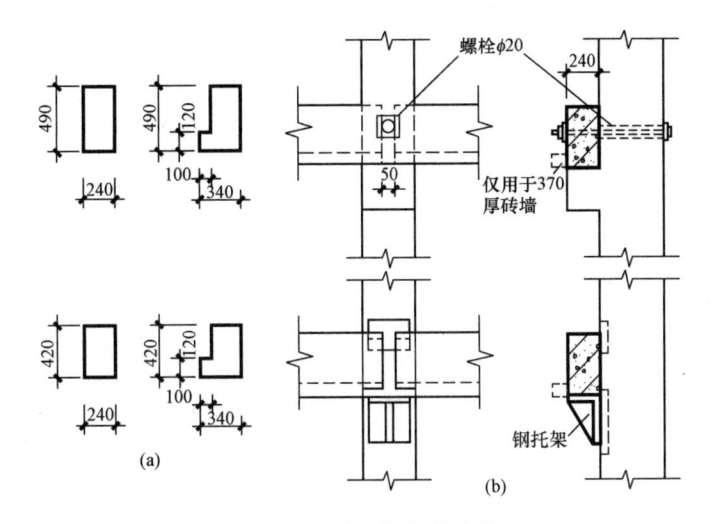

图 10-38 连系梁与柱连接
(a) 连系梁截面形式及尺寸；(b) 连系梁与柱的连接

10.4.3 圈梁

圈梁是连续、封闭、在同一标高上设置的梁，作用是将砌体同厂房排架柱、抗风柱连系在一起，加强厂房的整体刚度及墙的稳定性。圈梁应在墙内，位置通常设在柱顶、吊车梁、窗过梁等处。其断面高度应不小于 180 mm，配筋数量主筋为 4Φ12，箍筋为 Φ6，间距为 200 mm。圈梁应与柱伸出的预埋筋进行连接，如图 10-39 所示。

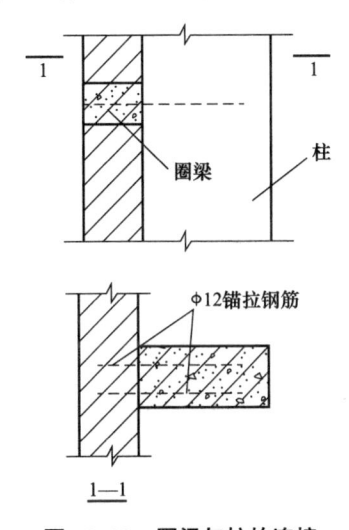

图 10-39 圈梁与柱的连接

10.5 支撑系统

单层厂房结构中，支撑虽然不是主要的承重构件，但它能够保证厂房结构和构件的承载力、稳定和刚度，并有传递部分水平荷载的作用。

支撑有屋盖支撑和柱间支撑两大部分。

（1）屋盖支撑：保证屋架上、下弦杆件受力后稳定，包括横向水平支撑（上弦或下弦横向水平支撑）、纵向水平支撑（上弦或下弦纵向水平支撑）、垂直支撑和水平系杆等，如图10-40所示。

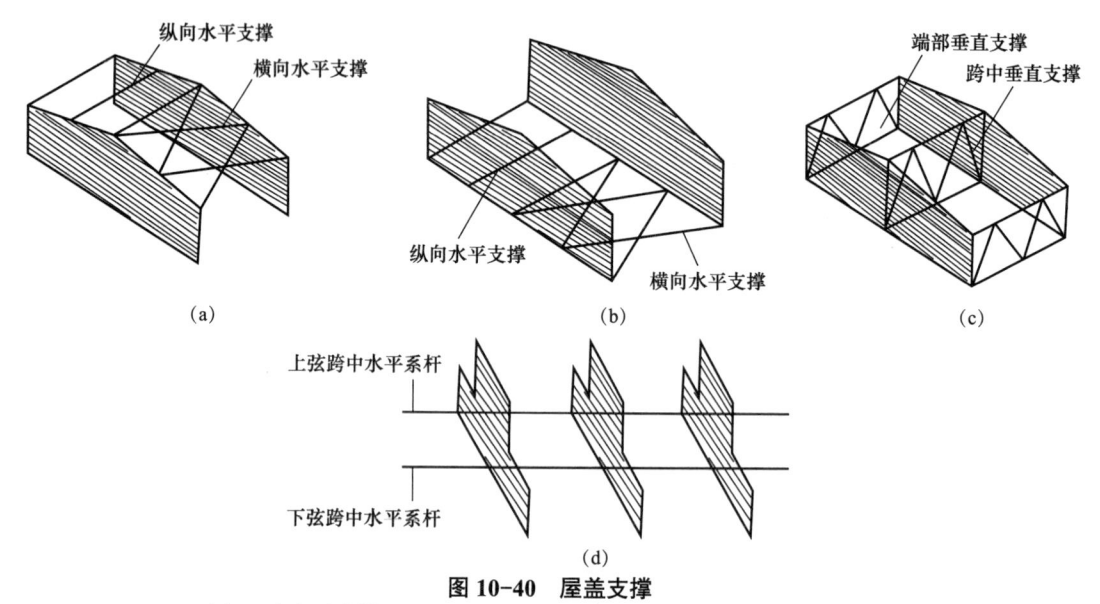

图10-40 屋盖支撑
(a) 上弦水平支撑；(b) 下弦水平支撑；(c) 垂直支撑；(d) 水平系杆

（2）柱间支撑：柱间支撑能提高厂房纵向刚度和稳定性。按吊车梁位置可分为上部支撑和下部支撑两种，如图10-41所示。

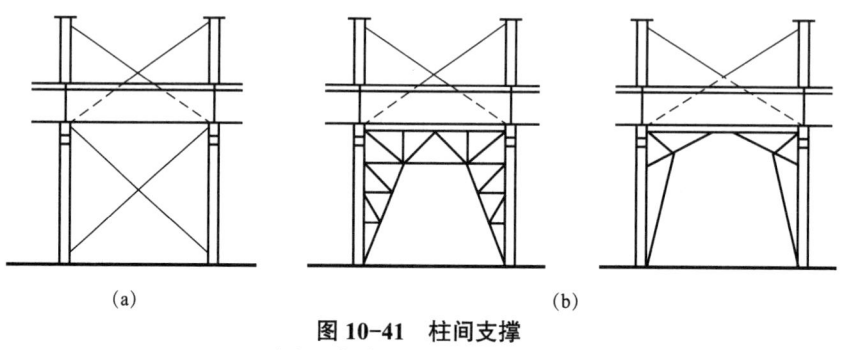

图10-41 柱间支撑
(a) 上部支撑；(b) 下部支撑

柱间支撑一般采用型钢制作，支撑形式宜采用交叉式，其斜杆与水平面的交角不宜大于55°。

素养课堂

我国工业建筑发展呈现出的趋势和特点

智能建造与新型建筑工业化的协同发展：根据《"十四五"建筑业发展规划》，我国政府正在加速智能建造和新型建筑工业化的协同发展，包括完善智能建造政策和产业体系、推广数字化协同设计、发展装配式建筑、打造建筑产业互联网平台等。

市场转型和多元化：中国建筑业正在从投资驱动型增长模式转向内需拉动的高质量增长模式。这要求建筑企业适应市场变化，转向更加多元化的营收来源，并注重高质量发展。

关注环境、社会和治理（ESG）要求：全球工业产品及建筑行业正在面临包括地缘政治、气候变化、通货膨胀、供应链中断等挑战。企业需要适应这些变化，并积极寻求符合ESG要求的方法来满足客户和投资者的期望。

重点企业的经营状况分析：对于工业建筑行业而言，了解重点企业的经营状况对于把握整个行业的发展态势至关重要。其包括分析这些企业的市场运行现状和竞争格局。

中国的工业建筑行业正处于一个转型和升级的重要阶段，面临着从传统建筑模式向智能化、数字化转型的挑战和机遇。同时，行业的发展也需要更加注重可持续性和社会责任。

模块小结

单层厂房作为一种常见的工业建筑形式，其主要结构构件通常包括基础、柱、梁、屋架（或桁架）、屋顶、墙体、地坪、门窗及其他辅助结构，如吊车梁、支撑系统、抗风柱等，这些结构构件对于保证厂房的使用功能和安全性是至关重要的。

在设计和施工单层厂房时，要综合考虑使用功能、经济性、安全性和耐久性等多方面因素，确保各个结构构件能够协同工作，共同支撑起一个安全稳固的工业建筑。同时，还要符合国家相关建筑标准和规范，确保厂房的质量和使用安全。

复习思考题

1. 独立式杯形基础在构造上有什么要求？试画图表示。
2. 基础梁搁置在基础上的方式有哪几种？其构造上有什么要求？
3. 一般柱上要预埋哪些铁件？实腹式牛腿有什么构造要求？
4. 抗风柱与屋架连接应满足什么要求？
5. 屋盖结构是由哪两部分组成的？一般有哪两大体系？它们各有什么优缺点？
6. 吊车梁的类型有哪些？各部分的连接构造如何？车挡的作用是什么？
7. 什么是连系梁、圈梁？它们各有什么作用？
8. 单层厂房的支撑包括哪两大部分？各部分又由哪些部分组成？

模块 11　单层厂房的围护构件

知识目标

1. 了解单层厂房外墙和屋面的一般构造。
2. 掌握侧窗、大门和天窗的组成及通用构造。
3. 了解单层厂房的屋面排水方式和构造。
4. 了解单层厂房的地面构造组成。
5. 了解钢梯的类型。

能力目标

1. 能识读单层厂房各围护构件的构造图。
2. 能准确判断侧窗和大门的类型。

素养目标

1. 培养严谨的工作精神。
2. 培养解决实际问题的能力。
3. 培养举一反三的能力。
4. 培养创新思维。

11.1　外　　墙

单层厂房的外墙按承重方式不同分为承重墙、承自重墙和框架墙。承重墙一般用于中、小型厂房，其构造与民用建筑构造相似。当厂房跨度和高度较大，或厂房内起重运输设备吨位较大时，通常由钢筋混凝土排架柱来承受屋盖和起重运输荷载，外墙只承受自重，起围护作用，这种墙称为承自重墙。某些高大厂房的上部墙体及厂房高低跨交接处的墙体，往往砌筑在墙梁上，墙梁架空支承在排架柱上，这种墙称为框架墙。承重墙与框架墙是厂房外墙的主要形式。根据墙体材料不同，厂房外墙又可分为砖及砌块墙、板材墙、轻质板材墙和开敞式外墙。

11.1.1 砖及砌块墙

砖及砌块墙是指用烧结普通砖、烧结多孔砖、蒸压灰砂砖、混凝土砌块和轻骨料混凝土砌块砌筑的墙。

1. 墙与柱的相对位置

墙与柱的相对位置一般有以下三种。

（1）将墙砌筑在柱子外侧，如图 11-1（a）所示。这种方案构造简单、施工方便、热工性能好，基础梁和连系梁便于标准化，因此被广泛采用。

（2）将墙部分嵌入在排架柱中，如图 11-1（b）所示。这种方案构造能增加柱列的刚度，但施工较麻烦，需要部分砍砖，基础梁和连系梁等构件也随之复杂。

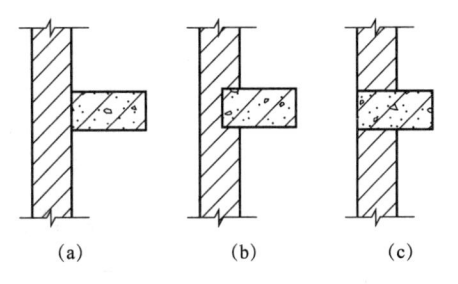

图 11-1 墙与柱的相对位置
(a) 将墙砌筑在柱子外侧；(b) 将墙部分嵌入在排架柱中；(c) 将墙设置在柱间

（3）将墙设置在柱间，如图 11-1（c）所示。这种方案构造更能增加柱列的刚度，节省占地，但不利于基础梁和连系梁的统一及标准化，热工性能差，构造复杂。

2. 墙与柱的连接构造

墙与柱的连接构造为连结构造，为使自承重墙与排架柱保持一定的整体性与稳定性，必须加强墙与柱的连结。其中，最常见的做法是采用钢筋自承重剖面拉结，如图 11-2 所示。

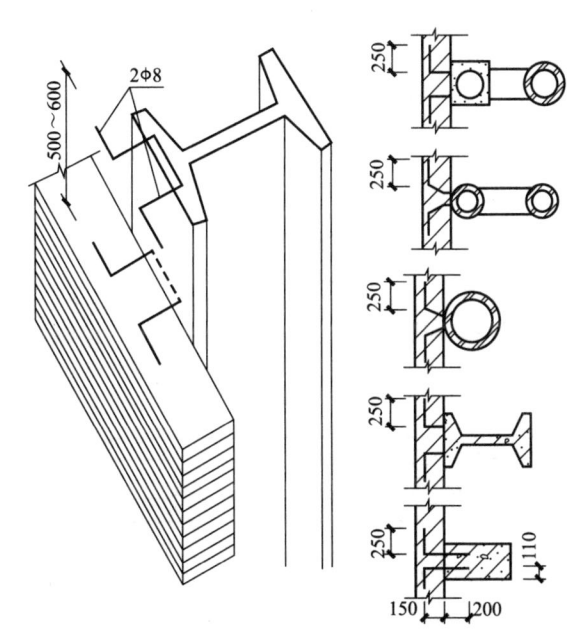

图 11-2 墙与柱的拉结

3. 女儿墙与屋面板的连接

女儿墙的厚度一般不小于 240 mm，其高度应满足安全和抗震的要求。非出入口无锚固的女儿墙高度，抗震设防烈度为 6～8 度时不宜超过 0.5 m，如图 11-3 所示。

图 11-3 女儿墙与屋面的连接

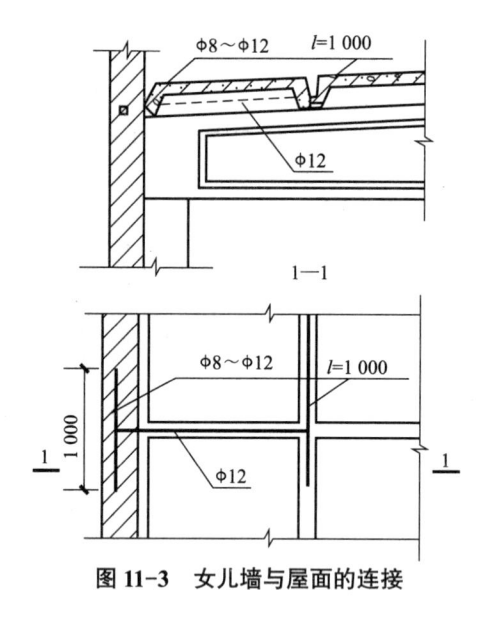

11.1.2 板材墙

板材墙是我国工业建筑墙体的发展方向之一，其优点是能减轻墙体自重，改善墙体的抗震性能，充分地利用工业废料，加快施工速度，促进建筑的工业化水平发展。但目前的板材墙还存在着热工性能差、连接还不理想等缺点。

1. 板材墙的类型

板材墙按材料不同可分为单一材料的墙板和组合墙板两类。

（1）单一材料的墙板。

1）钢筋混凝土槽形板、空心板，如图 11-4 所示。槽形板也称为肋形板，其钢材和水泥的用量较省，但保温隔热性能差，且易积灰。空心板的钢材、水泥用料较多，但双面平整，不易积灰，并有一定的保温隔热能力。

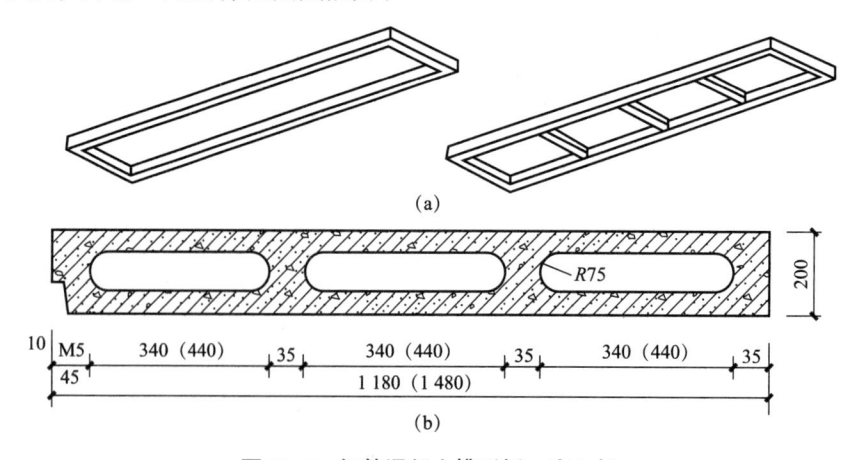

图 11-4 钢筋混凝土槽形板、空心板
（a）槽形板；（b）空心板

2）配筋轻混凝土墙板。其优点是质量轻，保温隔热性能好，但有龟裂或锈蚀钢筋等缺点，故一般需加水泥砂浆等防水面层。

（2）组合墙板。组合墙板一般做成轻质、高强的夹心墙板，如图11-5所示。其特点是材料各尽所长，通常芯层采用高效热工材料制作，面层外壳采用承重、防腐蚀性能好的材料制作，但加工麻烦，连接复杂，板缝处热工性能差。

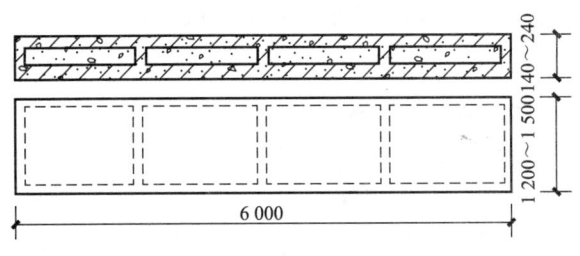

图11-5 组合墙板

2. 板材墙体的布置与构造

（1）板材墙的布置。墙板布置可分为横向布置、竖向布置和混合布置三种类型，如图11-6所示。

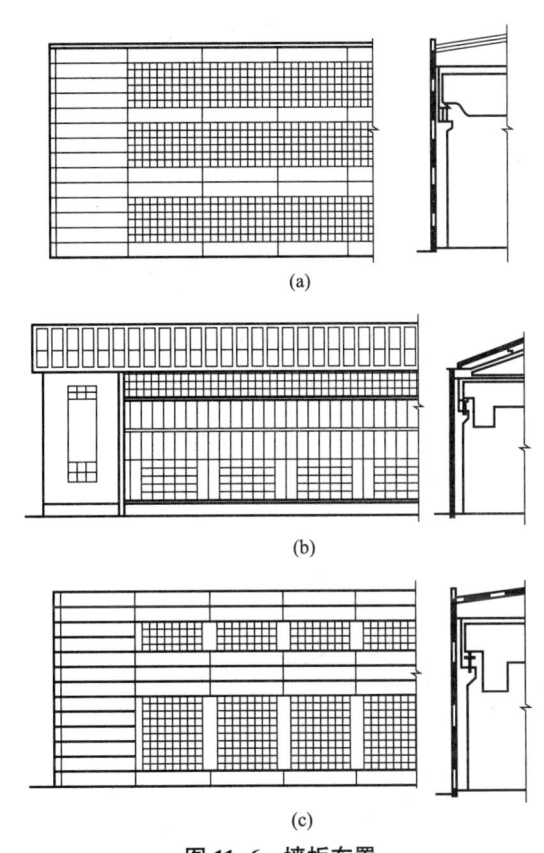

图11-6 墙板布置
(a) 横向布置；(b) 竖向布置；(c) 混合布置

1）横向布置的优点是板长度和柱距一致，可利用厂房的柱作为墙板的支承或悬挂点，竖缝可由柱遮挡，不易渗漏风雨，墙板本身可兼有门窗过梁与连系梁的作用，能增强厂房的纵向刚度，构造简单，连接可靠，板型较少，便于布置窗框板或带形窗等。其缺点是遇到穿墙孔洞时，墙板布置较复杂。

2）竖向布置的优点是布置灵活，不受柱距限制，便于做成短形窗。其缺点是板长受侧窗高度限制，板型多，构造复杂，容易渗漏雨水等。

3）混合布置中的大部分板为横向布置，在窗间墙和特殊部位竖向布置，因此它兼有横向布置与竖向布置的优点，布置灵活，但板型较多，构造复杂。

（2）墙板与柱的连接的构造。横向布置墙板方式是目前应用较多的一种，下面主要介绍横向布置墙板的一般构造。横向布置墙板的板与柱的连接可采用柔性连接和刚性连接。

1）柔性连接。柔性连接是在大型墙板上预留安装孔，同时在柱的两侧相应位置预埋铁件，在板吊装前焊接连接角钢，并安上螺栓钩，吊装后用螺栓钩将上下两块板连接起来，如图11-7所示。这种连接对厂房的振动和不均匀沉降的适应性较强。

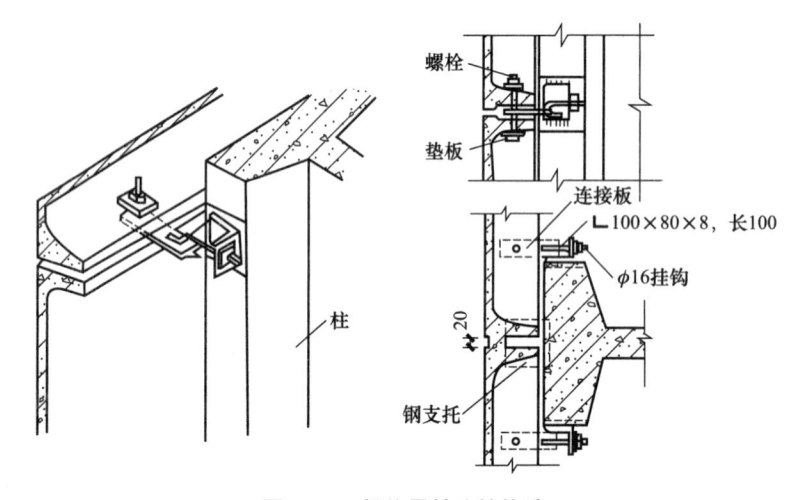

图11-7 螺旋柔性连接构造

2）刚性连接。刚性连接是用角钢直接将柱与板的预埋件焊接连接，如图11-8所示。这种方法构造简单，连接刚度大，增加了厂房的纵向刚度。但由于板柱之间缺乏相对独立的移动条件，在振动和不均匀沉降的作用下，墙体会产生裂缝，因此不适用于抗震设防烈度为7度以上的地震区或可能产生不均匀沉降的厂房。

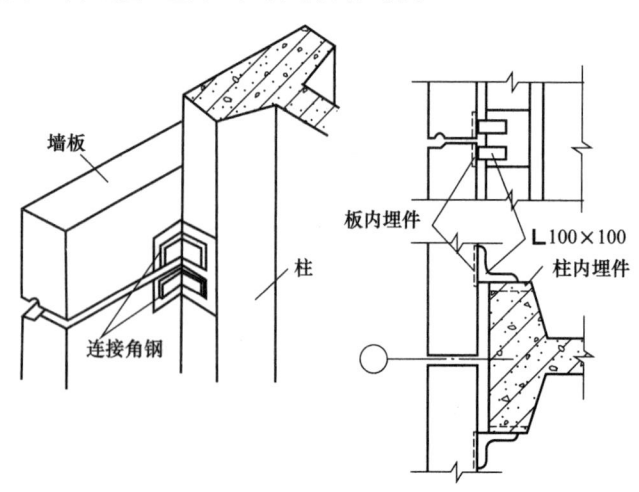

图11-8 刚性连接构造

3. 墙板板缝的处理

为了使墙板能起到防风雨、保温、隔热的作用，除板材本身要满足这些要求外，还必须做好板缝的处理。

墙板板缝分为水平缝和垂直缝。水平缝可做成平口缝、高低错口缝等，如图11-9所示。垂直缝可做成直缝、单腔缝、双腔缝等，其构造如图11-10所示。

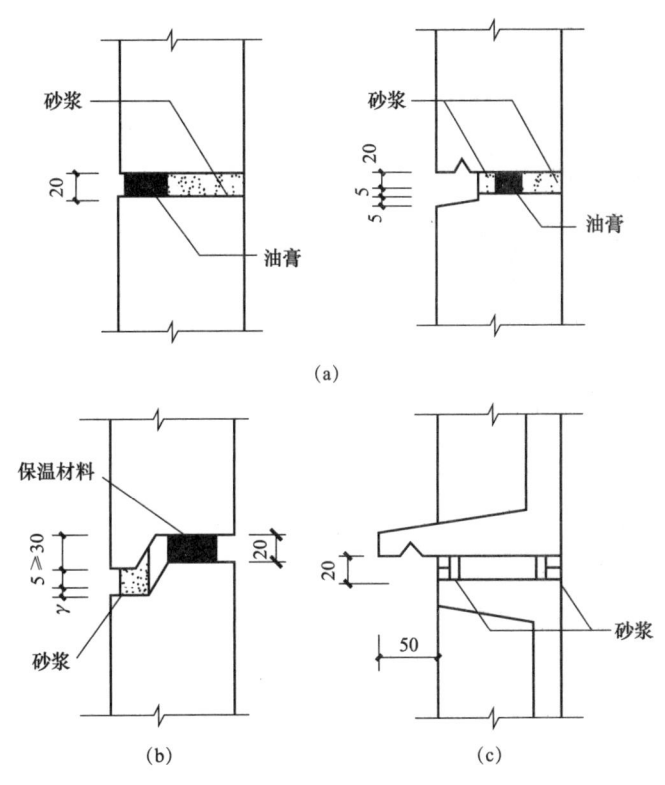

图11-9 水平缝处理
（a）水平缝的形式；（b）、（c）水平缝的处理

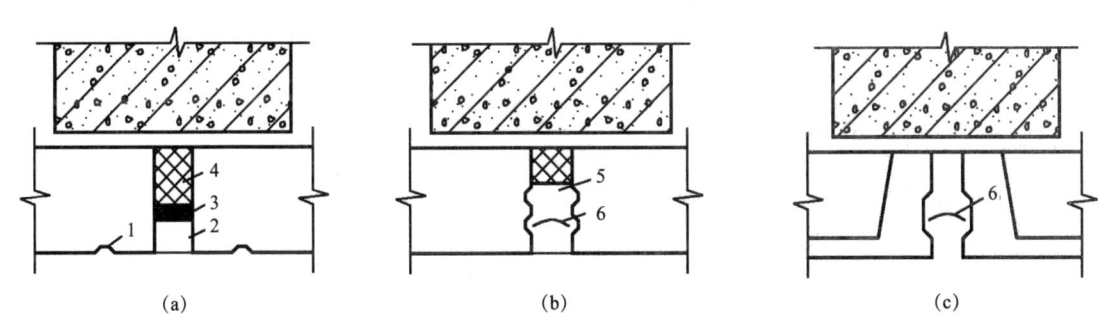

图11-10 墙板垂直缝构造示意
1—截水沟；2—水泥砂浆或塑料砂浆；
3—油膏；4—保温材料；5—垂直空腔；6—塑料挡雨板

11.1.3 轻质板材墙

轻质板材墙是指用轻质的石棉水泥板、瓦楞薄钢板、塑料墙板、铝合金板等材料做成

的墙。这种墙一般起围护作用，墙身自重也由厂房骨架来承担，适用于一些不要求保温、隔热的热加工车间、防爆车间和仓库建筑的外墙。

目前我国采用较多的是波形石棉水泥瓦墙。波形石棉水泥瓦通常悬挂在柱之间的工字形或工字形的钢筋混凝土横梁上。横梁长度与柱距一致，两端搁置在柱的钢牛腿上，并通过预埋件与柱焊接牢固，如图 11-11 所示。石棉水泥瓦与横梁用铁卡子和螺栓夹紧，螺栓孔应钻在波峰处，并加 5 mm 厚毡垫，左右搭接不少于一个瓦垅，如图 11-12 所示。由于波形石棉水泥瓦属于脆性材料，一般在墙角、门洞边和窗台下等位置用砖墙或砌块墙。

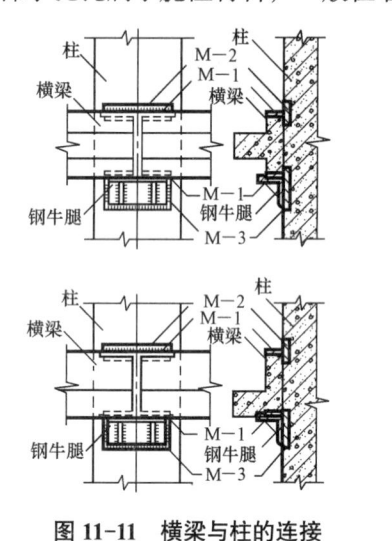

图 11-11 横梁与柱的连接

图 11-12 波形石棉瓦与横梁的连接

11.1.4 开敞式外墙

南方地区的热加工车间，为了获得良好的自然通风和迅速散热，常常做成开敞式外墙或半开敞式外墙。其构造主要是挡雨遮阳板，目前常用的有石棉水泥瓦挡雨板和钢筋混凝土挡雨板，如图 11-13 所示。

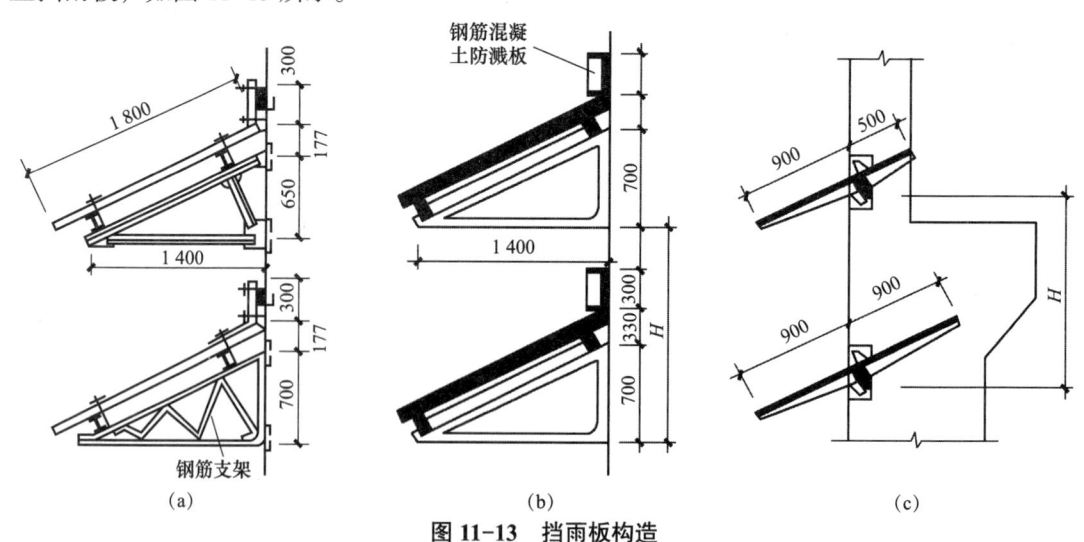

图 11-13 挡雨板构造
（a）钢支架石棉水泥瓦挡雨板；（b）钢筋混凝土挡雨板；（c）无支架钢筋混凝土挡雨板

11.2 大门及侧窗

11.2.1 大门

1. 门的尺寸及类型

工业厂房大门主要是供人、货流通行及疏散之用，因此门的尺寸应根据所需运输工具类型、规格、运输货物的外形并考虑通行方便等因素确定，一般门的宽度应比满装货物时的车辆宽 600～1 000 mm，高度应高出 400～600 mm。常用厂房大门的规格尺寸（门洞宽×门洞高）应满足以下要求：

（1）进出 3 t 矿车的洞口尺寸一般为 2 100 mm×2 100 mm。

（2）进出电瓶车的洞口尺寸一般为 2 100 mm×2 400 mm。

（3）进出轻型卡车的洞口尺寸一般为 3 000 mm×2 700 mm。

（4）进出中型卡车的洞口尺寸一般为 3 300 mm×3 000 mm。

（5）进出重型卡车的洞口尺寸一般为 3 600 mm×3 600 mm。

（6）进出汽车起重机的洞口尺寸一般为 3 900 mm×4 200 mm。

（7）进出火车的洞口尺寸一般为 4 200 mm×5 100 mm、4 500 mm×5 400 mm。

一般大门的材料有木、钢木、普通型钢和空腹薄壁钢等几种。门宽 1.8 m 以内时可采用木制大门。当门洞尺寸较大时，为了防止门扇变形常采用钢木大门或钢板门。高大的门洞需采用各种钢门或空腹薄壁钢门。大门的开启方式有平开、推拉、折叠、上翻、升降、卷帘等，如图 11-14、图 11-15 所示。

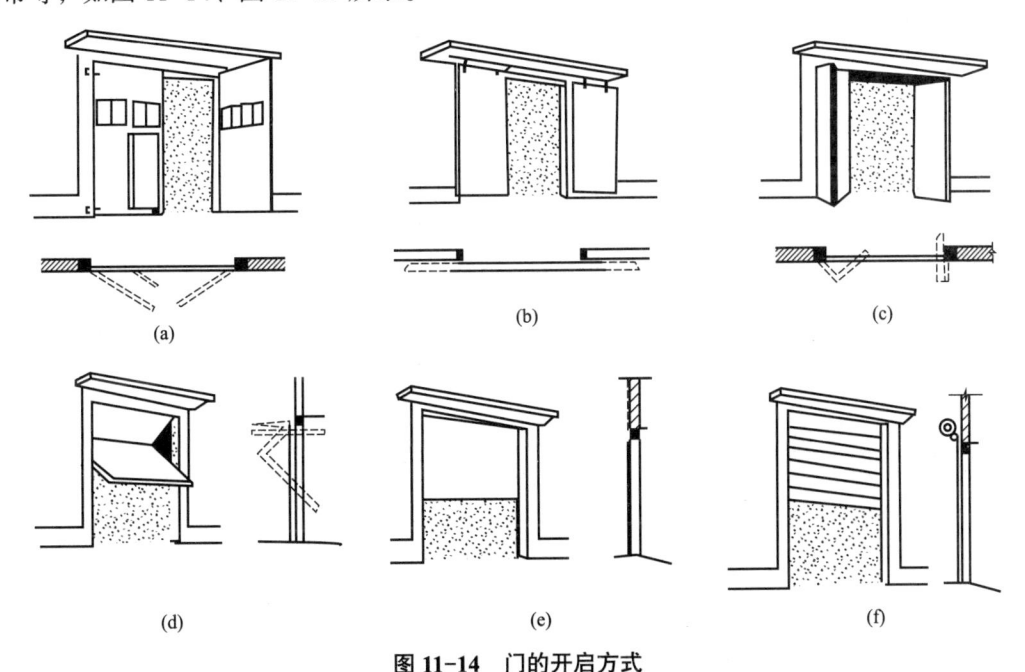

图 11-14 门的开启方式
（a）平开门；（b）推拉门；（c）折叠门；（d）上翻门；（e）升降门；（f）卷帘门

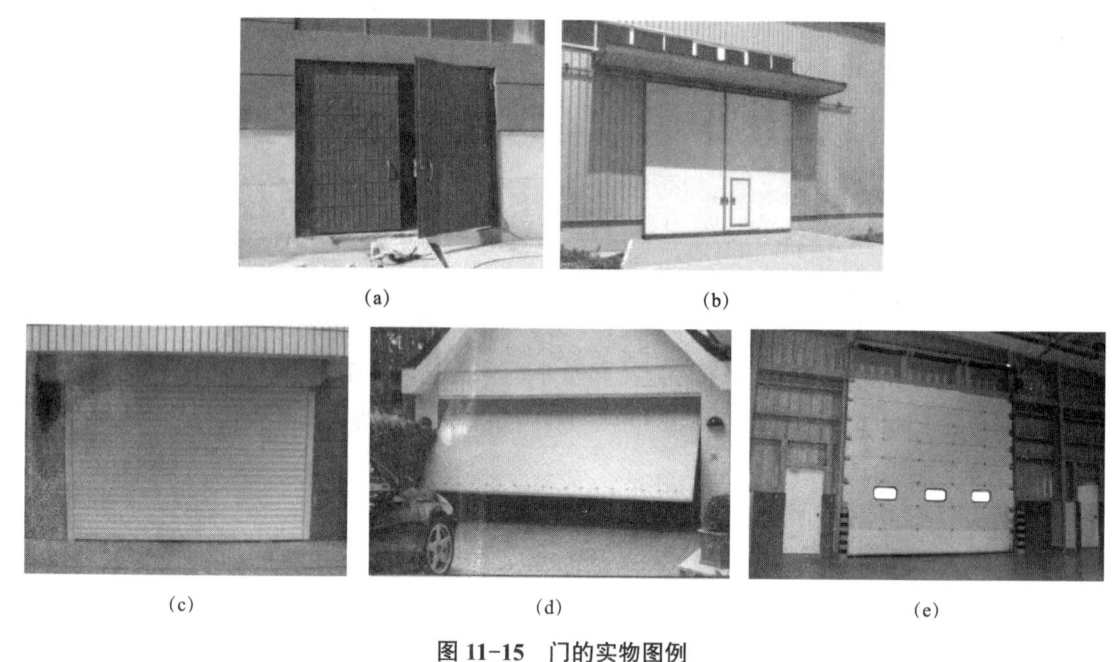

图 11-15 门的实物图例
(a) 钢木平开大门；(b) 钢木推拉大门；(c) 铝合金卷帘门；(d) 升降门；(e) 上翻门

2. 一般大门的构造

（1）平开门。平开门是由门扇、铰链及门框组成的。门洞尺寸一般不宜大于 3.6 m× 3.6 m，门扇可由木、钢或钢木组合而成。门框有钢筋混凝土和砖砌两种（图 11-16）。当门洞宽度大于 3 m 时，可设钢筋混凝土门框。洞口较小时可采用砖砌门框，墙内砌入有预埋铁件的混凝土块。一般每个门扇设两个铰链。图 11-17 所示为常用钢木平开大门构造示例。

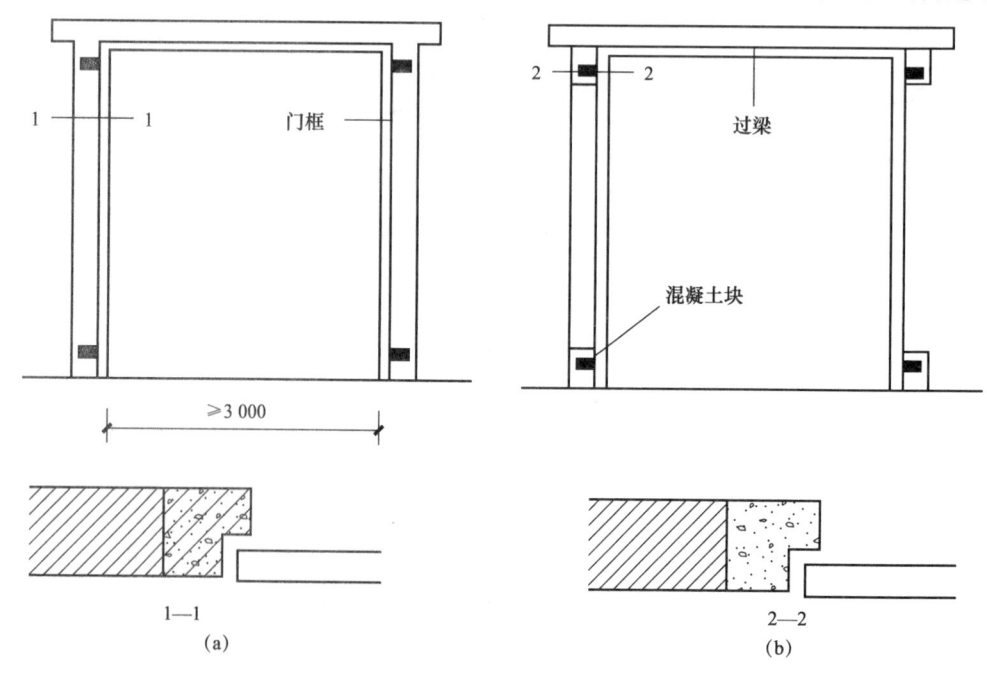

图 11-16 大门门框
(a) 砖砌；(b) 钢筋混凝土

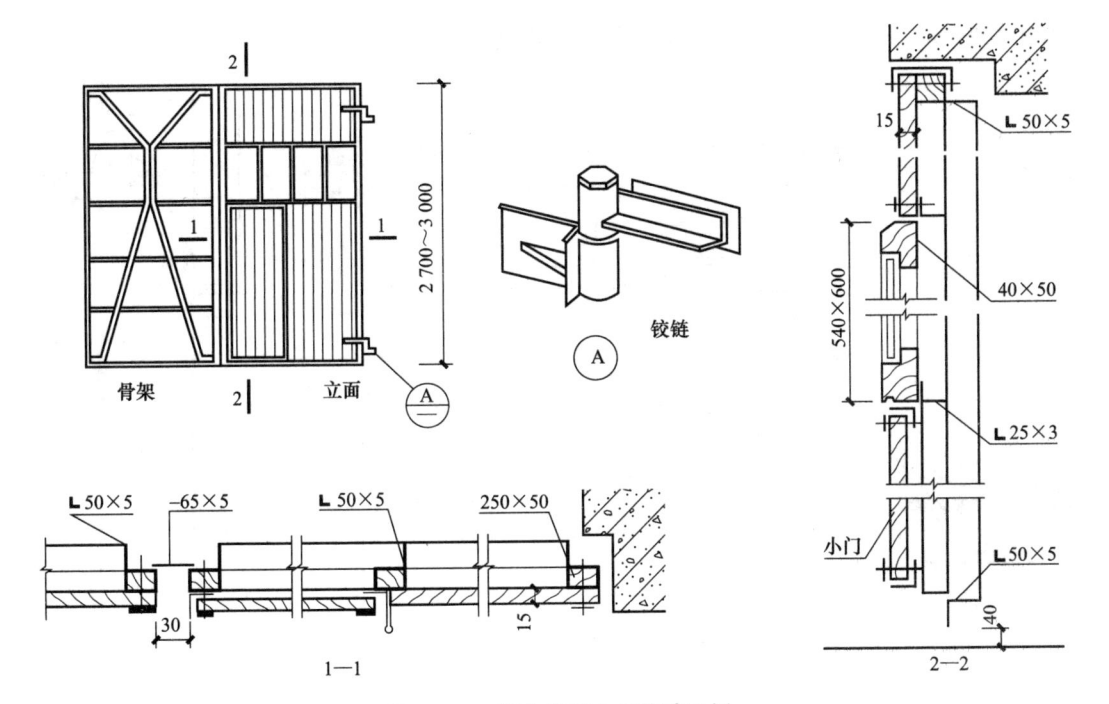

图 11-17　钢木平开大门构造示例

（2）推拉门。推拉门由门扇、门轨、地槽、滑轮及门框组成。门扇可采用钢木门、钢板门、空腹薄壁钢门等。根据门洞大小，可布置成多种形式（图 11-18）。推拉门的支承方式可分为上挂式和下滑式两种，当门扇高度小于 4 m 时，用上挂式。当门扇高度大于 4 m 时，多用下滑式，在门洞上下均设导轨，下面的导轨承受门扇的质量。推拉门位于墙外时，需设雨篷。

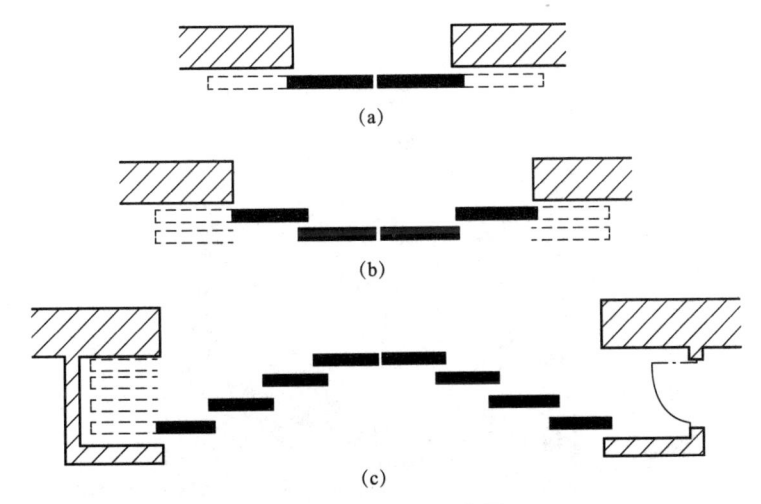

图 11-18　推拉门布置
(a) 单轨双扇；(b) 多轨双扇；(c) 多轨多扇

（3）卷帘门。卷帘门主要由帘板、导轨和传动装置组成，帘板由铝合金页板组成，页板的下部采用钢板和角钢增强刚度，以便于安设门锁。页板的上部与卷筒连接，开启时，页板沿着门洞两侧的导轨上升并卷在卷筒上。门洞的上部安设传动装置，传动装置分为手动和电动两种。图 11-19 所示为电动式卷帘门构造示例。

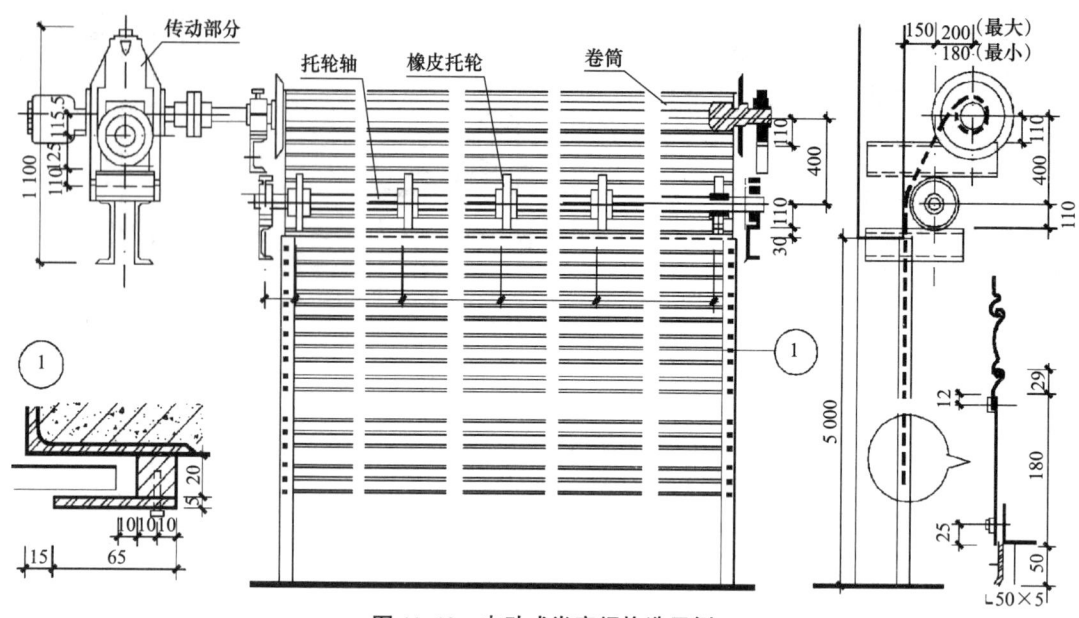

图 11-19　电动式卷帘门构造示例

（4）特殊要求的门。

1）防火门。防火门用于加工易燃品的车间或仓库，根据耐火等级的要求选用。防火门目前多采用自动控制联动系统启闭（图 11-20）。

2）保温门、隔声门：一般保温门和隔声门的门扇常采用多层复合板材，在两层面板间填充保温材料或吸声材料，门缝密闭处理和门框的裁口形式对保温、隔声和防尘有很大影响。

图 11-20　防火门

11.2.2　侧窗及其构造

1. 侧窗的要求及特点

在工业厂房中，侧窗不仅要满足采光和通风的要求，还要根据生产工艺的需要，满足其他一些特殊要求。例如，有爆炸危险的车间，侧窗应便于泄压；要求恒温恒湿的车间，侧窗应具有足够的保温、隔热性能；洁净车间要求侧窗防尘和密闭等。由于工业建筑侧窗面积较大，在进行构造设计时，应在坚固耐久、开关方便的前提下，节省材料，降低造价。

对侧窗的要求：洞口尺寸的数列应符合建筑模数协调标准的规定，以利于窗的标准化和定型化；构造要求坚固耐久、接缝严密、开关灵活、节省材料、降低造价。

侧窗的特点如下。

（1）侧窗的面积大：一般以吊车梁为界，其上部的小窗为高侧窗，下部的大窗为低侧窗，如图11-21所示。

（2）大面积的侧窗因通风的需要多采用组合式：一般平开窗位于下部、接近工作面；中悬窗位于上部，固定窗位于中部。在同一横向高度内，应采用相同的开关方式。

（3）侧窗的尺寸应符合模数要求。

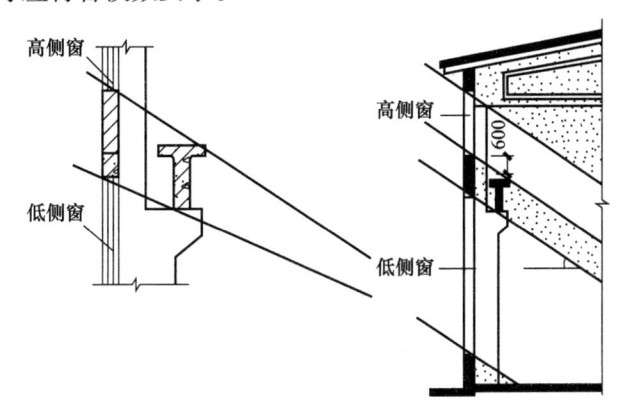

图 11-21　高、低侧窗示意（单位：mm）

2. 侧窗的布置与类型

（1）侧窗的布置。侧窗分为单面侧窗和双面侧窗。当厂房跨度不大时，可采用单面侧窗采光；单跨厂房多为双侧采光，可以提高厂房采光照明的均匀程度。

窗洞高度和窗洞位置的高低对采光效果影响很大，侧窗位置越低，近墙处的照度越强，厂房深处的照度越弱。因此，侧窗窗台的高度，从通风和采光要求来看，一般以低些为佳，但考虑到工作面的高度、工作面与侧窗的距离等因素，可按以下几种情况来确定窗台的高度。

1）当工作面位于外墙处，工人坐着操作时，或对通风有特殊要求时，窗台高度可取 800～900 mm。

2）大多数厂房中，工人是站着操作的，其工作面一般离地面 1 m 以上，因此应使窗台高度大于 1 m。

3）当工人靠墙操作时，为了防止工作用的工件击碎玻璃，应使窗台至少高出工作面 250～300 mm。

4）当作业地点离开外墙 1.5 m 以内时，窗台到地面的距离应不大于 1.5 m。

5）外墙附近没有固定作业地点的车间，以及侧窗主要供厂房深处作业地带采光的车间，或沿外墙铺设有铁路线的车间，窗台高度可以增加到 2～4 m。

6）在有吊车梁的厂房中，若在吊车梁位置布置侧窗，因吊车梁会遮挡一部分光线，使该段的窗不能发挥作用。因此，在该段范围内通常不设侧窗，而做成实墙面，这也是单层工业厂房侧窗一般至少分为两排的原因之一。窗间墙的宽度大小也会影响厂房内部采光效果，通常窗口宽度不宜小于窗间墙的宽度。

工业建筑侧窗一般采用单层窗，只有严寒地区的采暖车间在 4 m 以下高度范围，或生产有特殊要求的车间（恒温、恒湿、洁净），才部分或全部采用双层窗。

（2）侧窗的类型。

1）按材料可分为钢窗、木窗、钢筋混凝土窗、铝合金窗和塑钢窗等。

2）按层数可分为单层窗和双层窗。

3）按开启方式可分为平开窗、中悬窗、固定窗、垂直旋转窗（立旋窗）等。

3. 钢侧窗的构造

钢侧窗具有坚固、耐久、耐火、挡光少、关闭严密、易于工厂机械化生产等优点。

（1）钢侧窗料型及构造。目前，我国生产的钢侧窗窗料有实腹钢窗料和空腹钢窗料两种。

1）实腹钢窗料：工业厂房钢侧窗多采用截面为 32 mm 和 40 mm 高的标准钢窗型钢。它适用于中悬窗、固定窗和平开窗，窗口尺寸以 300 mm 为模数。

2）空腹钢窗料：是用冷轧低碳带钢经高频焊接轧制成型的。它具有质量轻、刚度大等优点，与实腹钢窗料相比可节约钢材 40%～50%，提高抗扭强度 2.5～3.0 倍；但因其壁薄，易受到锈蚀破坏，故不宜用于有酸碱介质腐蚀的车间。

为便于制作和安装，基本钢窗的尺寸一般不宜大于 1 800 mm×2 400 mm（宽×高）。

钢窗与砖墙连接固定时，组合窗中所有竖梃和横挡两端必须插入窗洞四周墙体的预留洞内，并用细石混凝土填实。

钢窗与钢筋混凝土构件连接时，在钢筋混凝土构件中相应位置预埋铁件，用连接件将钢窗与预埋铁件焊接固定。

（2）侧窗开关器。工业厂房侧窗面积较大，上部侧窗一般用开关器进行开关。开关器分电动、气动和手动等几种，电动开关器使用方便，但制作复杂，要经常维护。

11.3 屋 面

11.3.1 屋面的类型及组成

1. 屋面的特点

单层厂房屋面的作用、设计要求和构造与民用建筑基本相同，在某些方面也存在一定的差异，这些差异主要表现在以下三个方面。

（1）厂房屋面承受的荷载较大。有起重机的厂房需承受起重机传来的冲击荷载和机械振动时的振动荷载，因此，屋面必须具有足够的强度和整体刚度。

（2）厂房屋面面积大，排水、防水构造复杂。现代单层厂房多是多跨成片建筑，有时跨间又出现高差或设各种形式天窗，以解决室内采光、通风问题。为排除屋面上的雨雪，需设置天沟、檐沟、水斗及水落管，致使屋面构造复杂。

（3）厂房屋面的保温、隔热要求较为复杂。屋面对工作区的热辐射影响是随高度的增加而减少，因此，除较低厂房外，可不做隔热处理，一般柱顶标高在 8 m 以上可不考虑隔热；恒温、恒湿车间，其保温、隔热要求较一般民用建筑高；在有爆炸危险的厂房要考虑屋面的防爆、泄压问题；有腐蚀介质的车间，屋面应考虑防腐蚀问题。因而在设计厂房屋面时，应根据具体情况，选择合理、经济的结构构造方案，减轻屋面自重，降低造价。

2. 屋面的类型及组成

单层厂房屋面由屋面的面层部分和基层部分组成。常常将面层部分叫作屋面，屋面做法则主要是指基层以上部分的做法。厂房屋面的基层分为有檩体系和无檩体系两种，如图 11-22 所示。

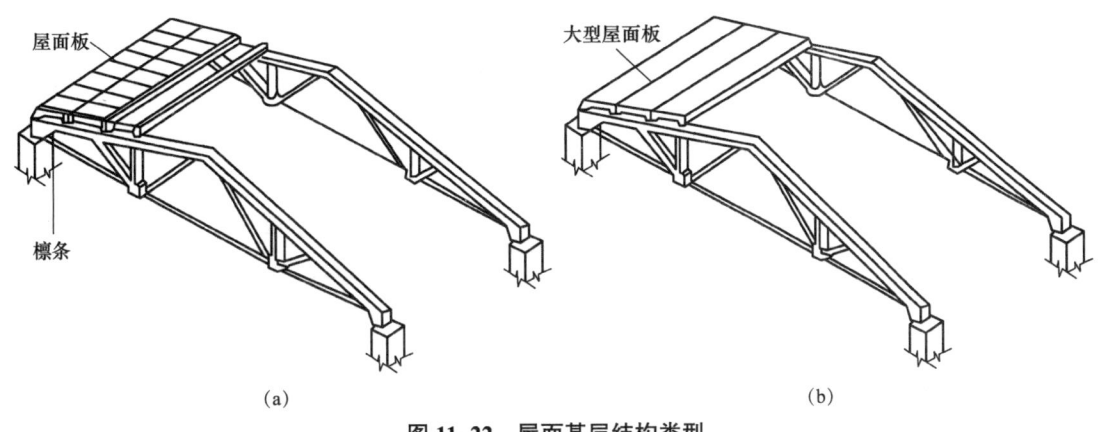

图 11-22　屋面基层结构类型
(a) 有檩体系；(b) 无檩体系

（1）有檩体系。在屋架（或屋面梁）上弦搁置檩条，在檩条上铺小型屋面板（或瓦材），称为有檩体系。其特点是构件小、质量轻、吊装方便。但构件数量多、施工烦琐、工期长，故多用在施工机械起吊能力较小的施工现场。

（2）无檩体系。在屋架（或屋面大梁）上弦直接铺设大型屋面板。其特点是构件大、类型少、便于工业化施工，但要求有较强的施工吊装能力。

11.3.2　屋面排水

厂房屋面排水方式和民用建筑一样，分为有组织排水和无组织排水（自由落水）两种。按屋面部位不同，可分为屋面排水和檐口排水两部分，其排水方式因屋顶的形式不同和檐口的排水要求不同而异。

1. 屋面排水方式

在我国的建筑实践中，目前较广泛采用的屋顶形式为多脊双坡，其排水方式都采用有组织内排水。这种排水方式屋面雨水斗及室内水落管多，它们易被滑下的绿豆砂、灰尘及其他杂物堵塞，屋面积水，容易形成"上漏"；地下排水管（沟）有时也被堵塞，排水不畅，容易形成"下冒"。这些"上漏""下冒"有时影响生产。相比之下，缓长坡屋面排水可在很大程度上克服"上漏""下冒"的缺点。当厂房长度不大（不大于 96 m）时，长天沟外排水也可克服上述缺点。

2. 檐口排水方式

厂房檐口排水方式分为无组织排水和有组织排水两种。

（1）厂房檐口排水方式如无特殊需要，皆尽量采用无组织外排水，使排水通畅，构造简单，节省投资。对那些屋面易积尘及有腐蚀性介质的生产厂房更应如此。

（2）有组织排水分内排和外排两种，如图 11-23 所示。

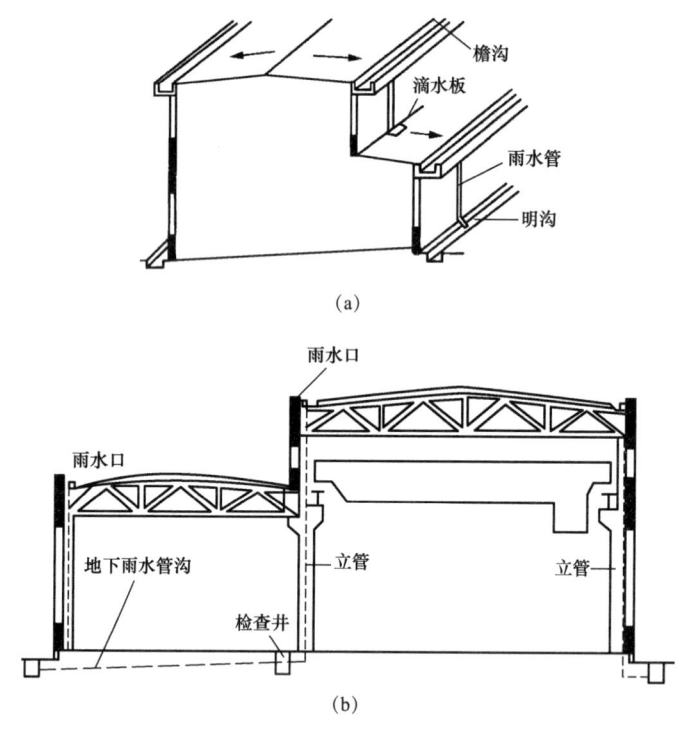

图 11-23 有组织排水示例
(a) 外排水；(b) 内排水

1）当檐口的立面处理需做女儿墙时，檐口的排水通常做成有组织内排水。在寒冷地区采暖厂房区生产中有热量散出的车间，厂房的外檐也宜采用有组织内排水。因落在这些厂房屋面上的雪能逐渐融化流至檐口，如采用外排水，室内热量由于檐下墙的阻挡而达不到檐口，致使在檐口处结成冰柱，它遮挡光线，拉坏檐口，有时会落下伤人，水落管也会因冰冻堵塞以至胀裂。

2）冬季室外气温不低的地区可采用有组织外排水。有时为减少室内地下排水管（沟）的数量，可采用悬吊管将天沟处的雨水引至外墙处，采用水管穿墙的方式将雨水排至室外。

11.3.3 屋面的防水

按防水材料不同，厂房屋面有卷材防水屋面（又称柔性防水屋面）、各种波形瓦（板）防水屋面和钢筋混凝土构件自防水屋面。

1. 卷材防水屋面

卷材防水屋面在构造层次上基本与民用建筑平屋顶相同,但也有某些值得注意之处,多年使用经验证明,采用大型预制钢筋混凝土板做基层的卷材防水屋面,其板缝,特别是横缝(屋架上弦屋面板端部相接处),无论屋面上有无保温层,均开裂相当严重。其原因有温度变形、挠曲变形、干缩变形和结构变形四个方面。

2. 钢筋混凝土构件自防水屋面

钢筋混凝土构件自防水屋面是利用钢筋混凝土板本身的密实性,对板缝进行局部防水处理而形成防水的屋面。其优点:比卷材防水屋面轻,一般每平方米可减少 35 kg 静荷载,相应地,也减轻了各种结构构件的自重,从而节省了钢材和混凝土的用量,可降低屋顶造价,施工方便,维修也容易。其缺点:板面容易出现后期裂缝而引起渗漏。克服这种缺点的措施:提高施工质量,控制混凝土的水胶比,增强混凝土的密实度,从而增加混凝土的抗裂性和抗渗性;同时,改善设计与构造处理,使屋面板的厚度除满足强度要求外,还需要有一个适当的构造厚度;在构件表面涂刷涂料(如乳化沥青);减少干湿交替的作用,也是减缓混凝土碳化的重要措施。由于构件自防水屋面保温效果不好,所以我国北方地区用量较少。

11.3.4 屋面的保温与隔热

1. 屋面保温

在冬季需采暖的厂房中,屋面应采取保温措施。其做法是在屋面基层上按热工计算增设一定厚度的保温层。保温层可铺在屋面板上、设在屋面板下和夹在屋面板中。屋面板上铺设保温层的构造做法与民用建筑平屋顶相同,在厂房屋面中也广泛采用。屋面板下设保温层主要用于构件自防水屋面,其做法可分为直接喷涂和吊挂固定两种。直接喷涂是将散状材料拌和一定量水泥而成的保温材料,如水泥膨胀蛭石[水泥:白灰:蛭石粉=1:1:(5~8)]等用喷浆机喷涂在屋面板下,喷涂厚度一般为 20~30 mm。吊挂固定是将很轻的保温材料,如聚苯乙烯泡沫塑料、玻璃棉毡、铝箔等固定、吊挂在屋面板下面。实践证明,无论是喷涂或吊挂的做法,施工均较复杂,使用效果也不够理想。

2. 屋面隔热

在炎热地区的低矮厂房中,一般应作隔热处理。厂房高度在 9 m 以上,可不考虑隔热处理。其隔热措施同民用建筑一样,主要用加强通风来达到降温的目的。厂房高度为 6~9 m 时,还应考虑跨度大小:若高度大于跨度的 1/2,不需作隔热处理;若高度小于等于跨度的 1/2,应作隔热处理。另外,有的地区还采用种植屋面、蓄水屋面、反射屋面等,这里不再阐述。

11.4 天 窗

在大跨度和多跨度的单层工业厂房中,由于面积大,仅靠侧窗不能满足自然采光和自然通风的要求，常在厂房屋面上设置各种类型的天窗。天窗按其在屋面的位置不同分为上凸式天窗［图11-24（a）～（c）］、下沉式天窗［图11-24（d）～（f）］和平天窗三种［图11-24（g）～（i）］。

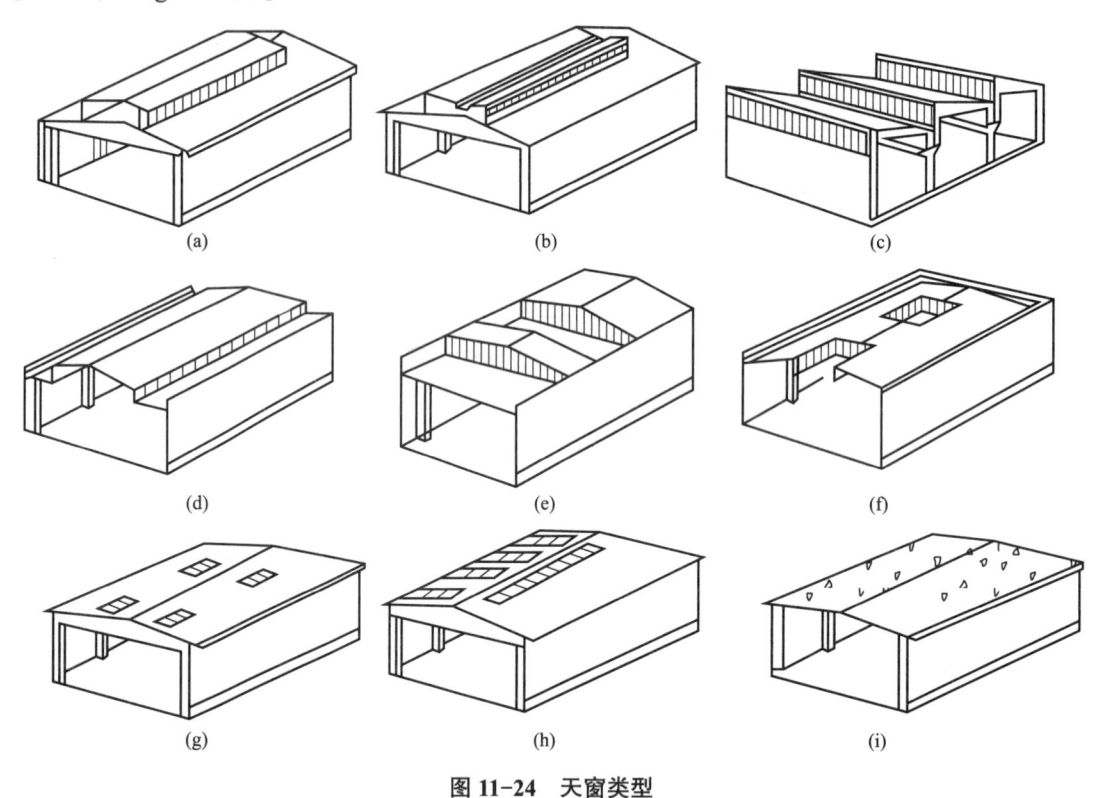

图 11-24 天窗类型
（a）矩形天窗；（b）M形天窗；（c）锯齿形天窗；（d）纵向下沉式天窗；（e）横向下沉式天窗；
（f）井式天窗；（g）采光板平天窗；（h）采光罩平天窗；（i）采光带平天窗

1. 矩形天窗

矩形天窗主要由天窗架、天窗扇、天窗屋面板、天窗侧板和天窗端壁等组成，如图11-25所示。矩形天窗沿厂房纵向布置，在厂房靠山墙两端和横向变形缝两侧的第一柱间通常不设天窗。在每段天窗的端壁应设置天窗屋面的消防检修梯。

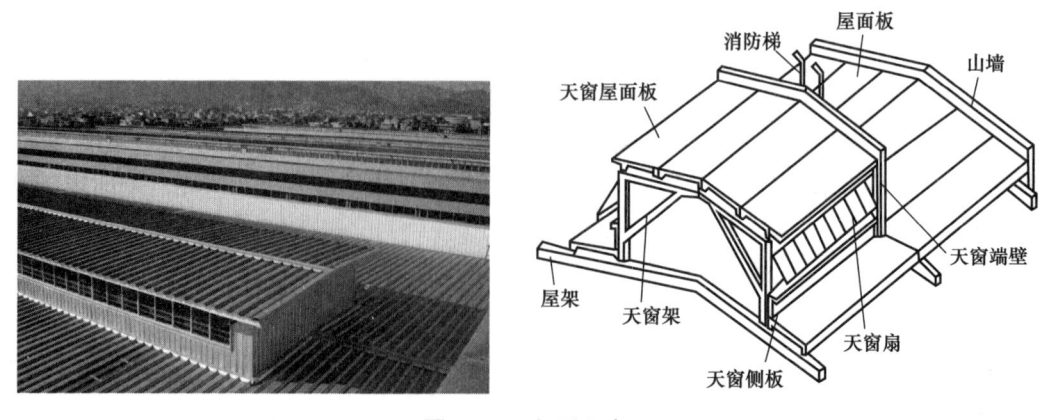

图 11-25 矩形天窗
（a）实物图；（b）构造图

（1）天窗架。天窗架是天窗的承重构件，常用钢筋混凝土天窗架或钢天窗架，支承在屋架或屋面大梁上，其跨度有 6 m、9 m、12 m 三种。钢筋混凝土天窗架的支脚与屋架采用焊接形式，钢天窗架常采用桁架式，其支脚与屋架节点的连接一般也采用焊接形式，适用于较大跨度，如图 11-26 所示。

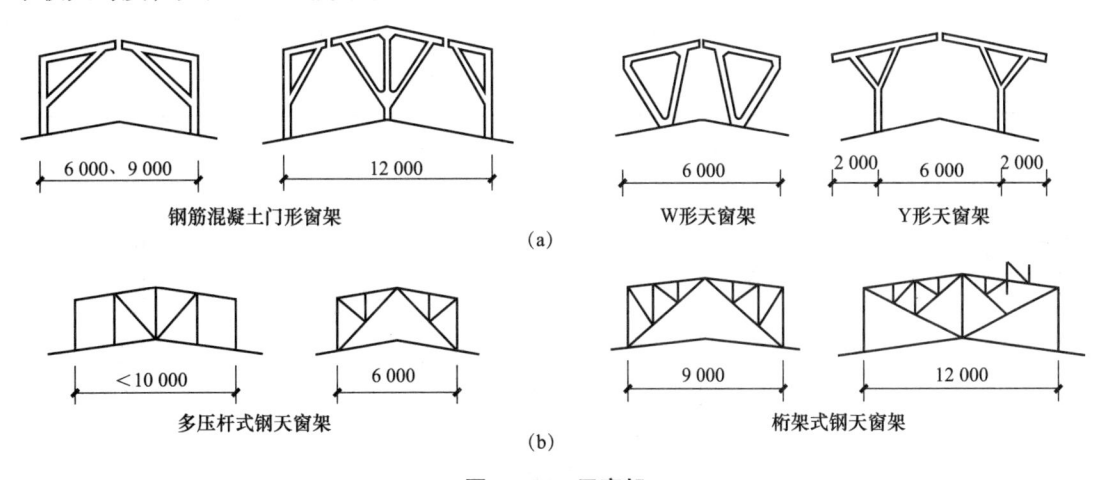

图 11-26 天窗架
(a) 钢筋混凝土天窗架；(b) 钢天窗架

（2）天窗扇。天窗扇的作用是采光、通风和挡雨。天窗扇多为钢材制成，按开启方式分为上悬式和中悬式，可按一个柱距独立开启分段设置，也可按几个柱距同时开启通长设置。由于天窗位置较高，需要经常开关的天窗应设置开关器。

（3）天窗屋面板。一般情况下，天窗屋面板与厂房屋面板采用相同的材料，天窗屋面的构造与厂房屋面构造相同。由于天窗宽度和高度一般较小，故多采用无组织排水，并在天窗檐口下部的屋面上铺设滴水板。雨量多或天窗高度和宽度较大时，宜采用有组织排水。

（4）天窗侧板。为防止雨水溅入车间和防止积雪遮挡天窗扇，在天窗扇下部设置天窗侧板，其高度一般不小于 300 mm，经常有大风及多雪地区宜适当增大至 400～600 mm。天窗侧板一般做成与屋面板长度相同的钢筋混凝土槽形板，安装时将它与天窗架上的预埋件焊牢。

（5）天窗端壁。天窗两侧的山墙称为天窗端壁。其作用是支承天窗屋面板，围护天窗端部。端壁板及天窗架与屋架上弦的连接均通过预埋件焊接，要求保温的车间侧板两肋之间填入保温材料，外面再做泛水与厂房屋面连接。

2．下沉式天窗

下沉式天窗是在拟设天窗的部位把屋面板下移，铺在屋架的下弦上，利用屋架上、下弦之间的空间做成采光口或通风口，与矩形天窗相比可省去天窗架及其附件，从而降低了厂房的高度，减轻了天窗自重。根据下沉部位的不同可分为横向下沉式、纵向下沉式、井式天窗三种形式。

以井式天窗为例介绍下沉式天窗的构造。

（1）井式天窗布置方式。井式天窗的布置方式有单侧布置、两侧对称布置、两侧错开布置和跨中布置（图 11-27）。

前三种为边井式，后一种为中井式。单侧或两侧布置时通风效果好，多用于热加工车间。跨中布置能充分利用屋架中部较高的空间，采光较好，但排水、清灰较复杂。

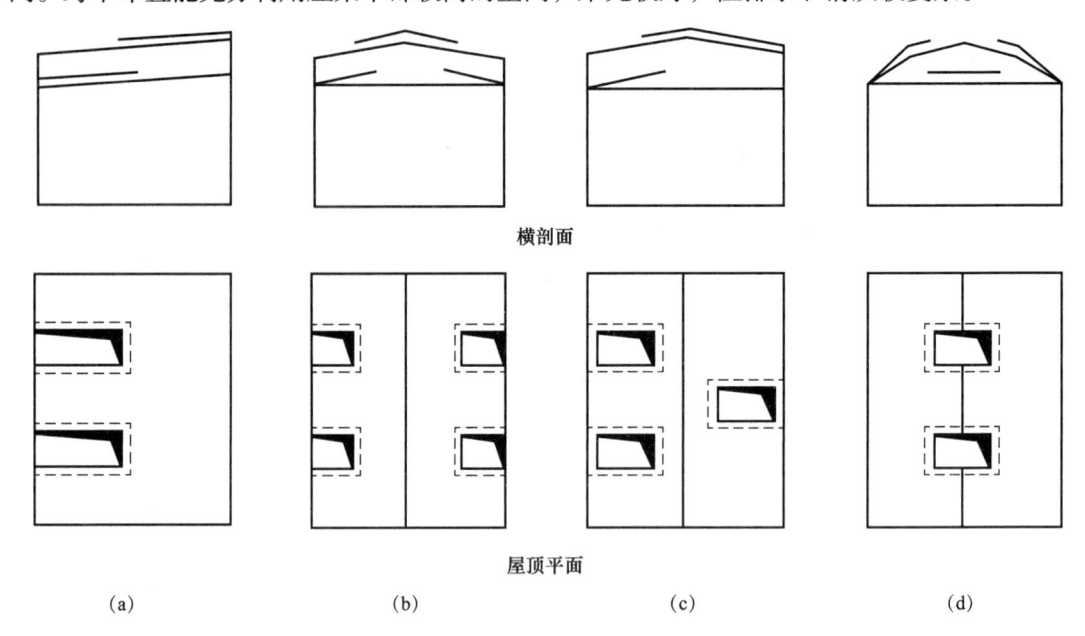

图 11-27 井式天窗布置方式
(a) 单侧布置；(b) 两侧对称布置；(c) 两侧错开布置；(d) 跨中布置

（2）井式天窗构造。井式天窗主要由井底板、檩条、檐沟、挡雨片、挡风侧墙、铁梯等组成，如图 11-28 所示。

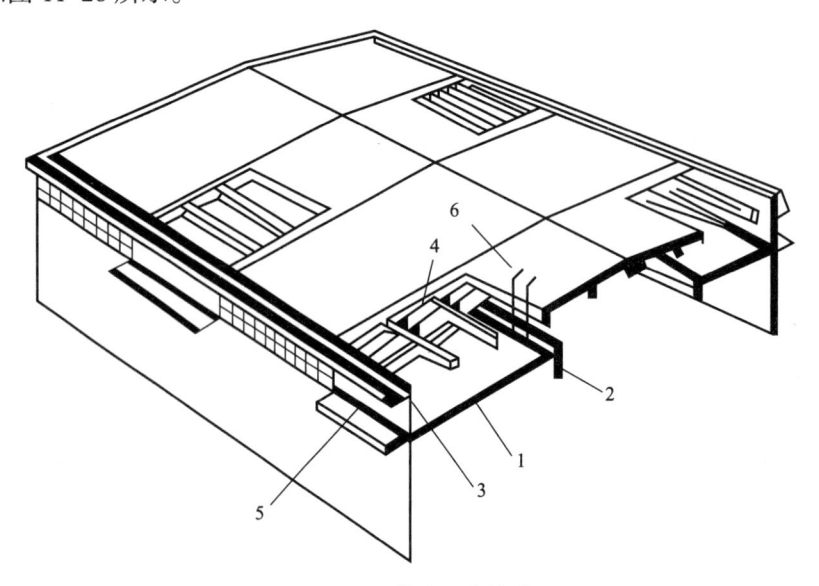

图 11-28 井式天窗构造
1—井底板；2—檩条；3—檐沟；4—挡雨片；5—挡风侧墙；6—铁梯

3. 平天窗

平天窗是根据采光需要设置带空洞的屋面板，在空洞上安装透光材料所形成的天窗。它具有采光效率高（比矩形天窗高 2～3 倍）、不设天窗架、构造简单、屋面荷载小、布置灵活等优点，但容易造成太阳直接热辐射和眩光，防雨、防冰雹较差，容易产生冷凝水和积灰，适用于一般冷加工车间，如图11-29所示。

图 11-29　平天窗

平天窗主要有采光板、采光罩和采光带三种类型，如图11-30所示。

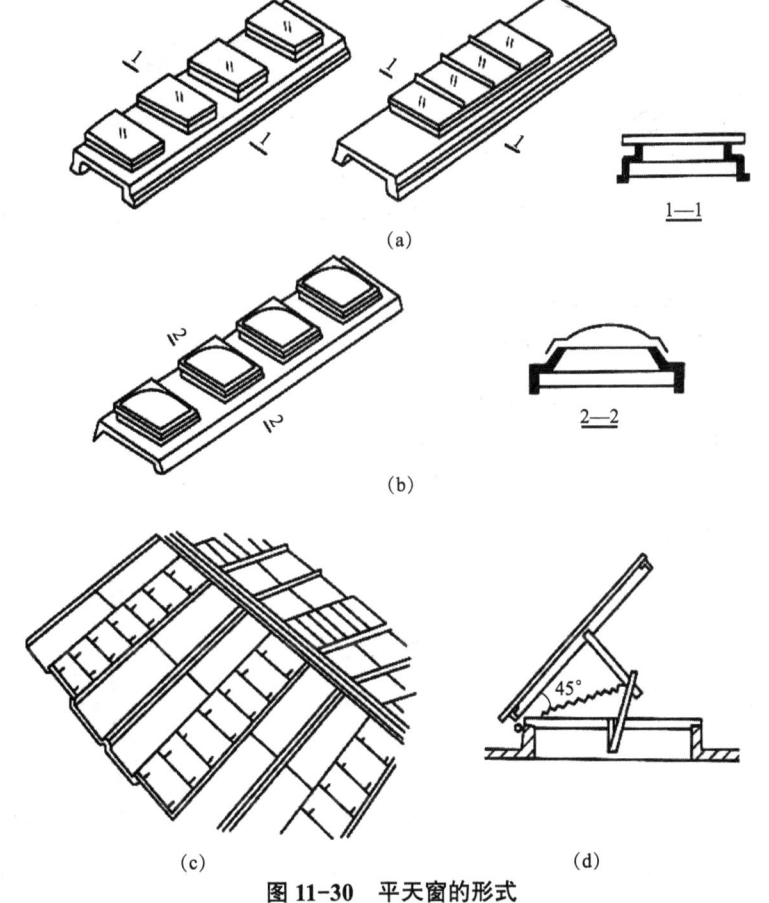

图 11-30　平天窗的形式
(a) 采光板；(b) 采光罩；(c) 采光带；(d) 开启式采光板

（1）采光板。采光板是在屋面板上留孔，然后装上平板式透光材料。固定的采光板只作采光用；可开启的采光板以采光为主，兼作少量通风。

（2）采光罩。采光罩是在屋面板上留孔，然后装上弧形或锥形透光材料构成采光罩。采光罩有固定和开启两种。

（3）采光带。采光带是指将部分屋面板的位置空出来，铺上平板式透光材料做成较长的（6m以上）横向或纵向采光带。

11.5 地面及其他构造

11.5.1 地面

1. 厂房地面的特点与要求

单层工业厂房地面面积大、荷载大、材料用料多。据统计，一般机械类厂房混凝土地面的混凝土用量占主体结构的25%～50%。所以，正确且合理地选择地面材料和相应的构造，不仅有利于生产，而且对节约材料和基建投资都有重要意义。

工业厂房的地面，首先要满足使用要求。同时，厂房地面面积大，承受荷载大，还应具有抵抗各种破坏作用的能力。

（1）具有足够的强度和刚度，满足大型生产和运输设备的使用要求，有良好的抗冲击、耐振、耐磨、耐碾压性能。

（2）满足不同生产工艺的要求，如生产精密仪器仪表的车间应防尘，生产中有爆炸危险的车间应防爆，有化学侵蚀的车间应防腐等。

（3）处理好设备基础、不同生产工段对地面不同要求引起的多类型地面的组合拼接。

（4）满足设备管线铺设、地沟设置等特殊要求。

（5）合理选择材料与构造做法，降低造价。

2. 地面的组成与类型

单层工业厂房地面由面层、垫层和基层组成。当它们不能充分满足适用要求或构造要求时，可增设其他构造层，如结合层、找平层、隔离层等。特殊情况下，还需要设置保温层、隔声层等，如图11-31所示。

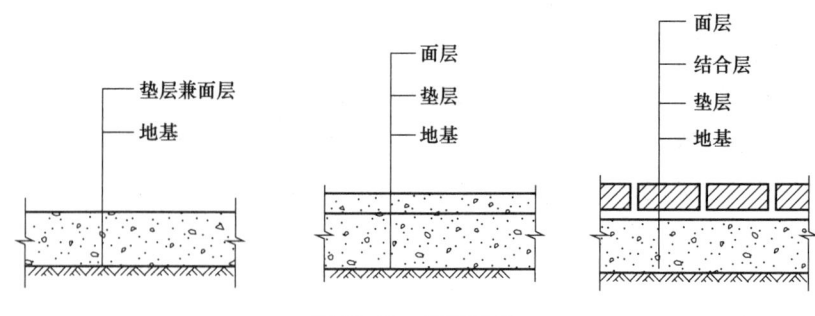

图 11-31 地面组成

（1）面层。面层有整体面层和块料面层两大类。由于面层是直接承受各种物理、化学作用的表面层，因此应根据生产特征、使用要求和技术经济条件来选择面层。

（2）垫层。垫层是承受并传递地面荷载至地基的构造层。按材料性质不同，垫层可分为刚性垫层、半刚性垫层和柔性垫层三种。

1）刚性垫层：是指用混凝土、沥青混凝土和钢筋混凝土等材料做成的垫层。

2）半刚性垫层：是指用灰土、三合土、四合土等材料做成的垫层。其受力后有一定的塑性变形，它可以利用工业废料和建筑废料制作，因而造价低。

3）柔性垫层：是用砂、碎（卵）石、矿渣、碎炉渣、沥青碎石等材料做成的垫层。它受力后产生塑性变形，但造价低，施工方便，适用于有较大冲击、剧烈振动作用或堆放笨重材料的地面。

垫层的选择还应与面层材料相适应，同时应考虑生产特征和使用要求等因素。例如，现浇整体式面层、卷材及塑料面层和用砂浆或胶泥做结合层的板块状面层，其下部的垫层宜采用混凝土垫层；用砂、炉渣做结合层的块材面层，宜采用柔性垫层或半刚性垫层。

垫层的厚度主要依据作用在地面上的荷载情况来定，其所需厚度应按《建筑地面设计规范》（GB 50037—2013）的有关规定计算确定。

（3）基层。基层是承受上部荷载的土壤层，是经过处理的基土层，最常见的是素土夯实。地基处理的质量直接影响地面承载力，地基土不应用过湿土、淤泥、腐殖土、冻土及有机物含量大于8%的土做填料。若地基土松软，可加入碎石、碎砖或铺设灰土夯实，以提高强度，用单纯加厚混凝土垫层和提高其强度等级的办法来提高承载力是不经济的。

3. 常见地面的构造做法

（1）单层整体地面。单层整体地面是将面层和垫层合为一层直接铺在基层上。

常用的地面如下所述。

1）灰土地面：素土夯实后，用3∶7灰土夯实到100～150 mm厚。

2）矿渣或碎石地面：素土夯实后用矿渣或碎石压实至不小于60 mm厚。

3）三合土夯实地面：100～150 mm厚素土夯实以后，再用1∶3∶5或1∶2∶4石灰、砂（细炉渣）、碎石（碎砖）配制三合土夯实。

这类地面可承受高温及巨大的冲击作用，适用于平整度和清洁度要求不高的车间，如铸造车间、炼钢车间、钢坯库等。

（2）多层整体地面。多层整体地面垫层厚度较大，面层厚度小。不同的面层材料可以满足不同的生产要求。

1）水泥砂浆地面：与民用建筑构造做法相同。为满足耐磨要求，可在水泥砂浆中加入适量铁粉。此地面不耐磨，易起尘，适用于有水、中性液体及油类作用的车间。

2）水磨石地面：同民用建筑构造，若对地面有不起火要求，可采用与金属或石料撞击不起火花的石子材料，如大理石、石灰石等。此类地面强度高、耐磨、不渗水、不起灰，适用于对清洁要求较高的车间，如计量室、仪器仪表装配车间、食品加工车间等。

3）混凝土地面：有60 mm厚C15混凝土地面和C20细石混凝土地面等。为防止地面开裂，可在面层设纵向、横向的分仓缝，缝距一般为12 m，缝内用沥青等防水材料灌实。如采用密实的石灰石、碱性的矿渣等做混凝土的骨料，可做成耐碱混凝土地面。此地面在单层工业厂房中应用较多，适用于金工车间、热处理车间、机械装配车间、油漆车间、油料库等。

4）水玻璃混凝土地面：水玻璃混凝土由耐酸粉料、耐酸砂、耐酸石配以水玻璃胶粘剂和氟硅酸钠硬化剂调制而成。此地面机械强度高、整体性好，具有较高的耐酸性、耐热性，但抗渗性差，须在地面中加设防水隔离层。水玻璃混凝土地面多用于有酸腐蚀作用的车间或仓库。

5）菱苦土地面：菱苦土地面是在混凝土垫层上铺设 20 mm 厚的菱苦土面层。菱苦土面层由苛性菱镁矿、砂、锯末和氯化镁水溶液组成，它具有良好的弹性、保温性能，不产生火花，不起灰。其适用于精密生产装配车间、计量室和纺纱、织布车间。

4. 块材地面

块材地面是在垫层上铺设块料或板料的地面，如砖块、石块、预制混凝土地面砖、瓷砖、铸铁板等。块材地面承载力强，便于维修。

（1）砖石地面。砖地面面层由普通砖侧砌而成，若先将砖用沥青浸渍，可做成耐腐蚀地面。石材地面有块石地面和石板地面，这种地面较粗糙、耐磨损。

（2）预制混凝土板地面。采用 C20 预制细石混凝土板做面层。其主要用于预留设备位置或人行道等。

（3）铸铁板地面。有较好的抗冲击和耐高温性能，板面可直接浇筑成凸纹或穿孔防滑。

11.5.2 其他构造

1. 坡道

厂房的室内外高差一般为 150 mm，为了便于各种车辆通行，在门口外侧须设置坡道。坡道的坡度常取 10%～15%，宽度应比大门宽 600～1 000 mm，如图 11-32 所示。

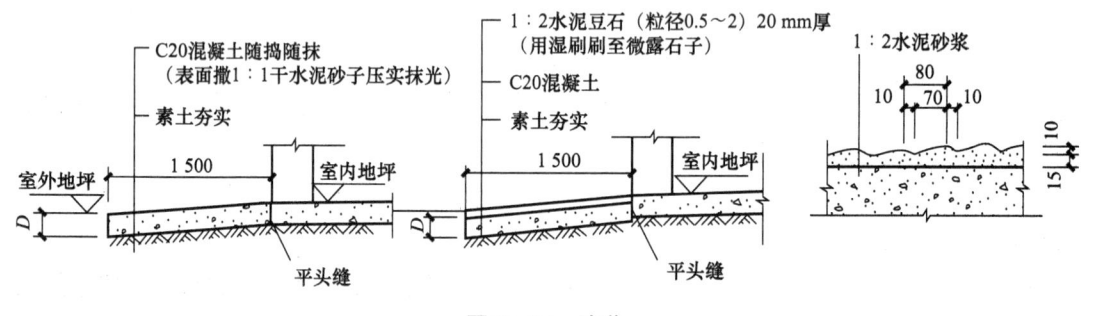

图 11-32 坡道

2. 钢梯

单层工业厂房中常采用各种钢梯，如作业台钢梯、起重机钢梯、消防及屋面检修钢梯等。

（1）作业台钢梯。作业台钢梯是工人上下生产操作平台或跨越生产设备联动线的通道。其坡度为 90°、73°、59° 和 45°，其构造如图 11-33 所示。

（2）起重机钢梯。起重机钢梯是为起重机驾驶员上下起重机使用的专用梯，起重机钢梯一般为斜梯，梯段有单跑和双跑两种，坡度有 51°、55° 和 63°，如图 11-34 所示。

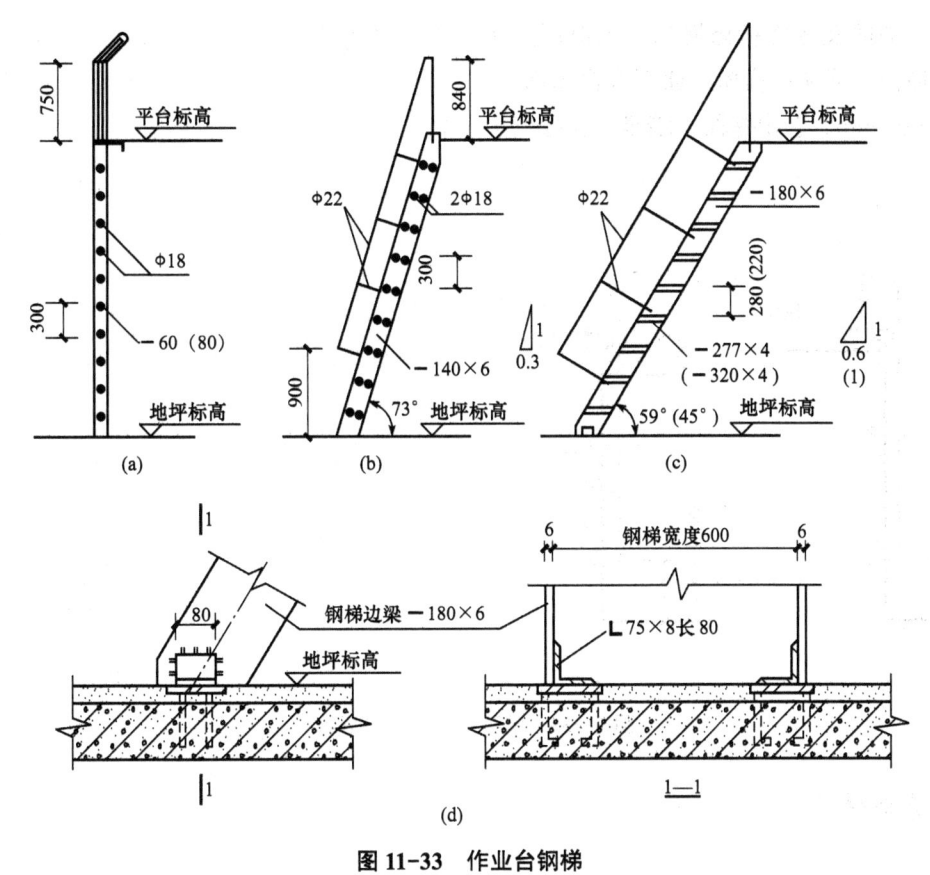

图 11-33 作业台钢梯
(a) 坡度为 90°；(b) 坡度为 73°；(c) 坡度为 59°（45°）；(d) 构造

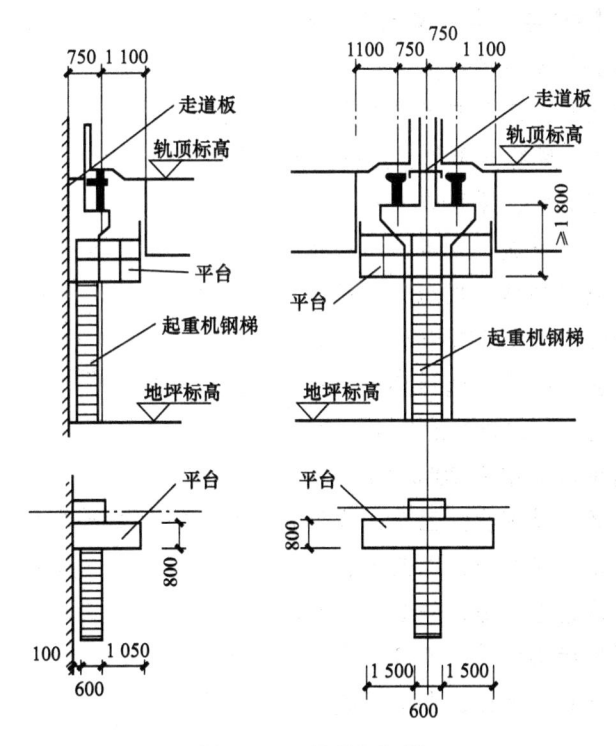

图 11-34 起重机钢梯

（3）消防及屋面检修钢梯。当单层厂房屋顶高度大于 10 m 时，应设专用梯自室外地面通至屋面，或从厂房屋面通至天窗屋面，作为消防及检修之用。消防、检修常采用直梯，宽度为 600 mm，它由梯段、踏步、支撑组成，如图 11-35 所示。

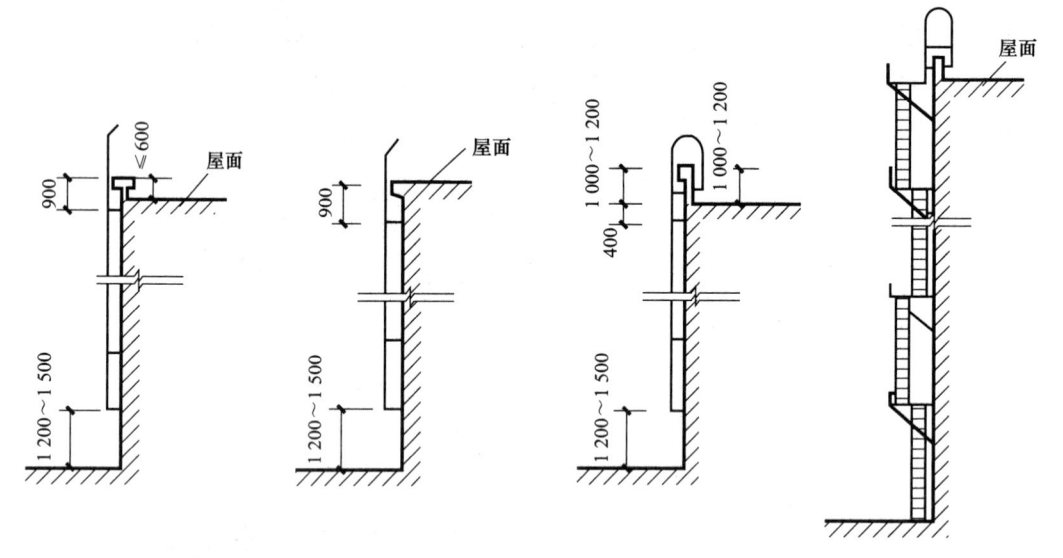

图 11-35　消防及屋面检修钢梯

素养课堂

绿色工厂示范——清远市简一陶瓷有限公司

简一陶瓷始创于 2002 年，是一家创新型企业。工厂厂房以单层建筑为主，均为轻钢结构和钢框架结构。该公司制定的绿色工厂战略方针是珍惜社会资源，绿色节能降耗，遵守法律规范，持续创新发展。工厂自开展绿色工厂创建工作以来，积极创建绿色工厂，以用地集约化、生产洁净化、废物资源化、能源低碳化为管理目标。

针对绿色工厂战略方针，采取以下措施：对厂区绿化不断进行改善，植被以乡土植物为主；工厂具备污水处理设施，生活污水循环再利用；不断加强对公司员工的绿色工厂相关宣传和培训，让绿色发展理念成为公司领导及员工的普遍共识；积极采用先进的环保工艺和设备，进行环保改善，废气减排处理、废水循环利用、固体废物资源化和无害化利用，努力减少污染物的产生和排放；选用环保原辅材料，采用先进适用的生产工艺技术和高效节能装备，减少生产过程中的资源消耗和环境影响等。

在我国，能源消费总量中有 70% 的能源用于工业建筑，工业建筑的能源消耗比较大、污染排放比较多的问题日益突出。因此，我们需要注重工业绿色建筑理念，寻找合适的技术，使理念、技术和设计相结合，以最大程度地节省资源，减少排放污染，保护环境。同时，单层厂房要建成绿色型厂房，需要购买健康、绿色、环保、无污染、可以循环利用的材料。但在质量方面要严格把关，不可为降低成本而购买质量不合格的材料，否则可能导致房屋倒塌造成人员伤亡。因此，务必以建筑安全为本，在建筑质量合格基础上，建设环保绿色厂房。

模块小结

本模块阐述了厂房外墙按材料不同可分为砖及砖块墙、板材墙、轻质板材墙和开敞式外墙。板材墙按材料不同可分为单一材料的墙板和组合墙板两类。

板材墙的布置方式有横向布置、竖向布置、混合布置。大门的开启方式有平开、推拉、折叠、升降、上翻、卷帘等。

侧窗的特点：侧窗的面积大；大面积的侧窗因通风的需要多采用组合式；侧窗的尺寸应符合模数要求。侧窗的类型可按材料、按层数、按开启方式进行分类。

单层厂房屋面由屋面的面层部分和基层部分组成，厂房屋面的基层分为有檩体系和无檩体系两种。厂房屋面排水方式分为有组织排水和无组织排水两种；按屋面部位不同，可分为屋面排水和檐口排水两部分。

厂房屋面有卷材防水屋面、各种波形瓦（板）防水屋面及钢筋混凝土构件自防水屋面。天窗按其在屋面的位置不同分为上凸式天窗、下沉式天窗和平天窗三种。

单层工业厂房地面由面层、垫层和基层组成。钢梯有作业台钢梯、起重机钢梯、消防及屋面检修钢梯等。

复习思考题

1．一般厂房的外墙为承重墙和框架墙，墙和柱的相对位置有几种方案？它们的优点和缺点分别是什么？

2．墙与柱、屋架，女儿墙与屋架是怎样连接的？

3．板材墙的分类有哪些？它们各有什么优点和缺点？

4．横向布置墙板与柱连接的类型有哪几种？它们各有什么优点和缺点？

5．按开启方式分类，侧窗可分为哪几类？

6．天窗侧板有哪些类型？天窗侧板在构造上有什么要求？

7．屋面排水方式与檐口排水方式有哪些？

8．矩形天窗主要由什么组成？

9．厂房地面有什么特点和要求？地面由哪些构造层次组成？它们有什么作用？

10．厂房的钢梯有哪些类型？

模块 12 轻钢结构厂房

知识目标

1. 了解轻钢结构厂房的特点、适用范围和组成。
2. 了解一般轻钢结构厂房的围护构件及主要节点构造。
3. 熟悉轻钢结构厂房的结构形式与结构布置。

能力目标

1. 能够描述轻钢结构厂房的特点和组成。
2. 能够识别轻钢结构厂房主要结构形式,分辨各结构构件。
3. 能够识别轻钢结构厂房围护构件并识读清楚节点构造。

素养目标

1. 具备可持续发展和环保意识。
2. 培养严谨的工作精神。
3. 培养解决实际问题的能力。

12.1 轻钢结构厂房认知

现代轻钢房屋建筑体系诞生于 20 世纪初。第二次世界大战期间,有大量对施工速度要求很高的构筑物,如战地机库、军营等,故在此期间,此类结构形式得到快速发展。20 世纪 40 年代出现了轻型门式刚架结构,20 世纪 60 年代开始大量应用由彩色压型板及冷弯薄壁型钢檩条组成的轻质围护体系。目前,轻钢结构已成为发达国家的主要建筑结构形式。

我国大面积应用轻钢结构是从 20 世纪 80 年代初建设的宝山钢铁公司一期工程开始的。该工程采用热轧型钢作为主承重骨架并首次采用彩色压型钢板作为围护结构。宝钢一期工程展示了现代化工厂的新形象,给当时的工程界带来了极大的震动。20 世纪 90 年代,随着钢材产量及质量的大幅度提升,极大地推动了轻钢结构在我国的发展。为了进一步指导和规范我国钢结构的发展,国家有关部门先后修订了《钢结构设计标准》(GB 50017—2017)、《冷弯薄壁型钢结构技术规范》(GB 50018—2002)和《门式刚架轻型房屋钢结构技术规范》（GB 51022—2015）等相关标准、规范，这标志着我国轻钢结构的设计、制作、安装技术已趋于成熟。

12.1.1 轻钢结构厂房的特点

钢结构厂房按其承重结构的类型可分为普通钢结构厂房和轻型钢结构厂房，轻型钢结构厂房是在普通钢结构厂房的基础上发展起来的新型结构形式，因其自身特点，广泛适用于工业建筑厂房中。轻钢结构厂房具有以下特点。

（1）自重轻。轻钢结构厂房中的屋面、墙面采用压型钢板及冷弯薄壁型钢等材料组成，屋面、墙面的质量轻，相较于钢筋混凝土结构，明显具有自重轻的特点。

（2）施工周期短。轻钢结构大部分可实行工厂自动化生产，现场主要采用螺栓拼装。一幢大中型厂房、仓库类建筑，从设计、制作、安装到竣工完成一般仅需 2～4 个月，与钢筋混凝土结构相比，能大大地缩短施工周期。

（3）节能环保。厂房拆迁或改建时，钢材可以重复利用，重复利用率高，且轻钢结构相比较普通钢结构用钢量更省，主框架钢材可节省 10%～50%。

12.1.2 轻钢结构厂房的组成

轻钢结构一般由主结构、次结构、围护结构、辅助结构、基础组成。轻钢结构厂房多采用门式刚架、屋架和网架作为承重结构。屋面由檩条、屋面板组成，支撑为钢柱、基础，围护结构由墙面檩条、墙面板组成。

（1）主结构。用焊接 H 型钢（根据不同荷载等情况可采用等截面或变截面）、热轧 H 型钢（等截面）构成的门式刚架结构作为主要承重骨架。

（2）次结构。次结构包括檩条、支撑、系杆。檩条分为墙面檩条、屋面檩条，可采用冷弯薄壁型钢，截面形式常用 C 形钢或 Z 形钢，将墙面或屋面所受的荷载通过檩条传递给门式刚架；门式刚架需要沿厂房纵向设置支撑、系杆，该措施可以增强纵向结构刚度，以改善门式刚架厂房纵向刚度较弱的缺点。

（3）围护结构。围护结构包括屋面板、墙面板。现阶段，大多数工业厂房的墙面围护结构采用两种材料，1.2 m 标高以下墙体为砖墙，1.2 m 以上部分采用压型钢板。屋面板主要采用压型钢板材料。如果有保温需求，采用内外两层压型钢板，中间放置聚苯乙烯泡沫塑料、硬质聚氨酯泡沫塑料、岩棉、玻璃丝棉作为保温隔热材料。

（4）辅助结构。不同厂房的生产生活需要辅助结构，包括楼梯、平台、扶手栏杆等。这些也是轻钢结构厂房的组成部分。

（5）基础。基础包括基础、基础梁。基础形式多采用钢筋混凝土独立基础，刚架与基础根据不同情况采用铰接或刚接形式。

12.2 门式刚架结构

12.2.1 门式刚架的结构形式与结构布置

1. 结构形式

(1) 在门式刚架轻型房屋钢结构体系中,屋盖宜采用压型钢板屋面板和冷弯薄壁型钢檩条,主刚架可采用变截面实腹刚架,外墙宜采用压型钢板墙面板和冷弯薄壁型钢墙梁。主刚架斜梁下翼缘和刚架柱内翼缘平面外的稳定性,应由隅撑保证。主刚架间的交叉支撑可采用张紧的圆钢、钢索或型钢等。

(2) 门式刚架分为单跨、双跨、多跨刚架,以及带挑檐和带毗屋的刚架等形式。多跨刚架中间柱与斜梁的连接可采用铰接。多跨刚架宜采用双坡或单坡屋盖,也可采用由多个双坡屋盖组成的多跨刚架形式。当设置夹层时,夹层可沿纵向设置或在横向端跨设置。夹层与柱的连接可采用刚性连接或铰接。如图 12-1 所示为门式刚架的形式。

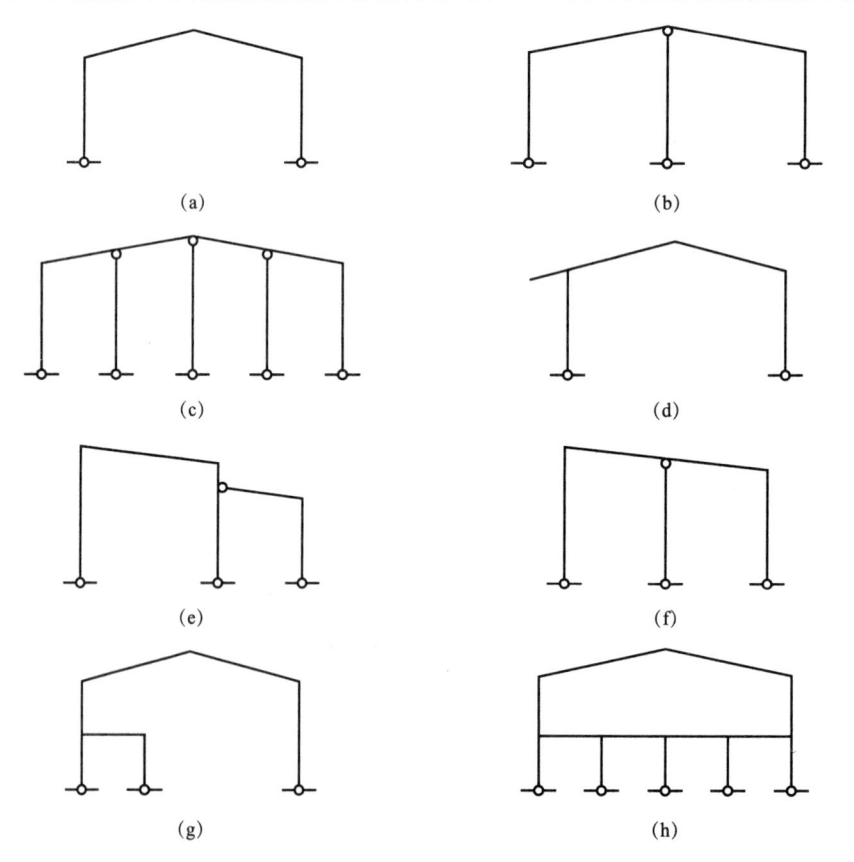

图 12-1 门式刚架的形式
(a) 单跨刚架; (b) 双跨刚架; (c) 多跨刚架; (d) 带挑檐刚架;
(e) 带毗屋刚架; (f) 单坡刚架; (g) 纵向带夹层刚架; (h) 端跨带夹层刚架

（3）根据跨度、高度和荷载不同，门式刚架的梁、柱可采用变截面或等截面实腹焊接工字形截面或轧制 H 形截面。设有桥式起重机时，柱宜采用等截面构件。变截面构件宜做成改变腹板高度的楔形；必要时也可改变腹板厚度。结构构件在制作单元内不宜改变翼缘截面，当必要时，仅可改变翼缘厚度；邻接的制作单元可采用不同的翼缘截面，两单元相邻截面高度宜相等。

（4）门式刚架的柱脚宜按铰接支承设计。当用于工业厂房且有 5 t 以上桥式起重机时，可将柱脚设计成刚接。

（5）门式刚架可由多个梁、柱单元构件组成。柱宜为单独的单元构件，斜梁可根据运输条件划分为若干个单元。单元构件本身应采用焊接，单元构件之间宜通过端板采用高强度螺栓连接。

2. 结构布置

（1）门式刚架的跨度，应取横向刚架柱轴线间的距离。

（2）门式刚架的高度，应取室外地面至柱轴线与斜梁轴线交点的高度。高度应根据使用要求的室内净高确定，有起重机的厂房应根据轨顶标高和起重机净空要求确定。

（3）柱的轴线可取通过柱下端（较小端）中心的竖向轴线。斜梁的轴线可取通过变截面梁段最小端中心与斜梁上表面平行的轴线。

（4）门式刚架轻型房屋的檐口高度，应取室外地面至房屋外侧檩条上缘的高度。门式刚架轻型房屋的最大高度，应取室外地面至屋盖顶部檩条上缘的高度。门式刚架轻型房屋的宽度，应取房屋侧墙墙梁外皮之间的距离。门式刚架轻型房屋的长度，应取两端山墙墙梁外皮之间的距离。

（5）门式刚架的单跨跨度宜为 12～48 m。当有根据时，可采用更大跨度。当边柱宽度不等时，其外侧应对齐。门式刚架的间距，即柱网轴线在纵向的距离宜为 6～9 m，挑檐长度可根据使用要求确定，宜为 0.5～1.2 m，其上翼缘坡度宜与斜梁坡度相同。

（6）房屋的纵向应有明确、可靠的传力体系。当某一柱列纵向刚度和强度较弱时，应通过房屋横向水平支撑，将水平力传递至相邻柱列。

12.2.2 门式刚架的平面受力体系

门式刚架结构以柱、梁组成的横向刚架为主受力结构，刚架为平面受力体系。为保证纵向稳定，设置柱间支撑和屋面支撑。

1. 横向框架结构

门式刚架可由多个梁、柱单元构件组成，柱一般为单独的单元构件，斜梁可根据运输条件划分为若干个单元。设有桥式起重机时，柱宜采用等截面形式。如图 12-2 所示为门式刚架的构造。单元构件本身采用焊接，单元之间可通过端板以高强度螺栓连接。根据跨度、高度及荷载不同，门式刚架的梁、柱可采用变截面或等截面的实腹焊接工字形截面或轧制 H 形截面。如图 12-3 所示为常见梁柱节点连接做法。变截面形式通常改变腹板的高度，做成楔形，必要时也可改变腹板厚度。

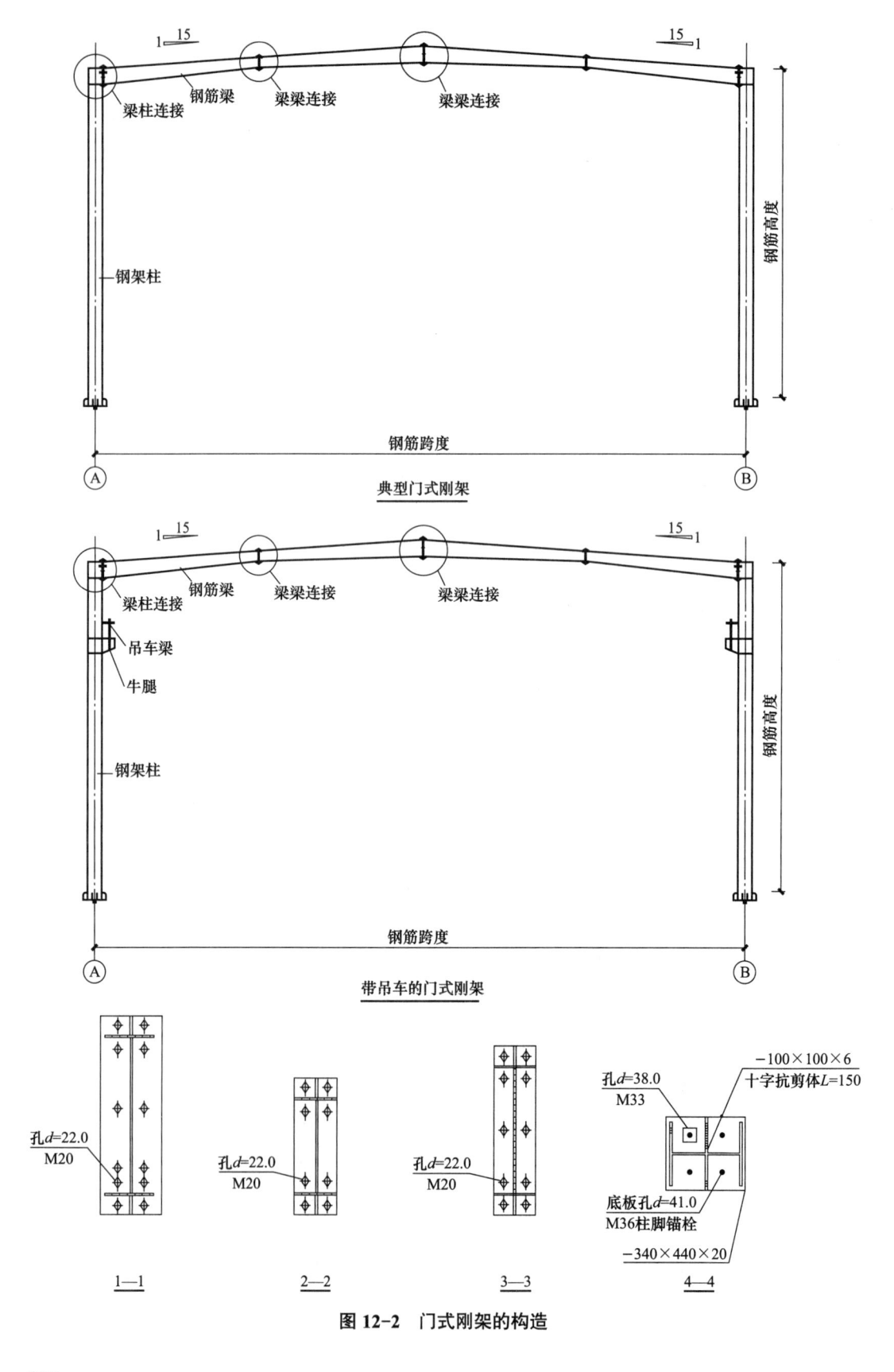

图 12-2　门式刚架的构造

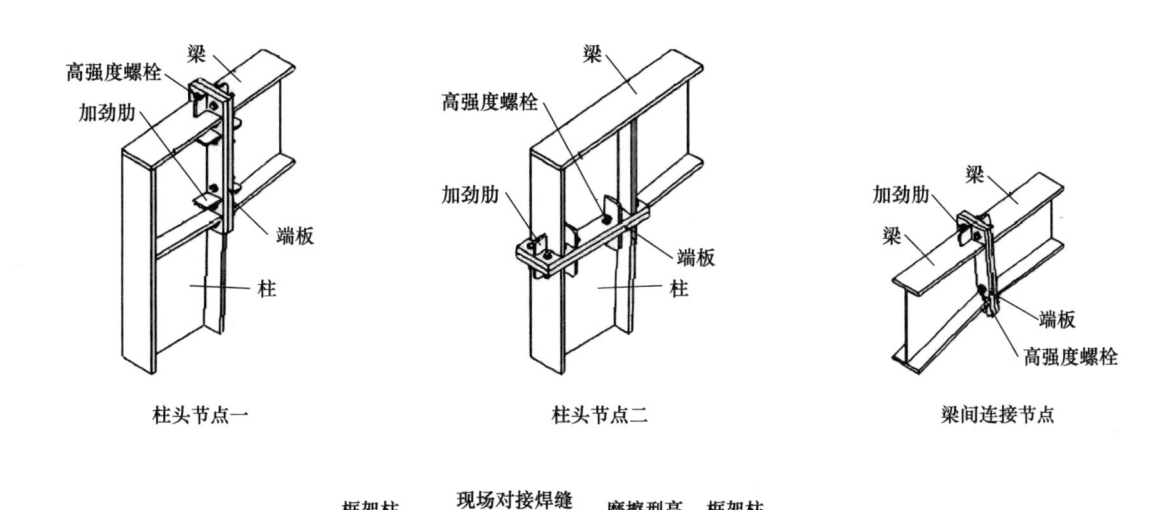

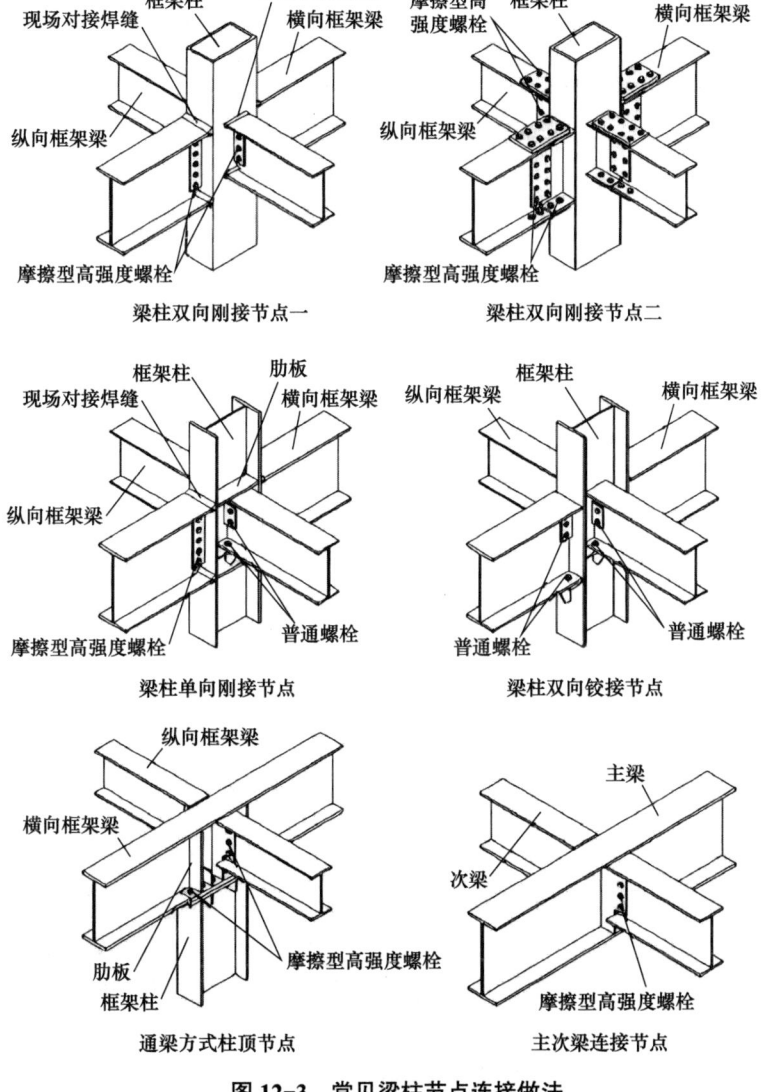

图 12-3 常见梁柱节点连接做法

柱脚可采用刚接或铰接形式，前者可节约钢材，但基础费用有所提高，加工、安装也较为复杂，门式刚架的柱脚通常按铰接设计。当设有5t以上桥式起重机时，为提高厂房的抗侧移刚度，柱脚宜采用刚接形式。如图12-4所示为柱脚刚接、铰接形式做法。

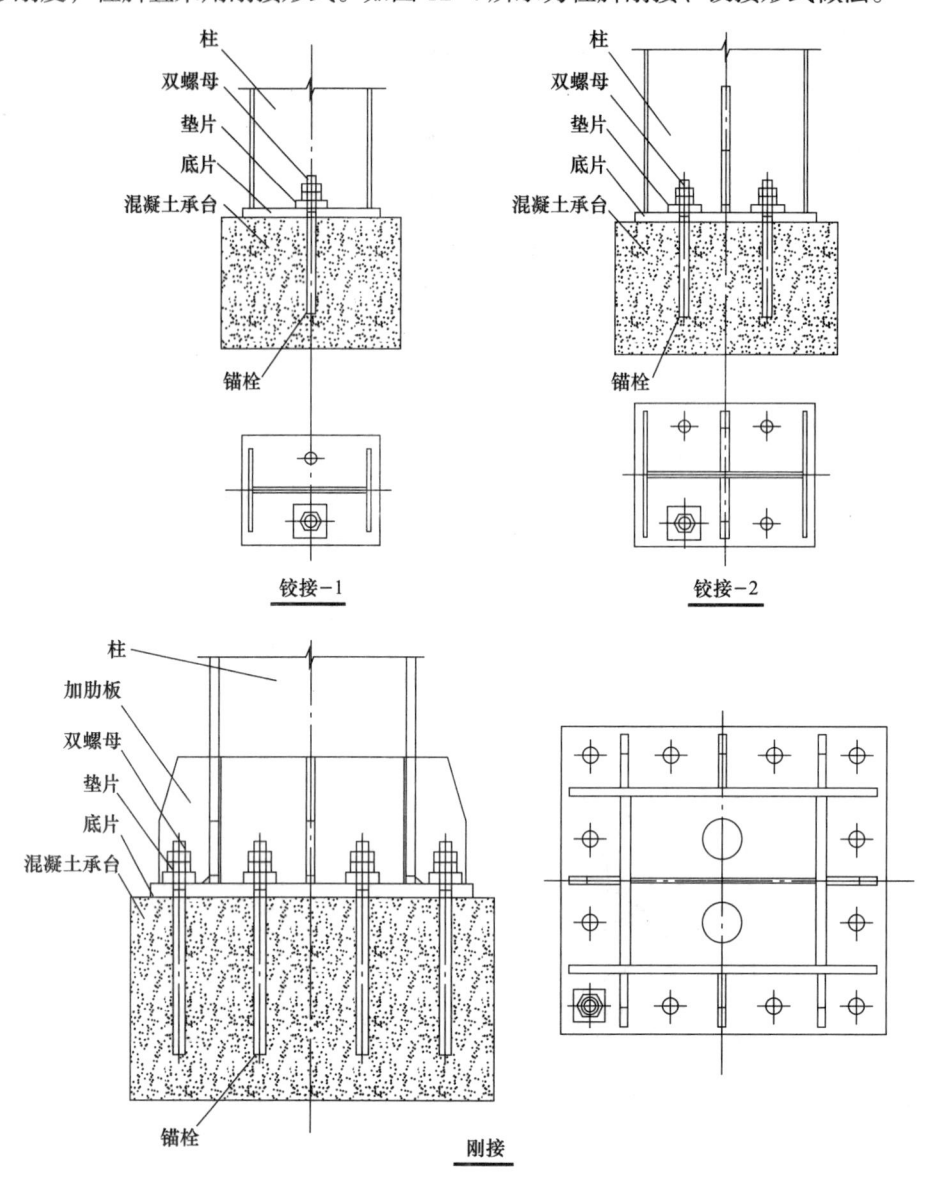

图12-4 柱脚刚接、铰接形式做法

2．纵向框架结构

（1）柱间支撑系统。柱间支撑应设在侧墙柱列，当房屋宽度大于60m时，在内柱列宜设置柱间支撑。当有起重机时，每个起重机跨两侧柱列均应设置起重机柱间支撑。

同一柱列不宜混用刚度差异大的支撑形式。在同一柱列设置的柱间支撑共同承担该柱列的水平荷载，水平荷载应按各支撑的刚度进行分配。

柱间支撑采用的形式宜为门式框架、圆钢或钢索交叉支撑、型钢交叉支撑、方管或圆管人字支撑等。当有起重机时，起重机牛腿以下交叉支撑应选用型钢交叉支撑。

当房屋高度大于柱间距2倍时，柱间支撑宜分层设置。当沿柱高有质量集中点、起重机牛腿或低屋面连接点处应设置相应支撑点。

柱间支撑的设置应根据房屋纵向柱距、受力情况和温度区段等条件确定。当无起重机时，柱间支撑间距宜取30～45 m，端部柱间支撑宜设置在房屋端部第一或第二开间。当有起重机时，起重机牛腿下部支撑宜设置在温度区段中部，当温度区段较长时，宜设置在三分点内，且支撑间距不应大于50 m。牛腿上部支撑设置原则与无起重机时的柱间支撑设置原则相同。图12-5所示为柱间不同支撑形式。

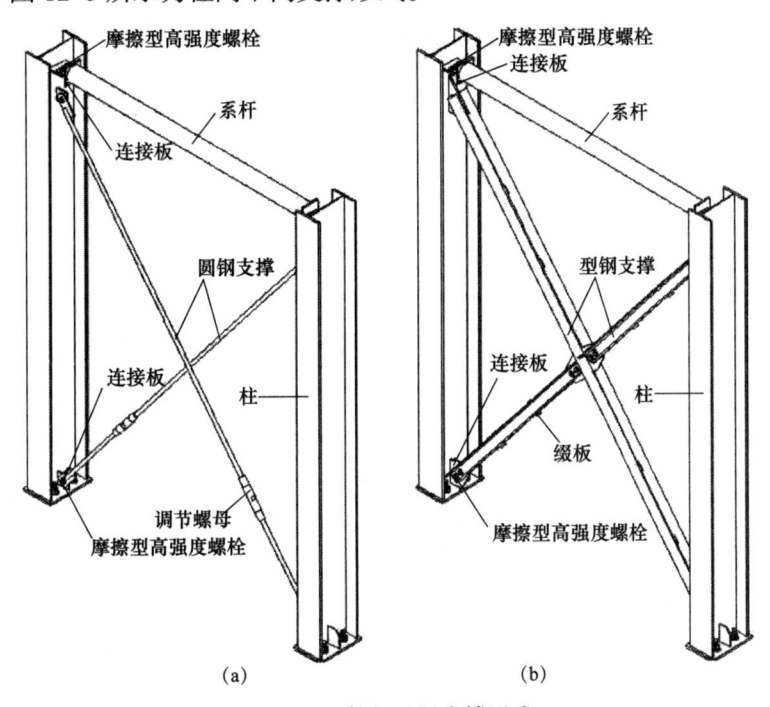

图12-5 柱间不同支撑形式
(a) 柱间柔性支撑；(b) 柱间刚性支撑

（2）屋面横向和纵向支撑系统。屋面端部横向支撑应布置在房屋端部和温度区段第一或第二开间，当布置在第二开间时应在房屋端部第一开间抗风柱顶部对应位置布置刚性系杆。

屋面支撑形式可选用圆钢或钢索交叉支撑；当屋面斜梁承受悬挂吊车荷载时，屋面横向支撑应选用型钢交叉支撑。屋面横向交叉支撑节点布置应与抗风柱相对应，并应在屋面梁转折处布置节点。

屋面横向支撑应按支承于柱间支撑柱顶水平桁架设计；圆钢或钢索应按拉杆设计，型钢可按拉杆设计，刚性系杆应按压杆设计。

对设有带驾驶室且起重量大于15 t桥式起重机的跨间，应在屋盖边缘设置纵向支撑；在有抽柱的柱列，沿托架长度应设置纵向支撑。

（3）檩条与墙梁。屋面檩条一般应等间距布置。但在屋脊处，应沿屋脊两侧各布置一道檩条，使屋面板的外伸宽度不要太长（一般不大于200 mm）；在天沟附近应布置一道檩条，以便与天沟固定。

应综合考虑天窗、通风屋脊、采光带、屋面材料、檩条规格等因素确定檩条间距。

门式刚架轻型房屋钢结构的侧墙，在采用压型钢板作为围护面时，墙梁宜布置在刚架柱的外侧，其间距由墙板板型及规格确定，且不应大于计算要求的值。

外墙除可以采用轻型钢板墙外，在抗震设防烈度不高于6度时，还可采用砌体；当为7度、8度时可采用非嵌砌砌体；当为9度时可采用与柱柔性连接的轻质墙板。

12.3 轻钢结构厂房的围护构件及节点构造

12.3.1 围护构件概述

1. 概念

轻钢结构厂房围护构件是指用于围合厂房空间的结构体系，包括外墙、屋面、门窗等。它是轻钢结构厂房中的一个重要组成部分，具有隔热、隔声、防水、防火、采光等功能。轻钢结构厂房围护结构具有结构稳定性好、施工周期短、使用寿命长、维护成本低等优点。

2. 特点

轻钢结构厂房围护结构由外墙、屋面、门窗等组成。其中，外墙和屋面是围护结构的主要组成部分。外墙一般由钢板、玻璃幕墙、夹芯板等材料构成，屋面一般由钢板、彩钢板、防水卷材等材料构成。门窗则包括工业门、玻璃门、铝合金门窗等。

3. 施工过程

轻钢结构厂房围护结构的施工一般分为以下几个步骤。

（1）预制构件制作：根据设计图纸制作预制构件，包括外墙、屋面、门窗等。

（2）现场拼装：将预制构件运至现场进行拼装，包括固定、连接、密封等。

（3）安装门窗：包括工业门窗、玻璃门窗、铝合金门窗等。

（4）涂装处理：对钢结构厂房围护结构进行涂装处理，以提高其防腐、防锈能力。

4. 维护保养要点

（1）定期检查：定期对轻钢结构厂房围护结构进行检查，发现问题及时处理。

（2）清洁维护：对轻钢结构厂房围护结构进行清洁维护，保持其外观整洁。

（3）涂装维护：定期对涂层进行检查和维护，保证其防腐、防锈能力。

（4）门窗维护：对门窗进行定期维护，确保其正常使用。

12.3.2 围护结构的类型

轻钢结构厂房的屋面和墙面是由彩色压型钢板（简称为彩钢板或压型板）、保温隔热层组成的围护结构。

彩色压型钢板是目前墙面和轻型屋面有檩体系中应用最广泛的材料，采用热镀锌钢板或彩色镀锌钢板，经辊压冷弯成各种波形。具有材质轻、强度高、造型美观、施工简便、经久耐用、防火等特点。

非保温单层压型钢板，厚度为0.4～1.6mm，一般使用寿命可达20年左右，图12-6所示为单层压型钢板。按波形截面可分为：高波板，波高大于75mm，通常作为屋面板；中波板，波高为50～75mm，一般作为楼面板和中小跨度的屋面板；低波板，波高小于50mm，通常作为墙面板使用。

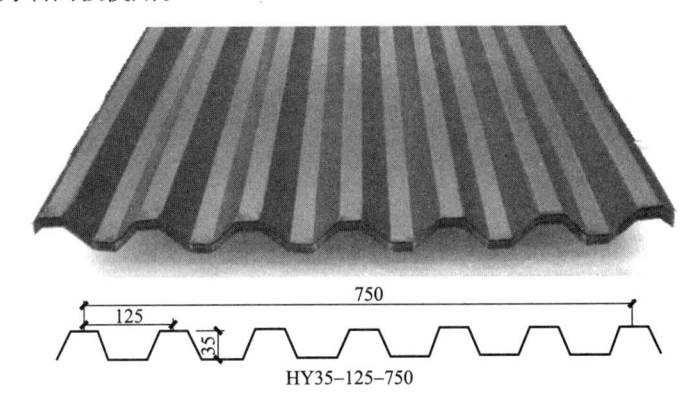

图 12-6 单层压型钢板

当有保温隔热要求时，可采用保温复合式压型钢板。保温复合式压型钢板一般分为工厂复合保温板和现场复合保温板。

1. 工厂复合保温板

工厂复合保温板也称为复合板或夹芯板，内、外两层面层采用彩钢板材料，内、外层材料分别采用低波纹彩钢板、高波纹彩钢板，芯材填充以板状的保温材料，如自熄性聚苯乙烯泡沫等，通过高强度胶粘剂黏结而成。

优点：工厂制作、工地安装，减少现场施工工作量，提高工程速度。

2. 现场复合保温板

现场复合保温板内外两层面层采用彩钢板材料，内、外层材料分别采用低波纹彩钢板、高波纹彩钢板，固定在檩条（墙梁）两侧，芯材填充以玻璃丝棉或岩棉作为保温层。

特点：

（1）檩条或墙梁隐藏在彩钢板内，造型更美观。

（2）内、外层彩钢板存在空隙，增强保温效果。

（3）现场施工彩钢板板材，波长不受限制，防水效果更好。但因为是现场施工作业，工作强度及施工难度增大。

12.3.3 主要节点构造

1. 屋面构造

轻钢结构厂房屋面采用压型钢板有檩体系，即在钢架斜梁上设置钢檩条，再铺设压型钢板屋面板。其优点是彩色型钢屋面施工速度快、自重轻，表面有彩色涂层，防锈、耐腐、美观，可根据需要设置保温、隔热、防结露涂层等，适应性强。

压型钢板屋面需要确定压型钢板与檩条的连接方式，即用自攻螺钉进行檩条和压型钢板的连接。另外，由于彩钢屋面的特殊构造，两块方形板拼接的位置将存在空隙，此处需要用填充材料进行处理，并且进行防水、保温封堵。单层压型金属板屋面构造如图12-7所示。如图12-8所示为单层压型金属板复合保温屋面构造。如图12-9所示为单坡屋脊构造。如图12-10所示为双坡屋脊构造。如图12-11所示为变形缝构造。如图12-12所示为檐口构造。如图12-13所示为女儿墙天沟构造。

图12-7 单层压型金属板屋面构造

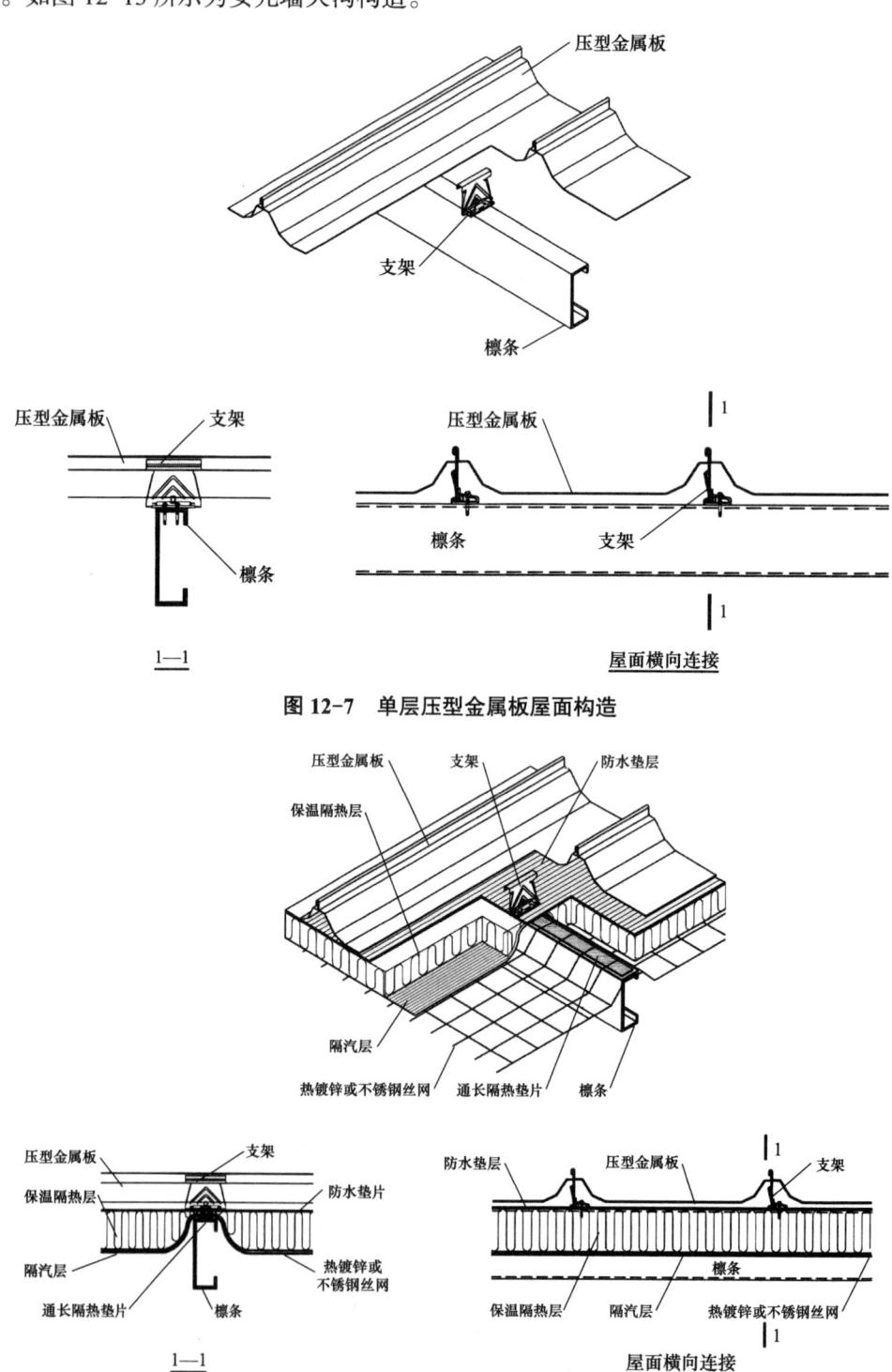

图12-8 单层压型金属板复合保温屋面构造

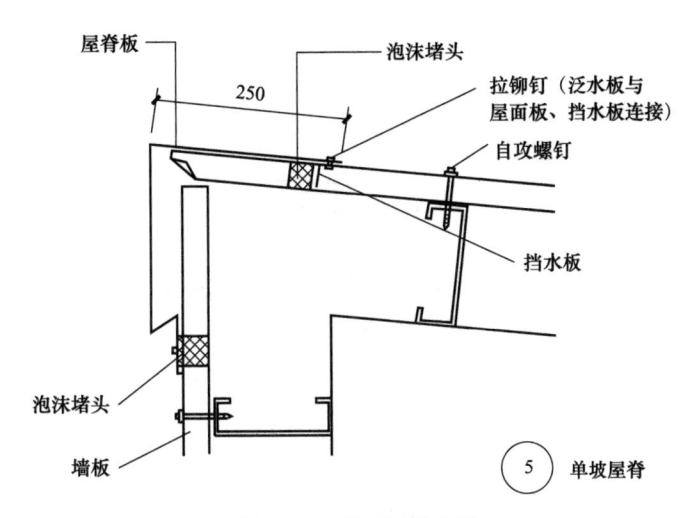

图 12-9 单坡屋脊构造

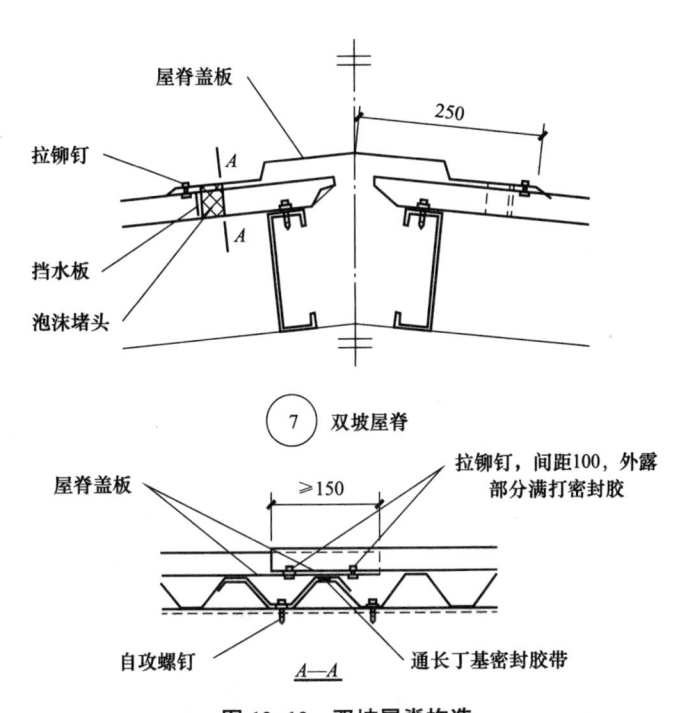

图 12-10 双坡屋脊构造

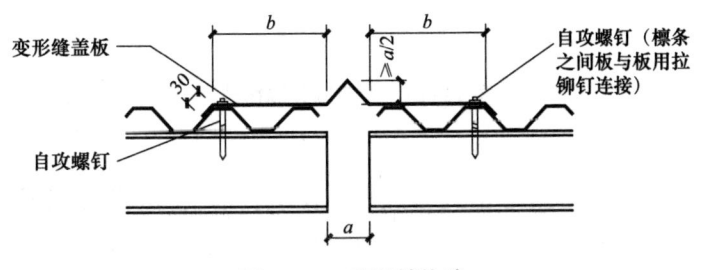

图 12-11 变形缝构造

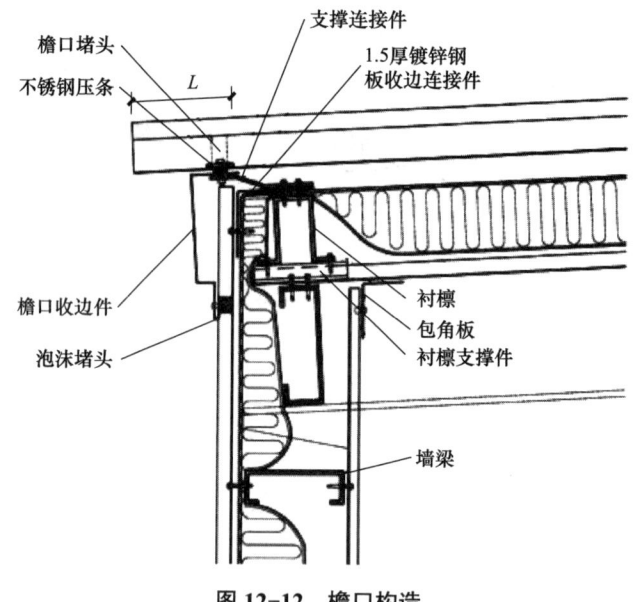

图 12-12 檐口构造

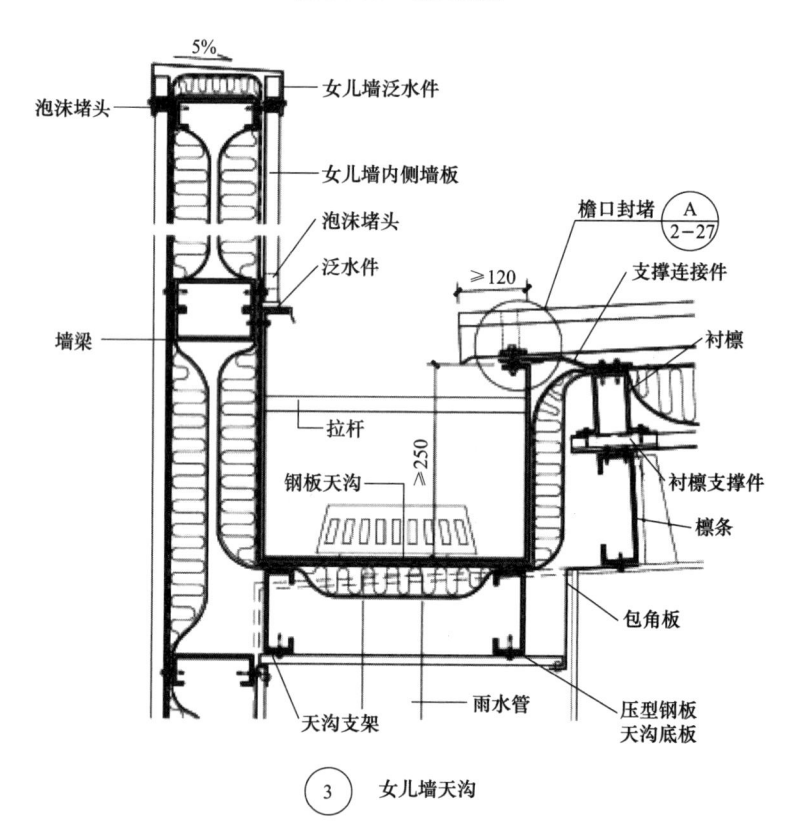

图 12-13 女儿墙天沟构造

2. 墙体构造

轻钢结构厂房的外墙，为防止机械碰撞，在墙底部 1.2 m 高度范围采用砖墙，标高 1.2 m 以上采用彩钢板。彩钢板外墙构造力求简单，施工方便，与墙梁连接可靠，转角等细部构造应有足够的搭接长度，以保证防水效果。单层压型金属板外墙构造如图 12-14 所示，双层压型金属板复合保温外墙构造如图 12-15 所示，墙板与柱脚连接构造如图 12-16 所示，墙体阳角构造如图 12-17 所示。

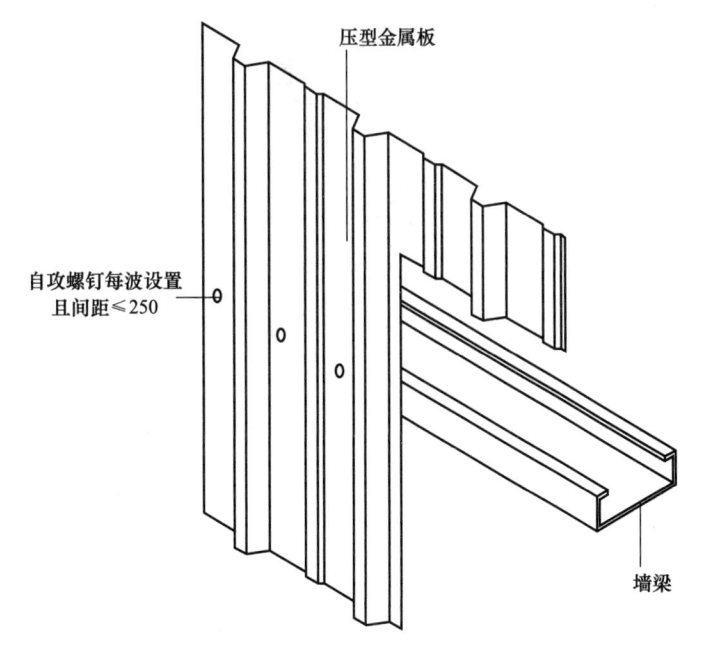

图 12-14 单层压型金属板外墙构造

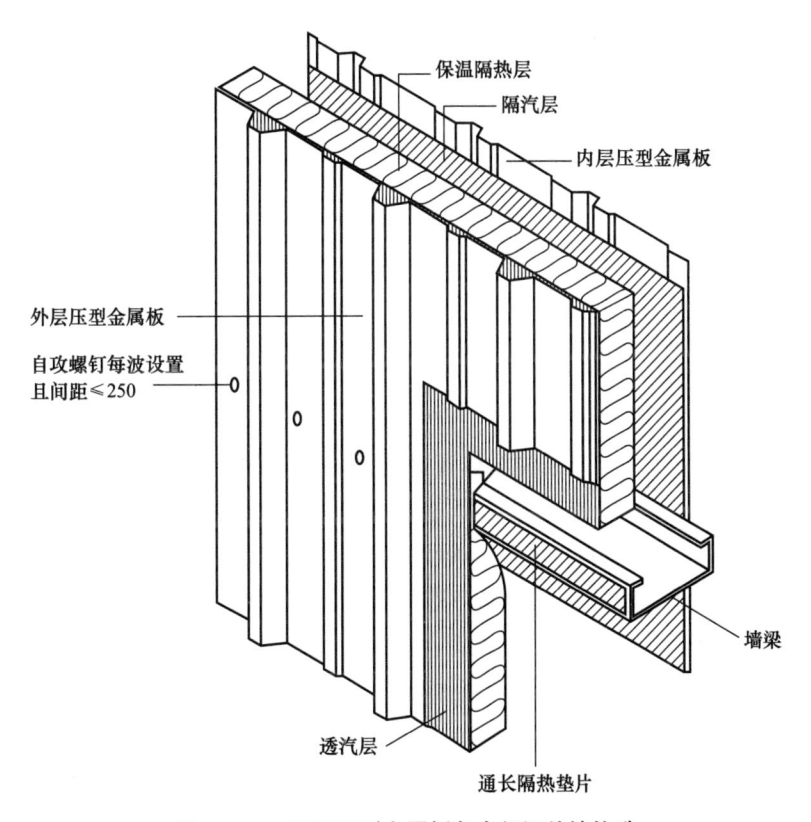

图 12-15 双层压型金属板复合保温外墙构造

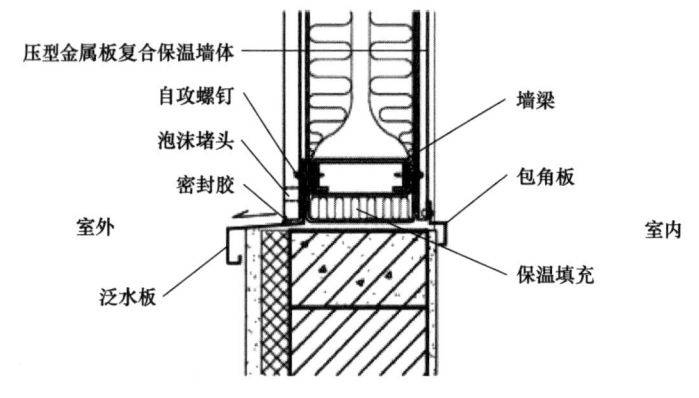

图 12-16 墙板与柱脚连接构造

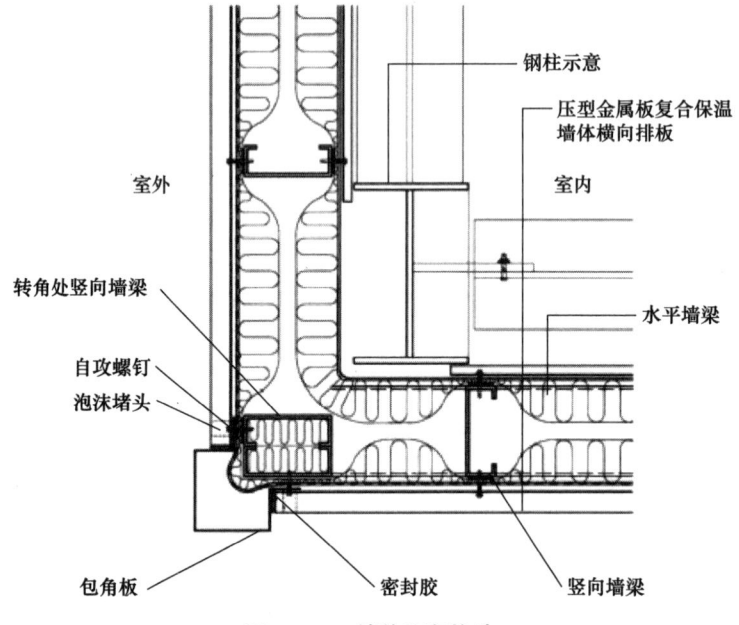

图 12-17 墙体阳角构造

素养课堂

某中学体育馆屋顶坍塌事故

20××年7月23日,某市某中学体育馆发生一起屋顶坍塌事故,造成11人死亡、7人受伤,直接经济损失1254.1万元。该体育馆建筑面积为1200 m²,建筑高度为13.8 m,屋顶网架结构整体坍塌。该省应急管理厅公布该起事故调查报告显示,此次坍塌事故是一起因违法违规修缮建设、违规堆放珍珠岩、珍珠岩堆放致使雨水滞留,导致体育馆屋顶荷载大幅增加,超过承载极限,造成瞬间坍塌的重大生产安全责任事故。

事故直接原因分析:屋面多次维修大量增加荷载、屋面堆放珍珠岩及因珍珠岩堆放造成雨水滞留不断增加荷载,综合作用下网架结构严重超载、变形,导致屋顶瞬间坍塌。

事故间接原因分析：

（1）建设单位落实质量和安全生产首要责任不到位，未办理施工许可擅自开工，对施工单位、监理单位的指导、检查、督促管理缺失，组织虚假竣工验收。

（2）施工单位质量和安全生产主体责任严重缺失，违法违规出借资质，无施工许可擅自开工，安全管理人员未到岗履职，实际项目经理不具备执业资格，违法将工程分包给不具备资质的个人，未按设计图纸施工，降低工程质量标准，施工现场管理混乱。

（3）监理单位质量和安全生产主体责任不落实，现场监理人员数量不满足监理工作需要，发现施工单位备案管理人员未到岗履职和现场实际项目经理不具备执业资格、未经批准擅自施工的违法违规行为不予制止，未对隐蔽工程进行旁站，伪造监理记录。

（4）行业监管部门履行监管职责不到位。

安全问题是生产发展中不容忽视的问题，安全重于泰山，安全就是生命，此次坍塌事故给我们敲响了警钟，提醒我们要时刻关注工程施工的安全管理和违规行为。只有加强监管、增强施工单位的安全意识，才能确保建筑工程的安全性和质量。希望此次事故能引起有关方面的高度重视，加强对施工安全管理的监管，为保障人民群众的生命安全提供更加坚实的保障。

模块小结

轻钢结构厂房因其自重轻、施工周期短、节能环保等自身特点，广泛适用于工业建筑厂房中。轻钢结构一般由主结构、次结构、围护结构、基础组成。

轻钢结构厂房多采用门式刚架、屋架和网架作为承重结构。屋面由檩条、屋面板组成，支撑为钢柱、基础，围护结构由墙面檩条、墙面板组成。

轻钢结构厂房的围护构件包括外墙、屋面、门窗等，承担着隔热、隔声、防水、防火、采光等功能。轻钢结构厂房主要节点构造分为屋面及墙体两个部分。

复习思考题

1. 轻钢结构厂房有哪些特点？
2. 轻钢结构厂房的组成是什么？各部分包括的内容具体有哪些？
3. 轻钢结构厂房围护构件的施工过程是什么？
4. 屋面檩条确定间距时应考虑哪些因素？

参考文献

[1] 建筑设计资料集编辑委员会. 建筑设计资料集[M]. 3版. 北京：中国建筑工业出版社，2024.

[2]《建筑施工手册》(第五版)编写组. 建筑施工手册[M]. 5版. 北京：中国建筑工业出版社，2013.

[3] 杨善勤，郎四维，涂逢祥. 建筑节能[M]. 北京：中国建筑工业出版社，2010.

[4] 李必瑜，魏宏杨，谭琳. 建筑构造[M]. 6版. 北京：中国建筑工业出版社，2019.

[5] 刘昭如. 建筑构造设计基础[M]. 2版. 北京：科学出版社，2018.

[6] 裴刚，沈粤，扈媛，等. 房屋建筑学[M]. 3版. 广州：华南理工大学出版社，2011.

[7] 袁雪峰. 房屋建筑学[M]. 2版. 北京：科学出版社，2016.

[8] 舒秋华. 房屋建筑学[M]. 6版. 武汉：武汉理工大学出版社，2022.

[9] 林恩生. 房屋建筑学（下册）[M]. 北京：中国建筑工业出版社，1995.

[10] 同济大学，西安建筑科技大学，东南大学，等. 房屋建筑学[M]. 5版. 北京：中国建筑工业出版社，2016.

[11] 舒秋华. 李世禹. 房屋建筑学[M]. 武汉：武汉理工大学出版社，2005.

[12] 靳玉芳. 房屋建筑学[M]. 北京：中国建材工业出版社，2004.

[13] 杨维菊. 建筑构造设计（下册）[M]. 北京：中国建筑工业出版社，2005.

[14] 轻型钢结构设计指南实例与图集编辑委员会. 轻型钢结构设计指南（实例与图集）[M]. 2版. 北京：中国建筑工业出版社，2005.

[15] 靳百川. 轻型房屋钢结构构造图集[M]. 北京：中国建筑工业出版社，2002.

[16] 郭学明. 装配式建筑概论[M]. 北京：机械工业出版社，2018.

[17] 郭学明. 装配式混凝土建筑构造与设计[M]. 北京：机械工业出版社，2018.

[18] 王宝申. 装配式建筑建造基础知识[M]. 北京：中国建筑工业出版社，2018.

[19] 杨维菊. 房屋建筑构造[M]. 北京：中国建筑工业出版社，2017.

[20] 王万江，曾铁军. 房屋建筑学[M]. 重庆：重庆大学出版社，2017.

[21] 肖芳. 建筑构造[M]. 2版. 北京：北京大学出版社，2016.

[22] 聂洪达. 房屋建筑学[M]. 北京：北京大学出版社，2016.

[23] 彭国. 房屋建筑构造[M]. 北京：北京邮电大学出版社，2010.

[24] 董海荣，赵永东. 房屋建筑学[M]. 北京：中国建筑工业出版社，2017.

[25] 孙玉红. 房屋建筑构造[M]. 3版. 北京：机械工业出版社，2019.

[26] 陈翔，董素芹，李渐波. 建筑识图与房屋构造[M]. 北京：北京理工大学出版社，2020.